U0212157

中国材料研究学会 组织编写

新材料丛书

新型纺织纤维

邢声远　董奎勇　杨萍　编著

化学工业出版社

·北京·

本书系统地介绍了各种新型纺织纤维的品种、基本知识、特性、用途及常用的鉴别方法，具体内容包括新型天然纤维、新型再生纤维、新型合成纤维，以及纺织纤维常用的鉴别方法和纺织纤维的未来展望。本书集科学性、知识性、系统性、趣味性和可操作性于一体，语言生动活泼，可读性强。

　　本书从基本的纺织纤维知识讲起，用较通俗的语言，将最新科技信息和动态纳入其中，既是一本科普读物，又是一本工具书。内容由浅入深，适合企业、科研、学校、商贸、质检、中介、咨询、媒体及进出口机构和海关的相关人员参考学习。

图书在版编目（CIP）数据

　新型纺织纤维／邢声远，董奎勇，杨萍编著． —北京：化学工业出版社，2013.1
　（新材料丛书）
　ISBN 978-7-122-15972-4

　Ⅰ.①新…　Ⅱ.①邢…②董…③杨…　Ⅲ.①纺织纤维‐普及读物　Ⅳ.①TS102-49

　中国版本图书馆CIP数据核字（2012）第288626号

责任编辑：刘丽宏　　　　　　　　　　　　文字编辑：向　东
责任校对：陶燕华　　　　　　　　　　　　装帧设计：尹琳琳

出版发行：化学工业出版社（北京市东城区青年湖南街13号　邮政编码100011）
印　　装：涿州市般润文化传播有限公司
710mm×1000mm　1/16　印张12½　字数225千字　　2013年5月北京第1版第1次印刷

购书咨询：010-64518888　　　　　　　　　售后服务：010-64518899
网　　址：http://www.cip.com.cn
凡购买本书，如有缺损质量问题，本社销售中心负责调换。

定　　价：49.00元　　　　　　　　　　　　　　　　**版权所有　违者必究**

序

走进新材料世界

由中国材料研究学会与化学工业出版社联合编辑出版的《新材料丛书》与广大读者见面了。这是一套以介绍新材料的门类和品种、基础知识以及功能和应用为主要内容的普及性系列丛书。

材料是人类物质文明进步的阶梯。新材料是现代高新技术的基础和先导，任何一种高新技术的突破都必须以该领域的新材料技术突破为前提，而新材料的突破往往会引发人类划时代的变革，如20世纪60年代高纯硅半导体材料技术的突破，使人类进入信息化时代。

新材料量大面广，发展日新月异，不仅体现一个国家的综合国力和科技水平，还与人们的工作和生活息息相关。新材料创造美好生活。特别是在人类面临的资源、能源和环境问题日益紧迫的今天，可持续发展已成为全球共性的理念，新材料首当其冲，其地位和作用日益突出，而且是大有作为。

为了及时普及新材料技术知识，使广大读者了解新材料、走进新材料、参与新材料，特组织编撰这套《新材料丛书》。

参加撰写这套科普丛书的作者都是我国新材料领域的知名专家和学者，他们在新材料的各自领域耕耘数十春秋，有着一份和新材料难以割舍的感情，特别是出于对我国新材料发展的关心，出于对培养年轻一代的热情，欣然接受了各自的编写任务。对他们献身新材料科普事业的精神和积极贡献深表感谢。

《新材料丛书》编辑委员会

●●●●●●● 前言

人们通常把材料誉为现代文明三大支柱之一。纤维是纺织工业的基础，是材料的重要组成部分。它的应用极为广泛，上天入地都离不开它，国民经济的发展、国防建设、人民生活水平和质量的提高，都与纤维材料密切相关。加强纤维材料的研究、开发、工业生产和合理应用，以及加强科普教育与宣传都关系到社会的进步、高科技的发展、现代化建设，关系到我国纺织服装在国际市场上的竞争力以及人们的健康和生活水平的提高。

随着科学技术的飞速发展，作为纺织原料的新型化学纤维层出不穷，它们的物理化学性质各异，用途极为广泛，天然纤维也在不断推出新的品种。随着改革开放的深入发展，人们的生活水平不断提高，穿出健康、穿出美丽是国人对衣着的时尚追求，国民经济各部门对新型差别化纤维、功能性纤维和高性能纤维的品种和质量要求越来越高，可是也有不少人对纺织新材料和新产品感到陌生，在琳琅满目的商品面前无所适从。鉴于此，为了架起生产者和使用（消费）者的沟通桥梁，推动科研单位和生产企业不断推出新的纤维品种，帮助使用（消费）者合理选择和科学使用各种纺织纤维及其制品，我们编写了这本科普小册子，以飨广大读者。

本书内容包括各种新型天然纤维和化学纤维的简介、性能和用途，以及各种鉴别方法和纺织纤维未来的发展趋势。其特点是内容新颖而丰富，新型纤维品种齐全，叙述深入浅出，集科学性、知识性、趣味性、资料性、信息性和实用性于一体，生动活泼，可读性强。

本书在编写过程中，得到了马雅芳、邢宇新、邢宇东、耿小刚、殷娜、殷长生、张娟、撒增祺、马雅琳等的大力帮助，并提出了许多宝贵的意见。在编写时还参考了一些文献资料。在此，对帮助本书编写、出版的各位好友和参考文献的作者一并表示最真诚的感谢和敬意！

由于本书涉及的内容广而新，资料来源有限，加上编者的水平和经验有限，难免存在不足之处，恳请行业内专家、学者和广大读者批评指正！

编著者

目录 ●●●●●●●

第3章 新型再生纤维 ㊹

第4章　新型合成纤维　⑧¹

第5章　纺织纤维常用的鉴别方法　151

第6章　纺织纤维的未来展望　⑴⁷⁹

第1章

认识纺织纤维材料

1.1 纺织纤维无处不在

1.1.1 纺织纤维定义

凡是直径在数微米到数十微米或略粗些，长度比直径大许多倍（上千倍甚至更多）的物体，一般都称作纤维。其中长度达到数十毫米以上，具有一定的强度、一定的可挠曲性和互相纠缠抱合性能，化学稳定性好和其他服用性能，适用于纺织加工，制成纺织品（如纱线、绳带、机织物、针织物、非织造布等）的，叫做纺织纤维。

1.1.2 纺织纤维的分类

随着科学技术的不断发展，纺织纤维的品种越来越多，一般可分为天然纤维和化学纤维两大类，每一大类又可分为若干小类，如图1-1所示。

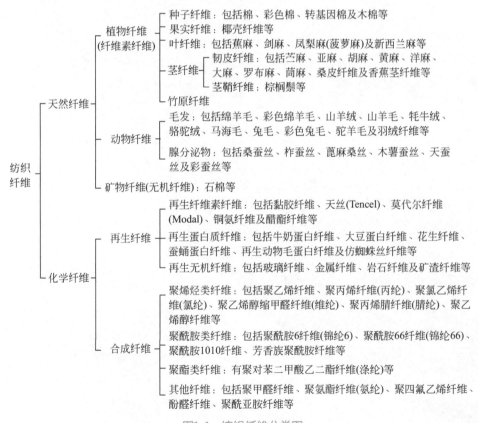

图1-1　纺织纤维分类图

1.1.3　纺织纤维用途

纺织纤维用途十分广泛，在人们生活和工作的空间里无处不在，从小孩来到人间到寿终正寝，一时一刻都离不开由纺织纤维加工制成的纺织品。一般可分成三大类。

（1）**服装服饰用**　人们穿着的各种服装和服饰（如鞋、帽、袜、围巾、手套等），以及高科技的航空服、潜水服、防火服等。这类纺织品应具有舒适、卫生、装饰和实用等性能，能保护人体适应气候变化和便于肢体运动。

（2）**家用纺织品**　家用纺织品是指与人们的生活起居密切相关的纺织品及其制品。它的范围现已广泛地延伸到宾馆、饭店、汽车、旅游等领域，并初步形成了由生活用纺织品和室内纺织装饰用品组合而成的"大家纺"概念，该类纺织品可以用巾（毛巾、浴巾、枕巾、地巾、沙滩巾及其他盥洗织物、毛巾被）、床（绗缝被、被芯、枕芯、床单、床罩、被罩、蚊帐等床上及其配套用品）、厨（台布、餐巾、围裙等厨房和餐桌用纺织品）、帘（窗帘、装饰帘纱窗、帷幕、遮阳伞）、艺（家具布、沙发布、抽纱制品、装饰盖布、各种垫类、花边）、毯（毛毯、线毯、地毯）、帕（各种手帕、手巾、头巾）、线（缝纫线、绣花线、装饰绳带、行李绳带）、袋（各种纺织面料的包、兜、袋）、植（植绒画、植绒窗帘、植绒台布）来概括。

（3）**产业用纺织品**　系指用于土木建筑、文体、医疗卫生、农业渔牧、交通邮电、航空航海、国防军工等国民经济各产业系统的各类纺织品。

1.2　纺织纤维的性能与特殊功能

1.2.1　纺织纤维的性能

纺织纤维的性能大致可分为物理性能和化学性能两个方面。这些性能的好坏，不仅影响纺织纤维的加工性能，而且还影响由它加工成的纱线、织物以及其他产品的性能。因此，全面而系统地了解纺织纤维的性能，科学合理地利用这些性能，具有十分重要的经济意义。

（1）**细度**　细度是纤维的重要性能之一，它直接关系到所纺纱线的线密度。纤维越细，可纺纱线也越细。纤维的细度可用3种物理量来表示。第一种是直接用纤维的直径来表示，单位是微米（μm）。第二种表示方法是支数，也就是单位质量的纤维有多长。支数又分公制支数（公支）和英制支数（英支）。用支数表示细度不符合我国的法定计量单位制度，只是在国际贸易中还常常用到。第三种是用线密度表示细度，线密度指单位长度的纤维质量，线密度的单位主要有两

个。一个叫特克斯（特，tex），1km长的纤维，在公定回潮率时重1g则称其线密度为1tex。当特这个单位太大时可用分特（1dtex=0.1tex）做单位，此为我国的法定单位。另一个叫旦尼尔（旦），9km长纤维重1g则为1旦，旦尼尔不是我国的法定计量单位，但在关于蚕丝和化纤的国际单位中还常用到。

特数、公制支数、旦数之间的换算关系如下：

$$特数 \times 公制支数 = 1000$$

$$1旦 = \frac{1}{9}特$$

（2）**长度** 纤维长度是一项重要的物理指标。对蚕丝和化纤长丝来说，在理论上讲，其纤维可以无限长，一般不予考虑；化纤短纤维的长度也可根据需要切成任意长度。但是，对棉、毛、麻纤维而言，纤维长度则是一项重要指标，它不仅影响使用何种设备纺纱，而且与工艺设计关系相当密切，若工艺参数设计不妥，将会影响纱线强力和条干均匀度。长度一般以mm来表示。

（3）**强力** 亦称断裂强力、绝对强力或断裂负荷。系指纺织纤维断裂时所能承受的最大外力，单位是cN。强力是纺织纤维最重要的性能指标之一，是纺织纤维具有加工性能和使用性能的必要条件。纺织纤维的强力不仅与纤维的品种有关，还与细度有关，所以强力对不同细度的同种纤维没有可比性，于是引入了强度的概念，它表示纤维单位截面上所能承受的断裂负荷，即纤维的强度。强度可以科学而准确地表示纤维断裂的性能。单纤维强度的法定计量单位为N/tex或cN/tex。

除此之外，在表示纺织纤维强度时，也常以断裂长度为指标，实际上，这也是纺织纤维的相对强度之一，即以纤维自身重量拉断时该纤维所具有的长度来表示，单位为km。其数值越大，强度越高。

（4）**断裂伸长** 是纺织纤维拉伸断裂指标之一，是指纤维拉伸到断裂时所产生的伸长。断裂伸长分为绝对伸长和相对伸长两种。

绝对伸长是指纤维拉伸断裂时的试样长度与拉伸前试样长度之差，以mm表示。相对伸长又称断裂伸长率，指绝对伸长与试样长度之比，常以百分率表示。纤维的断裂伸长影响纱线、织物以及其他纤维制品的强力，是纺织纤维的重要物理指标之一。

（5）**弹性恢复率** 又称回弹性，是指经一定负荷作用或将纤维拉伸至一定值，再去除该负荷后，纤维能恢复变形的能力，这是一项重要的物理指标。弹性恢复率好的织物具有优异的强力和耐磨性，如以棉织物和毛织物相比较，棉纤维的强力和织物的强力均优于毛纤维和毛织物，但毛织物的弹性和弹性恢复率均优于棉织物，这就是毛料衣服比棉织物衣服耐穿的主要原因之一。

纤维材料的变形可分为急弹性变形、缓弹性变形及塑性变形三种。急弹性变形是指瞬间能恢复的变形；缓弹性变形是指经一定时间后能恢复的变形；塑性变形是指受拉伸力作用时能伸长，但拉力去除后不能回缩的变形，也称永久性变形。在一定拉伸力作用下，变形随时间而变化的现象，称为蠕变；在拉伸变形（伸长）恒定的条件下，内部应力（张力）将随时间的延续而不断地下降，这种现象称为松弛。纤维及其制品的松弛现象在日常生活中也常会见到，如晾晒被褥时，绳子系在两根柱子上，系的时候，绳子绷得很紧，当被褥搭上后，绳子会慢慢地呈松弛状态，当取下被褥后绳子又会渐渐地绷紧起来。

（6）初始模量　亦称初始杨氏模量、拉伸模量。指小变形时应力和应变的比值或拉伸曲线初始阶段直线部分的斜率，是纤维拉伸特性指标。数值等于在外力作用下拉伸到试样伸长1%时单位细度所加负荷量的100倍，也可由其他物理量如泊松比ν、体积模量B和切变模量G等进行估算：初始模量$E=3B(1-2\nu)=2G(1+\nu)$。纤维初始模量反映在小负荷作用下变形的难易程度，可表示纤维的刚度，它取决于纤维的内部结构，凡纤维分子中含有环状结构、分子堆砌紧密、取向度高时，纤维初始模量就大。在常用的纺织纤维中，麻纤维和竹原纤维初始模量最高，棉次之，羊毛、锦纶最低。化学纤维的初始模量受化纤加工工艺的影响，可在较大范围内变化。

（7）密度　纺织纤维的密度是纤维的物理性能之一，是指单位体积（cm^3）内纤维的质量（g），各种纺织纤维的密度是不同的，其中聚丙烯纤维（丙纶）最小（$0.91g/cm^3$），其次是聚乙烯纤维（$0.95g/cm^3$），密度比较大的纤维有玻璃纤维（$2.5\sim2.8g/cm^3$）、硼纤维（$2.36g/cm^3$）、氟纶（$2.30g/cm^3$）及石墨纤维（$2.03g/cm^3$）。密度的大小与组成纤维的物质及纤维内部结构有关，密度的大小反过来又会影响纤维的其他性能。

（8）回潮率　回潮率是纺织纤维的吸湿指标之一，是试样中吸着的水量占试样干燥重量的比率。其具体关系式如下：

$$回潮率=\frac{试样含湿重量-试样干燥重量}{试样干燥重量}\times100\%$$

影响纺织纤维回潮率大小的因素有纤维品种、规格以及测定时的温湿度条件等因素。由于回潮率的大小影响纺织纤维的重量、性能（包括对长度和横截面、密度、强力、摩擦性能、热学性能、电学和光学性能）及工艺加工性能，因此，在原料、半成品及成品的品质检验中都要进行回潮率的测定。

含水率是测定纺织纤维含湿性能的指标，是试样中含水量与含水试样重量之比。其具体关系如下：

$$含水率=\frac{烘前重量-烘干后重量}{烘前重量}\times100\%$$

设 W 为纺织纤维的回潮率（%），M 为纺织纤维的含水率（%），则具体计算式如下：

$$W=\frac{M}{1-M}\times100\%$$

$$M=\frac{W}{1+W}\times100\%$$

设 G 为纺织纤维的湿重，G_0 为纺织纤维的干重，则具体计算式如下：

$$G=\frac{G_0}{1-M}$$

$$G=G_0(1+W)$$

（9）**热学性能**　纺织纤维的热学性能与纤维的加工和服用性能关系相当密切，它包括比热容、热导率以及热对纺织纤维及其制品的影响等。纤维的比热容是使质量为1g的纤维温度变化1℃时所吸收或放出的热量，其计量单位是J/(g·℃)。纺织材料吸湿后，其比热容相应增大，这时的纺织材料可视为纺织干材料与水的混合物，设纺织湿材料的比热容为 c，干材料的比热容为 c_0，水的比热容为 c_w，纺织材料的含水率为 M，可得下列关系式：

$$c=c_0+M(c_w-c_0)$$

纺织材料是一种多孔性物体，在纤维内部和纤维之间存在许多孔隙，其间充满着空气，于是就产生了热的传导。纺织材料的导热性用热导率 λ 来表示，其单位是J/(m·℃·h)，即当材料的厚度为1m、表面间的温差为1℃时，1h内通过1m^{2}的材料传导的热量。由此可见，λ 值越小，材料的导热性越低，它的热绝缘性或保暖性就越高，可据此来选择服用和产业用纤维及其制品。

纺织纤维的热学性能影响纤维的玻璃化温度、耐热性，合成纤维的热收缩与热定型性、燃烧性以及纺织材料的熔孔性等，影响纺织纤维加工和纺织品的使用性能。其中，耐热性属于主导地位，耐热性是指纺织纤维在升温后仍能保持其在常温下原有的物理性能。在纺织纤维中，耐热性较好的有碳纤维、芳香族聚酰胺纤维（芳纶）、聚苯硫醚纤维、聚苯并咪唑纤维（PBI）及陶瓷纤维等。

（10）**耐光性**　纺织纤维在日光照射下，会发生不同程度的裂解。裂解的表现就是材料强度的下降和按溶液黏度测定的分子链平均长度的减短。裂解的程度与日光照射的强度、时间、波长以及纤维的结构等因素有关。在天然纤维中，蚕丝的耐光性较差；在合成纤维中，丙纶的耐光性较差，其次是锦纶。所有纺织纤维在长时间的日光照射下，强度都会有所降低。因此，服装在洗涤后不宜放在日光下曝晒，而应挂在阴凉通风处晾干。另外，由于篷布、遮阳伞及窗帘布等要经常暴露在阳光下，因此应选择耐光性较好的纤维制成。

（11）**电学性能**　纺织纤维的电学性能包括相对介电系数、电阻及静电等，这些性质是相互联系的，如静电积累的可能性与电阻的大小有关，而电阻的大小又与介电系数有关。

在纺织纤维中，常用体积比电阻表示纤维的电阻。一般而言，毛纤维和合成纤维的比电阻较大。根据经验，当体积比电阻在 $1\times10^8 \sim 10\times10^8 \Omega \cdot cm$ 以下时，纺纱比较顺利；当体积比电阻大于 $10\times10^8 \Omega \cdot cm$ 时，纺纱时静电现象就较为严重，在纺纱前必须对纤维加含有抗静电剂的和毛油，以降低纺纱时的静电现象。

纺织纤维的比电阻一般较高，尤其是吸湿性较低的涤纶、腈纶及氯纶等合成纤维，在纺织加工过程中，由于纤维与纤维或纤维与机件间的密切接触和摩擦，造成电荷在物体表面间的转移，产生静电，因而造成条子发毛、纱线毛羽增多、卷装成形不良、纤维黏缠机件、纱线断头增加以及在布面上形成分散性条影等，这给纺织加工带来很大的困难。在日常生活中，衣服带静电后，会大量吸附灰尘，易污染，而且在衣服与人体、衣服与衣服间也会发生缠附现象。这种静电严重时可达数千伏，会因放电而产生火花，引起火灾，给生命和财产造成损失。当人们晚上睡觉脱衣服时，有时会发出火花并伴随"啪啪"的响声，有时回家开门锁时会有触电的感觉，这些都是衣服上带有静电的缘故。当人们穿用带静电现象严重的由氯纶织制的棉毛衫裤时，由于人体活动产生大量的静电，对关节炎可起到防治的作用。

（12）**耐酸性**　在纺织纤维中，天然蛋白质纤维和合成纤维具有较好的耐酸性，因此，在化工等有酸腐蚀的场合，适合穿着用这些纤维制成的工作服。纤维素纤维则不耐酸，遇酸则被炭化，这是因为纤维素分子的葡萄糖苷键在无机酸作用下容易发生水解，使纤维素大分子断裂，产生葡萄糖。在毛纺织生产中，常利用这一性能，即用热的无机酸去除原毛或毛织物内的草刺和其他植物性纤维，这种加工过程称为炭化。这里必须指出，蚕丝和毛纤维仅能耐稀无机酸的作用，在高温和浓无机酸中也会受到损伤。

（13）**耐碱性**　在纺织纤维中，只有纤维素纤维的耐碱性较好。在棉纤维制品加工中，常利用这一特性，即在常温下，将棉纤维或其制品浸入浓度为 18% ～ 25% 的苛性钠溶液中，使棉纤维吸收碱液，引起纤维膨胀，失去天然卷曲而呈管状，其结果使纤维长度缩短，产生较强的光泽，使强力增加，易于漂白和染色，呈现"丝光化"，从而产生丝光现象。毛纤维在碱的作用下，能使羊毛角质蛋白中的胱氨酸键和盐式键水解而断裂，同时，多缩氨基酸主链也可能发生水解，从而破坏毛纤维的组织，引起强力降低。蚕丝的丝蛋白质在碱液里可引起不同程度的水解，即使是稀的弱碱液也能溶解丝胶，浓的强碱对丝质的破坏力更强。因此，在洗涤毛和丝质服装时，切忌使用碱性洗涤剂，而应采用中性洗涤剂，以免面料受到损伤。

合成纤维及其制品中，有的耐碱性能很差，如涤纶、腈纶等；有的耐碱性能较好，如锦纶、维纶、丙纶、氯纶等。在洗涤时，涤纶和腈纶等制品不可使用碱性洗涤剂。由于涤纶制品有不耐碱的特性，因此，在纺织加工中，常使用碱液对涤纶织物进行减量整理，腐蚀掉纤维的一层表皮，以生产仿丝绸产品。

（14）**染色性**　纺织纤维染色性一般都较好，尤其是棉、黏胶纤维、腈纶等，但也有些纤维的染色性能较差，如涤纶、丙纶等，它们需要采用专用染料，而且必须在高温高压下才能顺利进行，有些纤维对染料还有一定的选择性并对染色工艺有特殊的要求。

（15）**其他性能**　纤维素纤维在一定的温度条件下，会受到微生物的破坏作用，使纤维素分子产生不同程度的水解，继而引起发酵，使其发霉变质、强力下降。由于毛（包括绒）纤维易虫蛀，在自然界中约有30种蛀虫和15种甲虫的幼虫能消化羊毛等多种蛋白质纤维，因此其防蛀性较差，其制品必须进行防蛀整理。在理论上讲，不含有蛋白质的衣料不会虫蛀，实际情况并非完全如此，只不过是虫蛀的程度非常微弱，不易发现罢了。这是因为衣虫为了生存，会吃一些不愿吃的非蛋白质纤维。

毛纤维还具有特有的缩绒性，即毛纤维在机械外力（压力、反复拉伸、搓揉、摩擦等）的作用下，经一定温度（40～50℃）和缩绒剂（肥皂或碱液等）的处理，鳞片可以软化膨胀、相互嵌合，并有部分鳞片呈黏胶状态，发生黏合作用，引起表面收缩、厚度增加，这种性质称为毛纤维的缩绒性。在毛纺织生产中，常利用毛纤维的缩绒性对粗纺呢绒进行缩绒，使织物组织紧密、表面光滑而又绒毛丰满。同时，缩绒性也常用于毛衫的后整理中，对某些精纺毛料也有采用缩绒整理的。

有的纤维对盐的作用非常稳定，如麻纤维可以长时间在海水中浸泡，其性能不会受到任何影响。然而，蚕丝对盐却非常敏感，若将蚕丝放在0.5%的食盐水溶液中浸渍15个月，其组织结构就会被完全破坏。所以，丝织物衬衫受到人体汗水浸湿后，必须及时脱下洗净，若放置时间较长，就会出现一些黄褐色的斑点，不易洗除。同时，还会使织物的强度降低，从而影响其使用寿命。

1.2.2　纺织纤维的特殊功能

（1）**高强度、高模量、耐强腐蚀、耐高温和抗燃性能好的高技术纤维（特种纤维）**　这些纤维性能特殊，主要应用在航空航天、新能源、海洋水产、生物医学、通信、军工等高科技产业，如碳纤维、芳香族聚酰胺纤维（芳纶）、芳香族聚酯纤维、超高分子量聚乙烯纤维、高强度聚乙烯醇纤维、聚苯并咪唑纤维（PBI）、聚对苯亚苯基并双噁唑纤维（PBO）、聚四氟乙烯纤维（PTFE）、聚苯硫醚纤维（PPS）、陶瓷纤维、玄武岩纤维等。

（2）**防护功能纤维** 防护功能纤维是属于高科技纤维的一个新品种，因其纤维在经过化学或物理处理后，具有某一特性，而被广泛应用在工业、国防乃至尖端科学领域中。这种纤维主要适用于各种特殊环境条件下，对人体安全、健康以及提高生活质量方面具有一定的保证作用。根据防护的功能不同，可以分为防火隔热功能（如消防服、阻燃服、高温作业服等）、介质防护功能（对化学物质等防护）、射线防护功能（如辐射、微波、X射线等）以及静电防护功能等多种类型。属于这类的纤维有阻燃纤维、防辐射（包括防X射线、防中子辐射、防电磁辐射等）纤维、防静电纤维、防紫外线纤维等。

（3）**分离功能纤维** 当今，全球生态环境日益恶化、资源逐步枯竭的严峻形态下，物质的分离技术在水处理和环境保护、生物技术与生物医学工程、资源回收及能源开发等方面日益显出其重要作用。分离功能主要应用在膜分离技术方面、离子交换纤维方面和吸附纤维方面，属于这类的纤维有中空纤维膜、离子交换功能纤维和活性炭纤维等。

（4）**生物医学功能和卫生保健功能纤维** 这是高科技纤维中的两个重要门类，它们都与人体健康密切相关：前者涉及人的生命、病伤修复和活动能力；后者主要是保健，改善生活质量，减少疾病发生，减轻病人痛苦。二者之间既有联系，但其功能和作用、用途又不完全相同，也有人主张将这两部分合在一起统称为医学功能纤维。属于这类的纤维有抗菌纤维、远红外纤维、芳香纤维、高吸湿（吸湿排汗）纤维、抗细菌纤维、止血纤维、活血保健纤维、防风湿症纤维、抗炎症纤维、免疫抑制纤维、麻醉纤维、抗凝血纤维、抗肿瘤纤维、抗烫伤纤维及含酶纤维等。

（5）**智能纤维** 这种纤维能够感知环境的变化或刺激（环境的信号变化刺激可以是物理、化学乃至生物信号，如机械、热、化学物质、光、湿度、电磁、生物气味等），并做出相应的响应。这些智能纤维由于具有传统材料所不具备的某些优异特性，在现代科学和技术领域具有一些重要的、特殊的用途。属于这类的纤维有形状记忆纤维［主要可分为形状记忆合金纤维、形状记忆陶瓷纤维、形状记忆聚合物纤维和形状记忆凝胶纤维（又称智能凝胶纤维）］、变色纤维（是指其在受到光、热、气、液或辐射等外界刺激后，具有自动显色、消色或呈现有色变化这些变色功能的纤维，主要分为光致变色纤维、热致变色纤维以及气致变色纤维、辐射变色纤维、生化变色纤维等）、调温纤维（是指具有温度调节功能的纤维，当外界环境变化时它具有升温保暖或降温凉爽的作用，或者兼具升降温作用，可在一定程度上保持温度基本恒定。调温纤维根据其调温机理和作用，可分为单向温度调节纤维和双向温度调节纤维两大类。其中单向温度调节纤维又可分

为电热纤维、化学反应放热纤维、远红外纤维、阳光吸收放热纤维、吸湿放热纤维、紫外线和热屏蔽纤维等）以及其他智能纤维（如中空修补纤维、光纤修补纤维、可自动打结而有效缝合伤口的纤维、可将光能转化为机械能的分子纤维、可用太阳能发电的纤维等）。

（6）其他特殊功能纤维　随着现代科学技术的高速发展，形成了各学科之间相互渗透、综合交叉的特点，推动了材料科学的发展，导致了一系列高新技术和新材料的诞生。功能性纤维作为一类重要的新材料，其概念与功能已逐步扩展，除以上所介绍的各种功能纤维外，一些其他特殊功能的纤维层出不穷。属于这类纤维的有传导功能纤维（这是一类具有特殊功能的纤维材料，是指具有光、电传导功能的光导纤维、导电纤维和超导纤维，主要用于信息技术、隐身技术、能源技术、激光技术、海洋工程技术等）、超高吸水纤维［简称超吸水纤维，是一类具有奇特的吸水能力和保水能力的纤维新材料，其吸水倍率比常规合成纤维大几十倍，甚至上百倍，并兼具阻燃、抗静电、抗起球、防霉、抗菌、除臭、吸湿放热、防寒保暖及适于人体的pH缓冲性等优良调节（调温、调湿、调和）功能］。

第 2 章

新型天然纤维

2.1 新型植物纤维

植物纤维是纺织工业的重要原料。包括棉纤维、麻纤维和竹原纤维三大类，其产量占天然纤维95%以上，成为天然纤维的主体。本节主要介绍天然植物纤维中的新型纤维。

2.1.1 五彩缤纷的绿色纤维——天然彩色棉

随着科学技术的飞速发展和人们生活质量的不断提高，以人为本、保护环境、提高人们健康水平的环保意识日益深入人心。自20世纪80年代以来，国际上掀起一股休闲舒适、回归大自然的潮流，人们对生存环境的关注日趋强烈，彩色棉成为人们追逐的目标之一。彩色棉全称天然彩色细绒棉，简称色棉或"5c"棉（cotton、color、charming、certification及care），是自然生长的、带有颜色的棉花。利用彩色棉进行纺纱、织布、无需再进行染色加工，就可获得有色织物。由于这样对人类的生态环境不会造成污染，因此，人们把用彩色棉加工成的纺织品称为环保纺织品或绿色纺织品，而这种纺织品的应用是当今的时尚和潮流。

彩色棉在自然界虽早已存在，但由于纤维较粗短，可纺性能较差，不适宜于机械加工，同时此类棉花的颜色又过浅，故在近代纺织工业中，这一纺织资源一直未能得到开发利用。自20世纪70年代以来，随着国际社会对环境保护问题的日益重视和生物技术的飞速发展，世界各主要产棉国家利用生物技术纷纷开展了彩色棉的栽培与研究，并已取得了初步成果。在研究培育彩色棉的国家中，美国是起步较早的国家之一，自20世纪70年代开始进行彩色棉的遗传育种工作以来，已培育出浅蓝色、粉红色、浅黄色及浅褐色等颜色的彩色棉。目前，他们正在采用基因技术来攻克培育蓝色棉花的难点，把棉花植株插入槐蓝植株中，使其产生蓝色的基因，然后再通过遗传工程技术，使这些蓝色基因在棉纤维中产生活性，从而使棉桃一开始就具有色彩鲜艳的颜色。我国于20世纪80年代开展了彩色棉花的试验研究工作，并于90年代初从美国引进了3种彩色棉的种子，在甘肃敦煌建立了美国彩色棉育种试验基地，现已完成了第一阶段的地域适应性的研究任务。其中，特别是浅绿色彩棉，无论是对地域的适应性，还是抗虫害性、抗逆性都达到了令人满意的效果，单产也较高。另外，在河南、山东、新疆等主要产棉区也有试种，效果不错。预计在不久的将来，彩色棉将成为我国纺织服装业的主要原料。

（1）彩色棉的性能　彩色棉的性能优异，不仅具有普通棉花的优良服用性能，而且还是环保型纤维，可省去传统的染色加工，既可免除化学药剂对人体的伤害，又可节能节水，不污染环境。而且，由天然彩色棉织制成的各种色布或色织布还具有风格独特、色彩古朴典雅、自然气息强等特点，更为奇特的是由它缝制的服装，经过多次洗涤后，其色彩仍嫣然如初、毫不褪色，而且在最初机洗20～30次后，颜色还会逐渐加深，以后又慢慢恢复到刚被采摘时的颜色。彩色棉服装色泽柔和、款式典雅、格调古朴、质地纯正、穿着舒适安全，符合人们返璞归真、色彩天然的心态。由此可见，彩色棉产品特点鲜明，是其他一些纺织品无法比拟的。

（2）彩色棉的用途　根据彩色棉的特性以及价格，适宜制作下列产品：

① 婴幼儿服装及童装系列产品；

② 宜做贴近皮肤的产品和其他纺织品，如内衣裤、T恤衫、文化衫、文胸（胸罩）、背心、衬衫、睡衣及床单、毛巾、童毯等家用纺织品；

③ 各种孕妇服、产妇服；

④ 宜做针织面料连衣裙、男女夹克、便装、牛仔装及马甲等；

⑤ 宜做一些透气排汗的功能纺织品，如超细旦丙纶长丝/彩色棉双层针织面料，彩色棉/酷帛丝混纺面料或汉麻/纯棉/彩色棉休闲面料，用于制作运动衣、内衣、T恤衫、床单等；

⑥ 用于一些不需经常洗涤的装饰类纺织品和家居休闲服，如线毯、拉舍尔毛毯、玛雅毯、精美高档的纺织手工艺品等；

⑦ 用于开发混仿产品，如彩色棉与竹原纤维、酷帛丝（具有良好吸湿排汗的聚酯纤维）、汉麻、亚麻、苎麻、罗布麻、天丝、维劳夫特（Viloft）、大豆蛋白纤维、莫代尔纤维、超细旦丙纶短纤及长丝、甲壳素纤维、PTT纤维等进行两种或两种以上纤维混纺，加工成机织或针织服装面料。

（3）彩色棉在开发应用中存在的问题　根据目前的开发与应用情况，彩色棉还存在以下一些问题，需要进一步解决，以适应时代发展的需要，满足人们追求时尚和社会发展的潮流。

① 彩色棉品种自身的缺陷，主要有三方面的问题：

a．产量低且不稳定，衣分率低，外观质量差，成熟度差，单纤强度偏低；

b．品质差，纤维主体长度偏短，整齐度差，纤维偏细，马克隆值差异大，含不孕籽、棉籽壳和棉杂偏多，短绒率高；

c．颜色种类偏少，基本上只有棕色和绿色两大类，而且色彩不一致、分离严重，即使在同一棉株上的不同棉铃间和同一棉铃内部同样存在。

② 彩色棉在种植和纺织生产中存在的问题。主要问题是天然彩色棉在繁殖、栽培、加工及纺织生产过程中，必须采取严格的隔离措施，否则会影响到种子的纯度和棉纱的品质。

③ 彩色棉制品的质量及其他问题。彩色棉本身就存在色素遗传不稳定的问

题，而且在加工过程中色素也极不稳定。遇酸、碱、氧化剂、还原剂、生物酶、渗透剂、不同洗涤剂、皂煮、柔软剂，免烫抗皱剂、高温、水浸等处理，存在着变色、褪色、掉色等问题，并随处理时间、温度、深度的不同，颜色的变化也不同。绿色彩棉的日晒牢度较棕色彩棉更差。此外，天然彩色棉制品产量少，价格较高，难以满足广大消费者的需求。

2.1.2 新型绿色棉纤维——转基因棉

转基因棉就是将外源基因转入到棉花受体，并得到稳定的遗传性能，从而定向培育出的棉花。以生物技术为核心的棉花科技革命，正在使转基因棉成为棉花产业的发展方向，转基因抗虫棉以高产、方便管理、少施或不施农药等特征而使其种植面积日益扩大。采用杂交、转基因等现代生物工程培育出的天然彩色棉，以其生产以及后续加工过程的"零污染"而备受青睐。

转基因的研究是一项复杂的系统工程，既需要采用基因工程技术进行分离与改造、基因转移及转基因棉的培育，还要利用常规育种技术进行转基因棉的改进，同时还要研究转基因棉相应的栽培技术和良种育种技术。

（1）**转基因棉的品种** 转基因棉的品种较多，目前应用较多的是抗虫基因，此外，还有抗除草剂基因、雄性不育基因、抗病（黄萎病等）基因、聚酯纤维（化纤芯）基因、色素基因以及抗脱落基因等，正在研究或已开始利用。据称，世界上较早开始基因研究的美国已获得了转化纤芯基因棉、蓝色基因棉及抗旱基因棉的转基因棉株。同时，抗盐、涝、高低温等基因的分离、克隆及转化工作也正在进行之中。

（2）**转基因的性能** 转基因棉在产量上有优势，虽然棉种的费用稍贵些，但是能被较低的虫害控制费用所补偿。一般而言，转基因棉纤维的性能和纺织性能与其母体棉纤维没有较大的区别，但转基因棉的品种及性能在不同生产地之间有一定差异。转基因棉具有抗棉铃虫性强、农艺性能良好、产量高、抗病性强、不使用农药、环保卫生、纤维品质优良等特点。此外，有人把动物角蛋白基因导入棉纤维，培育成角蛋白转基因棉，这种棉成为世界优质棉中的极品，它具有动物毛的光亮、柔软以及富有弹性等优点，而且这种角蛋白转基因棉纤维品种好。也有人通过在棉纤维内腔植入包含有强力、染色性能、吸水性能的基因源，可产生新的棉纤维或提高棉纤维的性能。

（3）**转基因棉的应用** 人们已逐渐认识到转基因棉的许多优点，特别是其生态性和环保性等特点越来越受到人们的重视。已在非织造布领域有所应用，主要采用干法梳理成网和水刺固结技术，生产化妆棉、敷料块、面膜及外科器械包覆材料等。

转基因棉在纺织服装领域的应用，主要是用于服装和家用纺织品等。由于转基因棉不需要经过化学品的处理，因此用它加工成的纺织品具有手感好、弹性佳、柔软性好的特点，并且对人体无害，是一种高科技的绿色、环保产品。

2.1.3　可防紫外线辐射的汉麻

汉麻又名大麻、火麻、魁麻、线麻、寒麻、杭州麻等，系大麻料（或桑科）大麻属一年生草本植物。茎梢及中部呈方形，韧皮粗糙有沟纹，被短腺毛。雌雄异株，雄株茎细长，韧皮纤维产量多，质佳而早熟；雌株茎粗短，韧皮纤维质量差，晚熟。汉麻纤维可供纺织用，汉麻籽可食用，也可榨油供制涂料等，油粕亦可作为饲料。我国是汉麻的主要生产国，全国都有种植，以北方为多，北方的汉麻比南方的汉麻洁白、柔软，其中以河北蔚县、山西路安及山东莱芜的汉麻品质最优。目前，我国汉麻产量已占世界汉麻产量的1/3左右，居世界第一位。

（1）汉麻纤维的性能　汉麻是我国最早用于纺织的麻类纤维之一，有早熟和晚熟两个品种。前者纤维品质优良，后者纤维粗硬。其束纤维大多存在于中柱梢，纤维束层的最外一层为初生纤维，位于次生韧皮部的纤维为次生纤维。单纤维呈圆管形，表面有龟裂条痕和纵纹，无扭曲，纤维的横截面略呈不规则椭圆形和多角形，角隅钝圆，胞壁较厚，内腔呈线形、椭圆形或扁平形。单纤维长度短，差异大，一般为15～25mm，宽度一般为15～30μm，断裂强度为52～61cN/tex。纤维呈淡灰带黄色，漂白较困难，但可将麻皮用硫黄烟熏漂白，也可直接用麻茎熏白后再剥制，其纤维坚韧且较粗糙，弹性较差。汉麻纤维强度高，吸、放湿性能好，抗菌、防腐、防霉性好。

（2）汉麻纤维的产品与用途　汉麻产品有纯纺和混纺两大类。纯纺纱线的重量不匀和重量偏差都较大，但强度较高，吸、放湿性能好，抗菌、防腐、防霉性能非常优异。汉麻的混纺纱线有棉麻、麻棉、涤麻、麻涤、腈麻、涤毛麻等混纺产品，可作为服装面料、抽纱底布、帆布、横机针织衫及其他织物的原料。

① 纯汉麻织物　包括夏布、帆布、舒爽呢等。夏布主要作为夏季衣着面料，还可用来制作抽纱底布、服装衬料、旗布以及丧服、葬布等，产品透气挺爽；帆布主要用来制作帐篷、盖布、包装袋、橡胶衬布、油画布等，具有抗腐、防霉、防蛀、吸湿放湿快、吸湿膨胀、拒水性能良好等优点；舒爽呢主要用作服装面料，也可作为席垫、工业箱包用料。其中，用舒爽呢制作的服装不仅具有粗犷、高雅的风格，而且穿着挺括、透气、舒适、卫生。

② 汉麻混纺、交织织物　主要品种有棉麻混纺织物、涤麻布、毛麻锦混纺呢绒及涤毛麻凉爽呢等。棉麻混纺织物常作为服装服饰用料，既有棉的手感，又有麻的风格。涤麻布有涤麻派力司和涤麻花呢等，这种织物具有吸汗、不粘皮

肤、不刺痒、易洗快干、抗皱免烫、穿着舒适等特点。当织物含麻量高时，挺括粗犷；当含麻量少时，则有丝绸的风格。抽纱布是由棉纱作经纱，棉麻混纺纱作纬纱交织而成，主要用于制作装饰布。麻丝绸是用涤纶长丝作经纱，涤麻混纺纱作纬纱交织而成，织物轻盈飘逸、吸汗透气，主要用于制作夏季服装。花格呢是由棉经、麻纬交织而成的，花型变化新颖、风格粗犷豪放，常用于制作时装、鞋帽、箱包布、沙发套布等。麻棉混纺针织衫作为内衣，穿着舒适滑爽，如制成春秋外衣，则风格粗犷豪放，并具有吸湿、保暖、透气等优点。

③ 其他用途　除了上述的用途外，汉麻还可用来制作渔网、绳索、嵌缝材料，也可用于造纸等行业。

（3）汉麻纤维制品的独特风格和优异性能　近年来，汉麻纤维制品因其具有独特风格和优异性能，成为人们衣柜内的常客，深受国内外消费者的青睐，其主要优点如下。

① 手感柔软，穿着舒适。汉麻是麻类家庭中最细软的一种，单纤维纤细且末端分叉呈钝角绒毛状。用其制作的纺织产品无需经特殊的处理，就比较柔软适体。适宜于制作贴身衣物，如T恤衫、内衣、内裤及床上用品等。

② 透气透湿，凉爽宜人。由于汉麻中含有大量的极性亲水基团，纤维的吸湿性非常好，而且它的结晶度和取向度较高，横断面为不规则的椭圆形和多角形，纵向多裂纹和空洞（中腔），因此汉麻纺织品强度高、比表面积大，有较好的毛细效应，透气性好、吸湿量大，且散湿速率大于吸湿速率，能使人体的汗液较快排出，降低人体温度。据测算，穿着汉麻纤维制作的服装与棉织物相比，可使人体感觉温度低5℃左右，因而由汉麻制成的衣服穿着凉爽，不粘身。同时，暴露在空气中的汉麻纺织品，公定回潮率可达12%左右；在空气湿度达到95%时，回潮率可达30%，手感却不觉潮湿。这样优良的吸湿性，使其产品不会出现静电积聚现象，因此它是制作运动服、运动帽、练功服、劳动服、内衣、凉席等的理想材料。

③ 抑菌防腐，保健卫生。汉麻作物在种植和生长过程中，几乎不施用任何化学农药。汉麻纤维中不仅有一种抑制细菌生长的天然化学成分，而且在纤维中充满了空气，不利于厌氧菌的繁殖，同时在纤维中还含有十多种对人体十分有益的微量元素，其制品未经任何药物处理，对金黄葡萄球菌、绿脓杆菌、大肠杆菌、白色含珠菌等都有不同程度的抑制效果，其中尤以抑制大肠杆菌效果最好，抑菌圈直径达100mm，具有良好的防腐、防菌、防臭、防霉功能，可广泛应用于食品包装、卫生材料、鞋袜、绳索等。

④ 耐热、耐晒性能优异。由于汉麻纤维的横截面很复杂，有多种形状，而且中腔形状与外截面形状不一，纤维壁随生长期的不同，其原纤排列取向不同，

分成多层。因此，当光线照射到纤维上时，一部分形成多层折射被吸收，大部分形成漫反射，使织物看上去光泽柔和。同时，汉麻韧皮中化学物质种类繁多，其中许多 σ-π 价键，具有吸收紫外线辐射的功能。因而大麻纤维的耐热、耐晒及防紫外线辐射功能极佳。在37℃高温时也不改色，在1000℃时仅仅炭化而不燃烧。经测试，汉麻织物无需特别的整理即可屏蔽95%以上的紫外线，用汉麻制作的篷布能100%地阻挡强紫外线辐射。用它作篷盖布，晴天能防晒透气，雨天吸湿膨胀能起到防水作用。汉麻织物还特别适宜作防晒服装、遮阳伞、露营篷帐、高温工作服、烘箱传送带及室内装饰布等。

⑤ 隔音绝缘功能奇特。由于汉麻纤维的截面不规则形状和复杂的纵向结构，以及较高的比刚度和较宽的直径范围，加之分子结构呈多棱形，较松散，有螺旋线纹，因此汉麻织物对声波和光波具有良好的消散作用。干燥的汉麻纤维是电的不良导体，其抗电击穿能力比棉高30%左右，是良好的绝缘材料。由于其吸湿性能特别优异，因此它能轻易地避免静电积聚，从而可避免因衣着摩擦而引起的放电和起球现象。

⑥ 粗犷潇洒，高雅华贵。由于汉麻纱条干不匀，有粗细变化，因而织物风格粗犷、高雅华贵、美观豪放。其中，厚型织物适宜于作装饰织物、油画布、牛仔装、西服、车船飞机坐椅、地毯等，符合当代返璞归真、回归大自然的潮流。

2.1.4 具有保健功能的罗布麻

罗布麻又称红野麻、夹竹桃麻、茶叶花、茶棵子，是夹草（竹）桃科罗布麻属的多年生宿根草本植物。它是一种野生植物纤维，最初在新疆罗布沟发现，故以罗布麻命名。目前，我国的罗布麻已得到广泛的应用，国外对罗布麻的开发利用也非常重视。

罗布麻分为红麻和白麻两种。前者植株较高，幼苗为红色，茎高大，一般为1.5～2m，最高可达4m以上；而后者较矮小，幼苗为浅绿色或灰白色，茎高一般在1～1.5m左右，最高可达2.5m。这种野生麻生命力特别强，它喜光、耐干旱、耐盐碱、耐寒冷，适应性强，适宜在盐碱、沙漠等恶劣的自然条件下生长，在我国分布面积较广，主要分布在淮河、秦岭、昆仑山以北地区，集中产地为新疆、内蒙古、甘肃及青海等地，在山东的黄河口、陕西、江苏等地也有生长。

（1）罗布麻的医疗保健功能　罗布麻最为突出的性能是具有一定的医疗保健功能，其纤维洁白、柔软、滑爽，含有黄酮类化合物、蒽醌、强心苷类（西麻苷、毒毛旋花子苷）、芸香苷、多种氨基酸（谷氨酸、丙氨酸、缬氨酸）、槲皮素等化学成分，对降低穿着者的血压和清火、强心、利尿等具有显著的效果。穿着由罗布麻与棉混纺的内衣，具有有效地改善高血压症状、控制气管类和保护皮肤

等作用。在中医学上，常采用罗布麻的地上部分入药，其性微寒、味甘苦，有清热降火、平肝息风功能，主治头痛、眩晕、失眠等症，并有抑菌作用，对金黄色葡萄球菌、白色念珠菌和大肠杆菌有明显抑制作用，可防治多种皮肤病，而且水洗30次后的无菌率仍高于一般织物10～20倍。据有关研究资料表明，罗布麻含量在35%以上的保健服饰系列产品具有降压、平喘、降血脂等功效，并能明显地改善临床症状，有一定的医疗保健功能。罗布麻叶可用于烟草行业作烟丝，还可用作饮料或饲料，茎、叶中的胶质（乳胶液）不仅有很高的医用价值，对降低高血压具有显著疗效，而且也可提炼橡胶。

（2）罗布麻的纺织性能　罗布麻是一种具有优良品质的麻纤维。除了具有一般麻类纤维的吸湿性好、透气性好、透湿性好、强力高等共同特性外，还具有丝的光泽、麻的风格以及棉的舒适性。罗布麻是一种韧皮纤维，它位于罗布麻植物茎秆上的韧皮组织内，如图2-1所示。纤维细长而有光泽，呈非常松散的纤维束，个别纤维单独存在。纤维线密度约为0.3～0.4tex，长度与棉纤维接近，白罗布麻平均长度约为40mm，红罗布麻平均长度约为25mm，但长度差异较大，其幅度为10～40mm，纤维的宽度约为10～20μm，单纤维的断裂强度为7.24cN/tex，断裂伸长率为3.42%；罗布麻纤维的动、静摩擦系数分别为0.5547与0.4533，因此纤维表面光滑，纤维间抱合力差；其压缩弹性回复率较高（49.25%），故刚度大；其抗静电性能优于棉；而且纤维洁白，手感柔软而带丝光，质地优良。但是，由于表面光滑无转曲，抱合力小，在纺织加工中容易散落，制成率较低，且影响成纱质量。罗布麻是麻类纤维中品质仅次于苎麻的优良纤维，若采用单纤维与其他纤维混纺，效果较好。

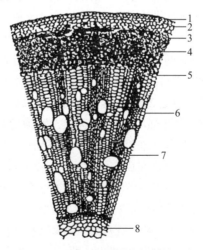

图2-1　罗布麻茎横切面结构

1—角质层；2—木栓层；3—薄壁组织；4—纤维束；5—形成层；6—木质部；7—髓质层；8—髓

罗布麻的化学组成与其他麻类纤维有一定差别，罗布麻的果胶含量和水溶性物质含量居麻类各纤维之首，木质素含量高于苎麻、亚麻、大麻、蕉麻及剑麻，而纤维素含量是所有麻类纤维中最低的，但也有资料报道其纤维含量约为62%～72%，与亚麻纤维的含量相当。罗布麻纤维的化学组成决定了它的理化性能，纤维的内部结构与棉、苎麻极为相似，其分子结构紧密，在结晶区中，纤维大分子排列较整齐，结构晶度与取向度均较高。

（3）罗布麻纤维的制取与纺织加工　罗布麻经过剥麻、晾晒等初步加工后成为原麻，应用化学或生物脱胶工艺对其全脱胶，以大幅度地去除胶质，从而大大提高了罗布麻的纺纱性能。经过化学脱胶后的精干麻，仍含有少量的残胶，其中还包括一定量的果胶、半纤维素及木质素，因此在纺纱之前还要对精干麻进行给油加湿等预处理，以提高其可纺性能。目前，一般采用棉纺、麻纺或毛纺纺纱系统进行纺纱。采用棉纺系统时，大部分都要经过精梳工艺，一般与棉混纺，纱线的线密度可达10～8tex（60～70英支），而毛纺系统大多采用精纺加工系统，也有采用精纺系统与澳毛混纺的，可纺24tex（42公支）纱。

（4）罗布麻的产品与用途　罗布麻与其他纤维混纺得到的混纺纱可加工成呢绒、罗绢、棉麻等机织物，也可加工成针织物。经烧毛上光后的呢绒型罗布麻服装，手感较苎麻服装柔软，吸湿透气性较佳。由罗布麻与绢丝混纺加工成的织物，集植物纤维与动物纤维于一身，织物柔软挺爽，风格独特。罗布麻与绸丝、羊毛、涤纶、棉混纺后，可加工成华达呢、凡立丁、法兰绒、派力司、花呢、海军呢及罗绢等织物，风格独特，穿着舒适，是男女夏装的优良面料。其中，特别是罗布麻与棉混纺织物，在8℃以下时的保暖性是纯棉织物的2倍，在21℃以上时的透气性是纯棉织物的25倍，在同等条件下的吸湿性是纯棉织物的5倍以上。我国于近年开发的24tex（42公支）澳毛精纺纱和18tex×2（32/2英支）的罗布麻棉精梳混纺纱编织的毛盖棉，其外表具有澳毛织物的挺括和弹性，手感柔软，保暖性好，内层具有罗布麻的滑爽、柔软、透气、吸湿等优点。罗布麻与其他纤维的混纺纱，可加工成男服、女装、童装、内衣裤、护肩、护腰、护膝、袜子、睡衣、床上用品等，是优良的医疗保健产品。除此之外，罗布麻还可加工成装饰织物和旅游产品，如台布、沙发布等。

2.1.5　新型纤维素纤维——桑皮纤维

我国是世界上生产丝绸的大国，2000年我国蚕茧产量为40万吨，白厂丝产量近6万吨，占世界总产量的85%。其中，桑蚕丝出口近4万吨，占世界贸易总量的60%，丝绸产品出口占世界出口量的75%左右，主导着世界丝绸市场形势。但是，有人会问：年产40万吨的蚕茧，需要多少亩（1亩＝667m²）桑田？据推算，40万吨的蚕茧需要800万亩的桑田的桑叶来喂食蚕宝宝，800万亩桑田一年至少春、夏、秋三个季节生产桑叶，一般地区可养春蚕、夏蚕、早秋蚕和晚秋蚕四批蚕，广东、广西等南方地区还可多养几批。在每一季收获蚕茧之后，为了保持桑树和土地的养分都要对桑树进行剪枝，即夏伐、冬整。以1亩桑田栽桑树1000株，1株剪枝5～7根，每根枝以0.35～0.5kg计算，每亩在2吨左右，一年只以剪伐两次计算，一亩桑田剪下来的桑枝就有4吨，试验数据表明，桑树皮的重量占桑枝的15%～20%，桑皮纤维占桑皮的10%～30%，这样，每亩桑田的废桑枝条可产桑皮纤维100kg，800万亩桑田可产桑皮纤维800000000kg＝800000吨，按工业化生产再以80%折算，可得64万吨桑皮纤维。

（1）桑皮纤维的结构　桑皮纤维的横截面和纵向形态如图2-2所示。桑皮纤维的横截面形状呈三角形、椭圆形及少量多角形，有中腔，纵向有横节、条纹，无天然转曲，具有良好的天然纤维特性。

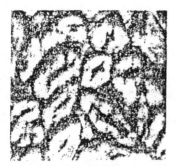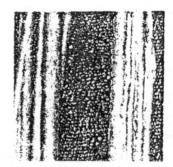

（a）桑皮纤维横截面形态（400倍）　　（b）桑皮纤维的纵向形态（400倍）

图2-2　桑皮纤维横截面和纵向形态

桑皮纤维表面分布有直径为0.5～1μm的原纤型微纤维。放大2000～4000倍可清楚地观察到原纤型微纤维相互呈不规则的平行排列，其间距为1～2μm，还有少许的微纤维呈交叉重叠，这种表面结构有别于棉、麻、毛、丝天然纤维。桑皮纤维的主要成分为纤维素，其含量约为总量的60%，其余为胶质等，其中果胶占30%，半纤维素占5%～6%，木质素占1.2%～2%。

（2）桑皮纤维的性能　桑皮纤维的物理指标见表2-1。

表2-1　桑皮纤维的物理指标

项目	指标	项目	指标
平均长度/mm	21～32	断裂伸长率/%	4～12
长度不匀CV值/%	19～31	断裂伸长不匀CV值/%	20～38
线密度/dtex	3.25～4.00	标准状态下回潮率/%	9～10
断裂强度/（cN/dtex）	3.5～5.1	质量比电阻/（Ω·g/cm²）	$10^5 \sim 10^7$

桑皮纤维的热性能很重要，掌握其热性能是正确利用桑皮纤维的先决条件。它的热性能可用差示扫描量热仪（DSC）测定，利用DSC来分析桑皮纤维内部的分子热运动特征，用它的玻璃化转变温度、结晶熔融温度及热解温度来表征。这些参数可为制定纤维的脱胶、纺织染整加工的工艺设计提供依据。桑皮纤维在20℃/min的升温速率下，达到61.4℃时，有少许分子开始热运动。当达到118℃时，全部分子参与热运动，包括链段运动。因此。取其峰值77.8℃为玻璃化转变温度，反映分子运动的DSC线至157℃左右吸热增大，达到310℃左右，则桑皮纤维吸热炭化分解，但未发现熔融吸热峰。

桑皮纤维的可纺性较好，在棉纺设备上可纺制规格为58.3tex（10英支）的纱，可用于织造。

由于桑皮纤维的结构较紧密，因此在染整前必须对坯布进行一定的处理，脱尽果胶等杂质，使桑皮纤维充分膨化，这样可进行一般染料的正常染色。研究表明，桑皮纤维可用直接染料、还原染料、碱性染料及硫化染料等进行染色，上色效果非常好。桑皮纤维织物表面光泽较好，手感似真丝绸，服用性能较好。

（3）桑皮纤维的制取 桑皮纤维制取的工艺流程为：桑枝条经剥皮机处理成桑皮→酶处理→桑皮除杂→水浸→锤洗→碱煮→水洗→漂白→酸洗→水洗→烘干→给油→甩干→烘干→预开松→开松。

（4）桑皮纤维的应用

① 桑棉混纺 用55%桑皮纤维与45%棉纤维混纺，其混纺纱线更适应于高速织机织造。桑棉混纺纱比纯棉纱耐磨性高，抗皱性有所提高，并具有蚕丝般的光泽。

② 桑麻混纺 汉麻纤维具有吸湿性好，有抑菌（大麻酚）的效果，以及手感滑爽、柔软的特点，但其外观和染色性方面存在不足，用桑皮纤维与其混纺，使桑麻纤维发挥各自优点，并使混纺纱具有强力高、光泽好、较易染色及耐磨性强等特点。

③ 桑皮纤维与桑蚕丝交织 丝绸产品是一种高档纺织品，但存在易皱、易褪色、不耐洗以及价格较贵等缺点。采用其与桑蚕丝交织，可使织物达到既具有丝绸产品的透气、吸湿、保健功能，又能克服其所存在的缺点。

④ 桑麻混纺纱与涤纶长丝交织 用桑麻混纺纱与涤纶长丝交织形成的织物，具有耐磨、透气、吸湿、抑菌保健、抗静电、较易染色等特点，而且外观挺括、悬垂性好，回弹性好于麻类织物、坚牢耐用、风格粗犷，可广泛用于服装、家用纺织品及产业用纺织品。

2.1.6 色白柔软、光泽柔和的菠萝叶纤维

菠萝叶纤维又称凤梨麻、菠萝麻，取自于凤梨植物的叶片中，由许多纤维束

紧密结合而成，属于叶片类麻纤维。菠萝主要产于热带和亚热带地区，我国的主要产地在广东、广西、海南、云南、福建、台湾等地。利用菠萝叶纤维已有较长的历史，在19世纪初出版的广东琼山、澄海、潮阳等县志上都有生产凤梨布的记载。目前，世界上有不少国家正致力于菠萝叶纤维开发利用的研究，并将其誉为继棉、麻、毛、丝之后的第五种天然高档纤维。

(1)菠萝叶纤维的结构　菠萝叶纤维表面比较粗糙。纤维纵向有缝隙和孔洞，横向有枝节，无天然卷曲。单纤维细胞呈圆筒形，两端尖，表面光滑，有中腔，呈线状。横截面呈卵圆形至多角形，每个纤维束由10～20根单纤维组成。单纤维细胞长2～10mm，宽1～26μm，长宽直径比为450。纤维细胞壁的次生壁具有稍许木质化的薄外层和厚内层，外层微纤维与纤维轴的交角为60°，内层为20°。在内层的表面还覆着一层很薄的无定形物质。胞腔较大，胞间层是高度木质化的。菠萝叶纤维的结晶度为0.727，取向因子为0.972，双折射率为0.058，除双折射率略低于亚麻外，其余均高于亚麻和黄麻，说明菠萝叶纤维中无定形区较小，大分子排列整齐密实，同时较高的结晶度和取向度导致纤维的强度和刚度大，而伸长率小。

(2)菠萝叶纤维的理化性

① 化学性能　菠萝叶纤维与苎麻、亚麻、汉麻、黄麻的化学成分对比如表2-2所示。

表2-2　菠萝叶纤维与苎麻、亚麻、汉麻、黄麻的化学成分对比　　　单位：%

项目 纤维 名称	纤维素	半纤维素	木质素	果胶物质	水溶物	脂蜡质	灰分
菠萝叶纤维	56.0～68.5	16.0～18.8	6.0～13.0	1.1～2.0	1.0～1.46	3.2～7.2	0.9～2.8
苎麻	72.0～74.0	13.0～13.5	1.0～2.0	4.0～4.5	7.0～7.5	0.5～0.6	3.0～3.9
亚麻	65.0～70.0	15.0～15.5	2.0～3.0	4.0～4.5	4.5～5.5	1.5～2.0	1.3～1.8
汉麻	55.0～60.0	16.0～17.0	7.0～8.0	7.0～8.0	9.0～10.0	1.6～1.8	1.0～3.0
黄麻	50.0～60.6	12.0～18.0	10.0～15.0	0.5～2.0	1.5～2.5	0.5～1.0	0.5～1.0

注：摘自纺织导报，2006（2）：32。

由表2-2可知，菠萝叶纤维的化学组成与其他麻类纤维相类似，含有较多的胶杂质，其中尤以木质素含量较高，远高于苎麻、亚麻，而略低于汉麻、黄麻。这说明菠萝叶纤维的柔软度和可纺性优于黄麻和汉麻而次于苎麻和亚麻。同时，为了改善纤维的可纺性，减少纤维中胶质的含量，提高成纱品质，在纺纱前应对菠萝叶纤维采取适当的脱胶处理。

② 物理性能　菠萝叶纤维与麻纤维的物理指标对比见表2-3。

表2-3　菠萝叶纤维与麻纤维的物理指标对比

物理指标＼项目＼纤维名称	单纤维		束纤维（工艺纤维）		
	长度/mm	直径/μm	长度/mm	线密度/tex	密度/（g/cm³）
菠萝叶纤维	3～8	7～18	10～90	2.5～4.0	1.543
苎麻	60～250	30～40	90～600	3.0～5.8	1.543
亚麻	16～20	12～17	30～90	2.5～3.5	1.493
黄麻	2～6	15～25	80～150	2.8～4.2	1.211

由表2-3可知，菠萝叶纤维的单纤维长度很短，不能直接用于纺纱，必须采用工艺纤维（束纤维），即在脱胶处理时应采用半脱胶工艺，以保证有一定的残胶存在，将很短的单纤维粘连成满足纺纱工艺要求的长纤维（工艺纤维）。同时，菠萝叶纤维的线密度介于亚麻和黄麻之间，而且菠萝叶纤维的线密度特性与苎麻等其他麻类纤维相类似，即纤维越长，线密度越大；在同一麻束上，根部最大，梢部最小。因此，在纺纱时，若要降低纤维线密度，也可采用切根的方法，以降低纤维的平均线密度，从而改善其可纺性和成纱质量。菠萝叶纤维的公定回潮率为11.45%。菠萝叶纤维与麻纤维的物理性能对比见表2-4。

表2-4　菠萝叶纤维与麻纤维的物理性能对比

物理指标＼纤维名称	断裂强度/（cN/tex）	断裂伸长率/%	弹性模量/（1×10³Pa）	柔软度/（捻/20cm）
菠萝叶纤维	30.56	3.42	9.99	185
苎麻	67.3	3.77	—	—
亚麻	47.97	3.94	8.47	—
黄麻	26.01	3.14	10.78	85

由表2-4可知，菠萝叶纤维的断裂强度较高，断裂伸长率较小，弹性模量较大，这与其化学成分和结构是基本相吻合的。菠萝叶纤维的断裂伸长率介于苎麻、亚麻和黄麻之间，一般而言，其纤维的可纺性及成纱质量也介于两者之间，即优于黄麻而次于苎麻和亚麻。

（3）菠萝叶纤维的制取

① 纤维的提取　菠萝叶纤维的提取方法有三种：一是水浸法，就是将菠萝叶片浸泡在30℃的流水或封闭式发酵池中，经7～10天，使其自然发酵，经人工刮取、清洗、干燥后制得原纤维；二是生物化学法，采用生物和化学溶液浸泡

菠萝叶片，即将叶片浸入含有1%纤维酶或其他酶液中，酶液的pH值为4～6，40℃下处理5h，破坏纤维周围组织，再经人工刮取、清洗、干燥后获得原纤维；三是机械提取法，采用机械力破坏纤维周围组织，同时完成纤维和叶渣的分离，经清洗、干燥后获得原纤维。机械提取纤维的工艺流程如下：菠萝叶片（鲜叶片）→刮青→水洗→晒干→晾麻。

② 化学脱胶　由于菠萝叶纤维的单纤维长度很短，因而只能采用半脱胶工艺，残胶可以将很短的单纤维粘连成长纤维，以满足纺织工艺的要求。其主要脱胶工艺流程如下：浸酸→煮练→水洗→浸碱→水洗→漂白→给油→脱水→烘干。

③ 生物脱胶　菠萝叶纤维在接种高效菌株后即在适宜的温度下进行"胶养菌-菌产酶-酶脱胶"的生化反应，利用微生物酶催化、分解、降解原纤维中的非纤维素物质，从而达到提取纯净菠萝纤维的目的，因此采用生物脱胶技术能有效地消除环境污染。主要工艺流程如下：菌种制备→接种→生物脱胶→洗麻机洗麻（或拷麻）→漂洗→脱水→抖麻→渍油→脱水→抖麻→烘干。

（4）菠萝叶纤维的应用

① 纺纱　目前已成功地利用不同的纺纱技术纺制出菠萝叶纤维的纯纺纱与混纺纱。在纯纺纱方面已可纺制成规格为15tex和21tex的菠萝叶纤维纱。混纺纱方面可纺制成一般的普梳纱、精梳纱，也可纺出菠萝叶纤维含量为30%的25～36tex棉麻混纺纱。

② 服用及家用纺织品　全手工纯菠萝麻纱（线）可织制菠萝麻布，菠萝麻与苎麻交织布，菠萝麻与芭蕉麻交织布，菠萝麻与土蚕丝交织布，菠萝麻与手工棉纱交织布，菠萝麻与棉混纺布，菠萝麻与绢丝混纺布，菠萝麻与涤纶、羊毛、丙纶等混纺布等，其制成的织物容易染色，吸汗透气，挺括不起皱，具有良好的抑菌防臭性能，适宜制作高、中档的西服和高级礼服、牛仔服、衬衫、裙裤、床上用品及装饰织物（如家具布、毛巾、地毯等），也可用于生产针织女外衣、袜子等。

③ 产业用纺织品　用菠萝叶纤维生产的针刺法非织造布，可作为土工布用于水库、河坎的加固防护。由于菠萝叶纤维纱强度比棉纱高且毛羽多，这对橡胶与纺织材料黏合成一体是非常有利的，因此菠萝叶纤维是生产橡胶运输带的帘子布、三角胶带芯线的理想材料。用菠萝叶纤维生产的帆布比同规格的棉帆布强力高。菠萝叶纤维还可用于造纸、强力塑料、屋顶材料、绳索、渔网及编织工艺品等。

2.1.7　高强低伸的香蕉纤维

香蕉纤维可分为香蕉茎纤维和香蕉叶纤维两种。香蕉茎纤维蕴藏于香蕉树的韧皮内，属于韧皮类纤维；香蕉叶纤维蕴藏于香蕉树的树叶中，属叶纤维。香蕉纤维不仅是一种绿色环保纤维，而且还是一种新型天然纺织纤维，具有一般麻类纤维的优缺点，已成为21世纪纺织的又一新材料。

（1）**香蕉纤维的结构**　香蕉茎为层层紧压的复瓦状叶鞘重叠形成的假干，含有丰富的纤维素，其截面图如图2-3所示。研究发现，香蕉茎纤维中的纤维素含量低于亚麻、黄麻，而半纤维素、木质素的含量则较高。因此，香蕉茎纤维的光泽、柔软性、弹性、可纺性等均较亚麻、黄麻差，在纤维制备中要加强去除半纤维素、木质素的脱胶工艺。

（a）纵剖面　　　　　　　（b）横剖面

图2-3　香蕉茎纵、横截面图

香蕉纤维的横截面和纵向形态电镜照片如图2-4所示。从图中可以看出，香蕉纤维的横截面形态呈不规则的腰圆形，而纵向形态类似麻类纤维，但是裂纹没有麻类纤维多。香蕉纤维与麻纤维的微细结构比较见表2-5。

由表2-5可知，香蕉茎纤维的结晶度和取向度低于亚麻、黄麻，这说明香蕉纤维中大分子排列不如亚麻、黄麻整齐有规律，从而导致其力学、光学等物理性能的差异，如其具有强度低、变形大以及易于吸湿和染色等特点。

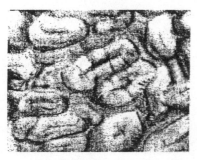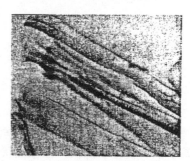

（a）横截面形态（1600倍）　　　　　　（b）纵向形态（800倍）

图2-4　香蕉纤维的横截面和纵向形态

表2-5　香蕉纤维与麻纤维的微细结构比较

项目 纤维品种	结晶度 /%	取向角 / (°)	取向因子	双折射率	密度 / (g/cm³)
香蕉纤维	44.25	14	0.8100	0.0475	1.3610
亚麻	66.24	12	0.9335	0.0660	1.4928
黄麻	62.10	—	0.9056	0.0440	1.2110

（2）香蕉纤维的化学组成　香蕉茎纤维的主要化学成分为纤维素，其次为半纤维素、木质素、果胶物质、水溶物及脂蜡质等。具体化学组成见表2-6。

表2-6　香蕉纤维与亚麻、黄麻的化学组成比较　　　　　　单位：%

项目 纤维品种	纤维素	半纤维素	木质素	果胶	灰分	水溶物	脂蜡质	其他
香蕉纤维	58.5 ~ 76.1	28.5 ~ 29.9	4.8 ~ 6.13		1.0 ~ 1.4	1.9 ~ 2.61		
亚麻	70 ~ 80	12 ~ 15	2.5 ~ 5	1.4 ~ 5.7	0.8 ~ 1.3	—	1.2 ~ 1.8	—
黄麻	64 ~ 67	16 ~ 19	11 ~ 15	1.1 ~ 1.3	0.6 ~ 1.7		0.3 ~ 0.7	含氮物 0.3 ~ 0.6

注：香蕉茎纤维的半纤维素是在1%NaOH溶液中测得，而亚麻、黄麻的半纤维素是在2%NaOH溶液中测得。

由表2-6可知，香蕉纤维中纤维素含量略低于亚麻和黄麻，而半纤维素和木质素的含量则较高（约占香蕉纤维化学组成的30%以上），因此其光泽、柔软性、弹性及可纺性等均比亚麻、黄麻差。同时也导致香蕉纤维脱胶工作的难度相对较大。

（3）香蕉纤维的性能

① 物理性能　由于香蕉纤维单纤维长度太短，不能直接用于纺纱，因此香蕉纤维只能采用半脱胶的方式，即保留一部分胶质，将单纤维粘连成具有一定长度的纤维束（工艺纤维）来纺纱。但由于香蕉纤维的工艺纤维较粗，目前一般只能用于纺中、低档纱。对香蕉工艺纤维进行化学脱胶处理后，可降低纤维长度，提高纤维细度。化学脱胶后的纤维可用于棉、毛纺纱系统。香蕉纤维与亚麻、黄麻的物理性能比较见表2-7。香蕉纤维具有一般麻类纤维的优点，断裂强度高、断裂伸长率小、吸湿放湿快，在标准状态下的回潮率可达14.5%，纤维粗硬，初始模量高，弹性差，服用卫生性能良好，相对棉纤维和化纤而言，香蕉纤维还有光泽好和吸湿性高的优点。

表2-7 香蕉纤维与亚麻、黄麻的物理性能比较

项目 纤维品种	单纤维		工艺纤维			
	长度/mm	宽度/μm	长度/mm	细度/tex	断裂强度/（cN/tex）	断裂伸长率/%
香蕉纤维	2.3 ~ 3.8	11.0 ~ 34.0	80.0 ~ 200.0	6.0 ~ 7.6	50.75	3.18
亚麻	16.0 ~ 20.0	12.0 ~ 17.0	30.0 ~ 90.0	2.5 ~ 3.5	47.97	3.96
黄麻	2.0 ~ 6.0	15.0 ~ 25.0	80.0 ~ 150.0	2.8 ~ 4.2	26.01	3.14

② 化学性能　由于香蕉纤维属于韧皮纤维，其化学性质与传统的纤维素纤维有许多相似之处，但是香蕉纤维中又含有一定的蛋白质，因此它又可表现出蛋白质纤维的一些特性。香蕉纤维具有抗碱、酚、甲酸、氯仿、丙酮及石油醚的能力，它可溶于热浓缩硫酸中。香蕉纤维的抗酸、抗碱性能介于棉纤维和羊毛之间，总之它的抗酸性能好于棉纤维，而抗碱性能不如棉；它的抗碱性能优于羊毛，而抗酸性能不如羊毛。其原因主要是由香蕉纤维特有的化学组成决定的。

（4）香蕉纤维的制取　目前，香蕉纤维的提取方法主要有机械方法和化学方法两种。机械方法又可分为人工和机械两种。除此之外，还有一种称为闪爆的方法，即利用在韧皮原纤之间的高压过热水在外压突然下降时汽化膨胀，把原纤分离。采用以上的方法分离出的香蕉纤维并不能进行纺纱，还必须经过化学处理制成工艺纤维（半脱胶）才能进行纺纱。

由于香蕉纤维是一种在组成上与麻相似的新型植物纤维，因此可采用与麻类似的脱胶方法来制取纤维。根据香蕉纤维组成的特性，目前大多数脱胶工艺采用以碱液煮练为主要方法。具体工艺流程如下：预酸处理→碱煮→焖煮→漂白→酸洗。

（5）香蕉纤维的应用　香蕉纤维最早不是用于纺织、服装，而是用于造纸和包装袋。现在随着科学技术的发展和纺织工业的进步，可以与棉及其他纤维进行混纺，织成的混纺香蕉纤维布可加工成夹克、上衣、牛仔服、网球服、外套、短裤等休闲服装，不仅光泽好、吸水性强，而且穿着舒适、美观耐用。由于香蕉纤维吸水性高，也可制成窗帘、毛巾、床单等家用纺织品。香蕉纤维可以在黄麻纺纱设备上加工成纱，用来制作绳索和麻袋。还可以利用香蕉纤维加强建筑材料、汽车内衬板及聚酯类等复合材料，以提高复合材料的抗破坏性能。

2.1.8　继棉、麻之后的第三类纤维素纤维——竹原纤维

竹原纤维是继棉、麻之后的第三种天然纤维素纤维。全世界竹子资源十分丰富。据统计，世界上共有竹子78属、1000多个品种，种植面积达1400多万公

顷。中国有竹子共40属、500多个品种，种植面积达379万公顷，其中毛竹种植达270万公顷，是世界上竹资源最丰富的国家，并首先开发成功竹原纤维。竹原纤维是从竹材中直接提取的天然纤维素纤维，具有独特的物理、化学性能。

（1）竹原纤维的化学组成　竹原纤维的主要成分是纤维素（69.67%）、半纤维素（17.97%）及木质素（6.69%），它们同属高聚糖，三者占总量的90%以上，其次是蛋白质、脂肪、果胶、色素、灰分等。纤维素是组成竹材细胞壁的主要物质，其化学元素组成为：碳占44.2%、氢占6.3%以及氧占49.5%。纤维素分子式为$(C_6H_{12}O_5)_n$，n为聚合度（$n = 7000 \sim 10000$）。是β-D-葡萄糖通过$C_1 \sim C_4$苷键联结的链状高分子化合物，一般占竹材的40%～70%。在竹原纤维中，α-纤维素占70%～80%，β-纤维素占20%～25%，γ-纤维素占1%～5%。

（2）竹原纤维的形态结构和微细结构　竹原纤维为束纤维（工艺纤维），其纵向由多根单纤维组成，单纤维粗细分布不均匀，是不规则的椭圆形、腰圆形及多边形断面，横截面上布满了大大小小单纤维间形成的空隙，单纤维的横截面内有中腔，且边缘有裂纹、径向裂纹深、长。竹原纤维的纵向表面有许多微细的凹槽，伴有少许裂纹，并且横向有明显的横节，没有天然的卷曲，正是因为竹原纤维的纵向和横截面结构的这些凹槽和裂纹特征导致纤维可以在瞬间吸收或蒸发大量的水分、透过大量的气体，具有良好的吸湿性和透气性。因此，竹原纤维被称为"会呼吸的纤维"。

由竹原纤维的X射线衍射图计算得出它的结晶度为52.6%，说明天然竹纤维属于典型的纤维素Ⅰ型结晶结构，在它的生长过程中，结晶结构没有变化。竹原纤维的红外光谱图在$1600cm^{-1}$和$1750cm^{-1}$处出现特征吸收峰，这从另一个侧面证实竹原纤维的微观结构呈结晶紧密结构，是典型的纤维素Ⅰ型结晶结构，其纤维素的含量较高，具有较高的结晶度和取向度，大分子链的排列规整，是一种粗纤维。

（3）竹原纤维的性能

① 物理性能　竹原纤维的长度可根据使用者的要求，制成棉型、中长型及毛型，长度整齐度较好。纤维的线密度为5.00～8.33dtex，平均线密度为6.1dtex，断裂强度为3.49cN/dtex，断裂伸长率为5.1%，断裂长度为30km，初始模量为15.65N/tex，回潮率为11.64%，保水率为34.93%。竹原纤维具有较强的毛细管效应，在温度30℃和预加张力3.92cN的试验条件下，5min时为6.74cm，15min时为6.85cm，30min时为6.90cm，60min以后保持不变，略高于棉纤维，远高于苎麻、黏胶纤维及再生竹纤维（竹浆纤维）。

② 化学性能　竹原纤维的化学性能与其他纤维素纤维相似，耐碱不耐酸。在稀碱溶液中极为稳定，在浓碱作用下，纤维能膨润，生成碱纤维素。若经稀酸溶液中和后，即可恢复成纤维素，但其晶体结构发生了变化，物理性能也会发生相应的

变化，最终导致断裂强度下降，而断裂伸长率有所提高。竹原纤维在强无机酸的作用下会产生分解，最后会分解成 α-葡萄糖，可溶于浓的硫酸、盐酸、磷酸等强酸中。但是，对于一般的溶剂则比较稳定，不溶于乙醚、乙醇、苯、丙酮、汽油等，在水中也只是发生轻微的溶胀而不溶解。

③ 热性能　竹原纤维从260℃左右开始分解，540℃左右分解终止，其热稳定性与苎麻相当，远好于棉和亚麻纤维。对纤维加热可使其强度受到一定的损失，在140℃以下，短时间（10min）的热处理对竹原纤维拉伸强度的影响不是很大，若热处理时间较长（30min），则在温度较高时（如超过100℃），纤维强度有所降低。这是因为纤维是部分结晶的高分子化合物，温度升高会引起纤维内部结晶部分的消减和无定形部分的增加，从而使纤维的物理性能发生改变。与此同时，随着温度的升高，在热作用下，大分子将会在最弱的键上发生裂解，通常是热裂解和化学裂解同时发生，这些裂解作用在高温时会加速进行，其结果是纤维内部结晶部分消减、无定形部分增大、大分子降解、分子间作用力减弱，从而导致纤维强度降低。

④ 抗菌性能　竹子自身具有抗菌性，在生长过程中无虫蛀、无腐烂，不需使用任何农药。因此它天然就具有无毒、无污染、抗菌、防臭及保健等特性。由于在竹原纤维的生产过程中，采用物理的方法提取纤维，抗菌物质始终未受到破坏而仍然结合在纤维大分子上。因此，由竹原纤维制成的面料和服饰产品经反复洗涤、日晒后也不会失去抗菌作用，而且在穿着过程中不会对皮肤产生任何过敏反应，这与在整理过程中加入抗菌物质的其他纤维织物有着根本的区别。根据测定，竹原纤维的抗菌功效为：金黄色葡萄球菌99%，枯木芽孢杆菌93.4%，白色念珠菌92%，黑曲霉菌84%。此外，由于竹原纤维中含有叶绿素铜钠，因而具有良好的除臭作用。试验结果表明，竹原纤维织物对氨气的除臭率为70%～72%，对酸臭的除臭率达到93%～95%。同时，叶绿素铜钠又是安全、优良的紫外线吸收剂，因而竹原纤维还具有良好的紫外线防护功能。

（4）竹原纤维的制取　制取竹原纤维的工艺流程如下：竹材→前处理工序→纤维分解工序→成形工序→后处理工序→竹原纤维成品。

一般而言，前处理工序包括整料、制竹片及浸泡三个工序。分解工序共分三步进行，每一步都包括蒸、煮、水洗及分解四个过程。成形工序一般要经过蒸煮、分丝、还原、脱水及软化五个步骤。后处理工序一般分为干燥、梳纤、筛选及检验四个步骤。

（5）竹原纤维的产品与应用

① 纯竹提花布与色织布　布面风格自然、质朴，具有田园风格，适用于春季女装。

② 纯竹布 布面平整、光亮、色泽丰满、手感干爽、风格自然，适用于春夏秋季男女服装。

③ 纯竹高支细布 织物细薄轻盈、手感柔软，适用于制作夏季高档女装。

④ 纯竹异支斜纹布 布面粗犷、厚实，具有牛仔风格，适用于制作秋冬服装及男女休闲裤装。

⑤ 纯竹高支提花细布 布面花纹秀丽、质地轻薄，适用于制作夏季高档女装。

⑥ 纯竹斜纹布 织物质地紧密、丰满，纹路清晰，光泽亮丽，耐磨强度高，宜制作春秋季高级休闲服装。

⑦ 棉竹交织布 织物外观自然大方、手感滑爽、坚实，适宜制作夏季裤装及休闲短裙。

⑧ 竹亚麻交织布 织物轻薄、柔软、质地优良，适用于制作夏季高档时装。

⑨ 竹棉交织斜纹布 布面纹路清晰、光泽亮丽、手感柔软，适用于制作春秋季男女服装。

⑩ 竹棉交织布 布面纹路清晰、光泽明丽、手感柔和、弹性好，适用于制作夏季服装。

⑪ 黏竹交织布 织物色泽亮丽、手感柔爽、风格自然、穿着舒适，适用于制作夏季女装。

此外，竹原纤维还可与莫代尔（Modal）纤维、天丝（Tencel）、羊毛、涤纶及甲壳素纤维进行混纺，用于制作针织衫、花式纱线、夏季针织服装、内衣、针织毛衫等。

2.2 新型动物纤维

2.2.1 品质极佳的改性羊毛——丝光羊毛与拉细羊毛

利用特种技术对羊毛进行改性，以此提高羊毛的可纺支数，提高服装的服用性能，使其更能适应纺织产品的开发和国际纺织品市场的需要，并可大大提高纺织产品的附加值和国际市场竞争力，这是羊毛改性技术发展和毛纺织业发展的趋势。

羊毛改性技术有多种，目前比较成熟的有无氯化或低氯化化学改性处理技术、低温等离子体处理技术、生物酶处理技术、高收缩羊毛改性技术和羊毛拉伸技术等，其中常用的有丝光羊毛和拉细羊毛。

（1）丝光羊毛

① 丝光羊毛的基本原理 羊毛纤维的表面是鳞片层，由片状角质细胞组成，构成羊毛纤维的外壳。鳞片层可保护羊毛不受化学品的侵蚀，阻碍染料上染羊

毛，并且由于鳞片的大小较为一致，均匀地覆盖于羊毛纤维表面，使其不规则地反射光线，很难产生明显的光泽。对羊毛进行丝光处理的基本原理是采用适当的前处理方法，部分剥除或完全去掉羊毛表面的鳞片，并配合适当的后处理以改善羊毛的表面性状，使其具有类似于真丝般的光泽，从而达到丝光的目的。丝光的过程是先对羊毛纤维进行重复氯化处理，以剥蚀羊毛纤维表面的鳞片，使其蛋白质降解成冻胶，甚至成为黏稠液体，然后通过碱处理除去已剥蚀的羊毛鳞片层中降解的蛋白质，使其表面光滑、平整，对光线呈现有规则的反射，从而显现出光泽。

② 羊毛的丝光工艺 常见的丝光方法主要有毛条连续化丝光、毛条间歇式丝光及绞纱间歇式丝光三种，其中以绞纱间歇式丝光最难，但它的适应性广，特别适用于小批量、多品种、快交货的要求。羊毛丝光工艺的流程如下：氯化处理→脱氯处理→中和处理→清洗。

③ 丝光羊毛的超柔软整理 经丝光处理后的羊毛制品，其手感粗糙、僵硬、弹性较差，即使经过充分的吸湿后有所改善，但仍不够理想，需要进行柔软整理。超柔软整理的效果主要取决于脂肪链类柔软剂的碳链的长短及多少、有机硅类的微结构及其活性基团的差异。由于有机硅类在平滑度及柔软度两方面的综合效果始终要好于脂肪链类，所以在进行超柔软整理时通常都采用有机硅类柔软剂，以提高其弹性、平滑性，增加柔软度，改善手感。

④ 丝光羊毛的产品与用途 丝光羊毛主要用于针织产品，如羊毛衫等。也有少量用于机织面料，用于制作夏季服装等。

（2）拉细羊毛 羊毛拉伸细化技术是20世纪90年代羊毛和毛纺行业中的前沿技术，以澳大利亚联邦工业与科学研究院（CSIRO）的研究为代表，其注册商标为Optim，用以生产光泽好、手感似蚕丝、悬垂性优良的轻薄织物。国内也有一些大学和企业从事这方面的研究工作，已成功开发了适宜工业化生产的设备，形成了连续化生产能力，生产出细化羊毛纤维。拉细羊毛可伸长40%～50%，使其纤维直径比未拉细前细3～4μm。

① 羊毛拉伸细化的原理 羊毛拉伸细化的原理不同于减量细化法，它以不破坏纤维鳞片为前提，通过化学助剂使羊毛大分子之间的氢键、盐式键及二硫键断开，在适当的温湿度条件下经过机械拉伸，使羊毛大分子之间发生相互滑移，并将此状态定形达到细化目的。拉伸后，其纤维内部结构的改变使其物理性能、化学性能、染色性能及热稳定性都发生了变化。

② 拉细羊毛的特征 拉细羊毛的结构和性能与丝相似，最适合加工轻薄型光泽好、悬垂性好的机织产品。用其开发的高支轻薄产品，具有呢面细腻、手感柔软、滑糯活络、高档感强等特点，既可充分显示羊毛的天然优良性能，又具有

改性后的独特性能。

a. 细度和长度。羊毛经拉伸细化后，细度基本上可达到羊绒的平均细度，长度是原来长度的1.2～1.4倍，具体数据见表2-8。

表2-8 拉细羊毛的细度与长度

项目 纤维名称	细度/μm	细度离散CV值/%	长度/mm	长度离散CV值/%
羊绒	15.38	20.2	—	—
羊毛	18.50	21.2	86.8	33
拉细羊毛	16.20	23.5	119.4	40

b. 强力、伸长及沸水收缩率。羊毛拉伸细化后的纤维强力和伸长均有降低，沸水收缩率有所增大，具体数据见表2-9。

表2-9 羊毛拉伸细化后的强力、伸长及沸水收缩率

项目 纤维名称	平均强力/cN	平均伸长/mm	沸水收缩率/%
羊绒	3.96	4.02	—
羊毛	4.23	4.38	23.3
拉细羊毛	2.87	1.72	27.6

c. 鳞片形态。拉细羊毛纤维的鳞片有一定程度的脱落，致使鳞片密度减小，鳞片间距不均匀，纤维变细，大致与羊绒的鳞片形态相接近；拉细羊毛的部分鳞片有些翘起，部分纤维表面有拉伸后形成的纵向条纹；部分拉伸羊毛有些扭曲，卷曲减少，纤维表面光滑，手感更柔软，湿态时更为明显，纤维的横截面不呈圆形而呈多边形，呈现不同的反射光（多角效应），这也许是拉细羊毛具有丝般光泽的基本原因。拉细羊毛的结构特征与山羊绒和高支细羊毛的对比情况见表2-10。

表2-10 拉细羊毛的结构特征与山羊绒、高支细羊毛的对比

项目 纤维名称	直径/mm	鳞片高度/μm	鳞片密度/（个/mm）	径高比	鳞片形状
山羊绒	16.5	19.6	60～80	0.8	鳞片多呈环状，边缘较细，纤维光滑，且鳞片之间的高度大
高支细羊毛	16.7	11.7	80～130	1.4	鳞片密度大，呈现瓦片状，其边缘突出
拉细羊毛	16.2	16.5	50～80	1.0	鳞片的高度增加，密度减小，间距不均匀

d．摩擦性能。羊毛经拉伸细化后，鳞片密度减小，纤维的顺、逆摩擦因素之差减小，摩擦效应也相应减小，致使拉细羊毛具有羊绒般的手感，但其缩绒性能降低。

e．染色性能。由于拉细羊毛的鳞片密度减小，鳞片与鳞片间的空隙增大，鳞片层对染料的壁障作用减小，因而在采用相同的染料和在相同的染色条件下，染料分子能很快进入到拉细羊毛纤维的内部，因而拉细羊毛的表现上染率比普通羊毛偏低（起染温度约低10℃）。另外，由于拉细羊毛大分子中无规排列部分减少，取向度增高，亦即分子间空隙减少，从而使染料渗透到纤维空隙中的机会相对降低，因此上染后拉细羊毛的颜色要比普通羊毛浅。

③ 羊毛拉细的工艺　目前，国内羊毛拉细的工艺有两种：一是对毛条或粗纱进行拉伸；二是对绞纱进行拉伸，以前者较为多见。在两种工艺中，在拉伸前都要使用化学助剂进行预处理，拉伸后需要在适当的温湿度条件下进行定形。

④ 拉细羊毛的产品与应用　拉细羊毛可以进行纯纺，也可与羊绒、高支细羊毛、桑蚕丝、棉、天丝、莫代尔纤维、大豆蛋白纤维、化学纤维进行混纺和交织，用于机织和针织产品，加工成各种服装服饰，具有美观、手感轻薄柔软、弹性好、光泽滋润、悬垂性好、穿着舒适等优良服用性能。

2.2.2　具有纺织加工性的变性山羊毛

山羊毛是指从绒山羊和普通山羊身上取下的粗毛和死毛的统称，属于特种动物毛。为了适应剧烈的气候变化，山羊全身长有粗长的毛层毛被和细软的绒毛，以抵御风雪严寒。山羊的毛发一般分为内、外两层。内层（即生长在被毛底部的细绒毛）为柔软、纤细、滑糯、短而卷曲的绒毛，称为山羊绒。外层是粗、硬、长而无卷曲的粗毛，即为山羊毛。山羊毛因其粗硬而无卷曲，抱合力差，未经处理很难用于纺织生产。过去，山羊毛除部分用于生产毛毡、毛绳、制笔、毛刷以外，其余均作为废物处理或以废料出口，经济价值很低。经过变性处理的山羊毛纺织加工性大为改善，应用范围扩大，经济价值有较大提高。

（1）山羊毛资源的分类　山羊毛按照生产方式的不同，可分为三类。

① 剪下山羊毛（剪毛）　系指牧民们在抓绒之前先剪下的山羊毛的梢毛，或是由于山羊被毛较短平而在抓绒后剪下的毛，它是山羊毛的主要部分，所占比例最大。这类山羊毛一般较长、较粗、较硬，强度比较高。

② 分梳下脚毛　指在山羊绒分梳过程中被分离出来的下脚粗毛。它同剪毛一样，纤维较粗，但长度比剪下山羊毛短一些，强度较低，而且皮屑杂质多。

③ 灰褪山羊毛　是指制革时用化学试剂处理羊皮而在羊皮上褪下的山羊粗毛。

（2）山羊毛的结构　山羊毛具有与特别粗绵羊毛相似的结构，但也有区别。

山羊毛的横截面结构和粗羊毛一样，也是由鳞片层、皮质层及髓质层组成。其鳞片基本上呈龟裂状和瓦片状，而且鳞片尺寸较小，形状不一，鳞片较薄，常紧贴于毛干。因此，山羊毛比较光滑，表面摩擦因数较小，抱合力差。皮质层多呈皮芯结构，其正皮质细胞主要集中在毛干的中心，而偏皮质细胞分布在周围，所以山羊毛无卷曲。髓质层很发达，它占整个纤维直径的50%左右。但是，山羊品种的不同，髓质层径向所占比例也不一样。

（3）山羊毛的性能　山羊毛的这种特定的结构决定了山羊毛的物理性能。山羊毛的细度为平均直径48～100μm，细度离散较大，长度虽较长（最大长度可达150～220mm），但长度整齐度较差。通常具有粗、长、刚硬、强度高、卷曲少、摩擦因数较低、摩擦效应较小、长度差异大、有髓毛含量高以及髓质层所占比例大等特点，因此在纺纱时会出现抱合力差、纺纱困难、纤维容易损伤等问题。

（4）山羊毛的变性处理

① 化学变性处理方法　运用化学方法对山羊毛进行处理，可使山羊毛变软、变细，卷曲度增加，从而可提高山羊毛的可纺性和成纱性能。目前，山羊毛的化学处理方法主要有氯化－氧化法、氯化－还原法、氯化－酶法、氧化法、还原法及氨－碱法等。采用化学变性处理后的山羊毛可变细、变软、卷曲度增加、纤维伸长、变形能力增大、顺逆摩擦因数以及鳞片摩擦效应均有所提高，而纤维强力却未受到太大的影响，甚至还有一定程度的提高，从而明显地提高了纺纱性能和成纱质量。山羊毛化学变性前后的物理性能变化见表2-11。此外，经过氧化－酶变性处理的山羊毛，酸性染料的上染速率明显加快，这对缩短染色时间和减少山羊毛纤维的损伤具有一定的意义。

表2-11　山羊毛化学变性前后的物理性能比较

物理指标 山羊毛种类		单纤强力/cN	断裂伸长率/%	伸长率CV值/%	摩擦因数		摩擦效应/%	卷曲度/（个/cm）	卷曲皱曲率/%	压缩弹性/%
					顺向	逆向				
分梳毛	变性前	39.1	42.6	39.85	0.2430	0.2014	9.42	0.39	15.7	45.7
	变性后	48.2	52.4	15.58	0.3098	0.2442	11.8	0.43	21.9	61.0
	变化率/%	23.3	23.0	−60.9	27.5	21.3	25.3	10.3	39.5	33.5
成年毛	变性前	38.7	47.2	19.13	0.2803	0.2405	7.64	0.27	23.2	15.1
	变性后	52.9	53.2	9.58	0.3293	0.2695	9.17	0.18	23.4	48.2
	变化率/%	36.7	12.7	−49.9	17.5	12.1	20.0	−33.3	0.86	219.2
羔毛	变性前	22.6	39.2	31.69	0.2237	0.1936	7.21	0.22	19.1	46.8
	变性后	18.4	47.3	22.80	0.3789	0.3232	7.93	0.37	25.4	49.6
	变化率/%	−18.6	20.7	−28.1	69.4	66.9	9.99	68.2	33.0	5.98

② 物理变性处理方法　目前，经化学变性处理后的山羊毛，软化程度大大改善，但采用化学变性方法处理的山羊毛在其产品中所占的比例还较低，一般在40%以下，这是因为这种变性方法对山羊毛卷曲程度的提高并不很明显，而且纤维在变性过程中还受到一定程度的损伤，加工工艺流程也比较复杂。而采用物理方法，尤其是通过增加纤维的卷曲数（利用毛纤维的热定形性），可使纤维的卷曲程度得到明显的提高，具体数据见表2-12。经过这种加工的山羊毛，纺纱时可纯纺成条。产品中的混用比例可达到50%以上，最高可达96%。成品的手感风格、覆盖性能及弹性等都有所改善。

表2-12　山羊毛经物理处理后性能的变化

物理指标 纤维种类	断裂强力/cN	断裂强度/（cN/tex）	强力CV值/%	断裂伸长率/%	伸长率CV值/%	初始模量/（cN/tex）	模量CV值/%	卷曲数/（个/cm）	卷曲CV值/%
内蒙古赤峰山羊毛[①]	51.6	8.3	30.4	42.6	23.6	164	25.0	0	—
变性山羊毛	45.4	7.3	30.9	44.1	35.5	118	23.1	5.92	24.3

① 该批山羊毛为一般剪下毛和山羊绒分梳下脚毛的混合原料。

（5）变性山羊毛的应用　经过化学变性处理后的山羊毛可与黏胶纤维、腈纶、级数毛、精短毛等混纺纱生产地毯、提花毛毯、衬布、粗纺呢绒以及仿马海毛绒等产品。产品性能稳定、可靠及优良，已取得了一定的经济效益。

经过物理变性的山羊毛，其卷曲程度得到明显的提高，可进行纯纺，也可与其他纤维混纺，混纺比例一般可达到50%以上，最高可达到96%，产品质量有所改善。

2.2.3　动物纤维中的稀有珍品——彩色兔毛

近些年来，彩色兔毛受到国内外市场的高度重视，其原因是它除了具有白色兔毛的特点外，还有其自身独特的性能，而且它有黑色、灰色、黄色、棕色、驼色、蓝色等十几个天然色系，属于"天然有色特种纤维"，由它加工成的毛织品吸湿性强、透气性高，保暖性比羊毛、牛毛高出3倍，特别是它的色调柔和、持久、天然，在加工生产过程中无需染色，缩短了工艺流程，节约了能源，降低了生产成本，提高了生产效率和产品附加值，是典型的绿色环保纤维材料。色彩迷人、绒毛细密、皮极轻薄、质地致密，制成的服装美丽如花、轻柔如棉、保温如鸭绒。

彩色兔的生活习性和养殖环境条件以及兔毛的结构与性能同白兔没有明显的差异。

（1）彩色兔毛的性能

① 颜色的特性　彩色长毛兔具有全身统一色泽，并且大多数纤维的毛梢、毛干及毛根分段呈现2～3种不同颜色，混合后纱条颜色具有立体效果和层次感，是极佳的毛纺珍贵原料。色泽天然、柔和的特点致使彩色兔毛具有其他天然毛纤维无可比拟的优点。在加工过程中，无需染色就能满足织物对多种色彩的需求，产品的颜色均匀无色差，色泽自然柔和、雅致美观，而且耐水洗、日晒、汗渍而不褪色、沾色。

② 物理性能　白色兔毛的平均直径为12.9～13.9μm，直径不匀率为28.8%～36.2%，是天然特种动物纤维中最细的。彩色兔毛的平均直径为10.18～14.62μm，与白色兔毛相接近。因此，由彩色兔毛加工成的衣料与人体皮肤接触时，具有轻、柔、软、滑、爽的舒适感，而不会有粗糙感和瘙痒感。

白色兔毛的平均长度为64mm，而彩色兔毛的平均长度为30.6～70.7mm，最长的可达到110mm以上。在细度相当的情况下，纤维长度成为影响其性能的主要指标，因此，天然彩色兔毛具有比白色兔毛更好的可纺性。

纤维的卷曲性能（卷曲数量多少和卷曲程度）关系到纺纱时纤维间的抱合力大小和最终产品的手感。如果纤维具有适当的卷曲数和良好的卷曲弹性，则纤维间的抱合力大，易于加工，产品质量好。彩色兔毛与白兔毛、澳毛及羊绒的卷曲性能对比见表2-13。

表2-13　彩色兔毛与白色兔毛、澳毛及羊绒的卷曲性能对比

项目 纤维品种	卷曲数 /（个/10cm）	卷曲率/%	卷曲弹性率/%	残留卷曲率/%
彩色兔毛	2～3	5.3	85.8	4.79
白色兔毛	2～3	2.6	45.8	1.2
70支澳毛	6～8	11	89.98	9.9
羊绒	4～6	11	84.85	9.6

由表2-13可知，白色兔毛与细羊毛、羊绒相比较，卷曲数少、卷曲率低、卷曲耐久性差。彩色兔毛的卷曲性能与白色兔毛相接近，因此抱合力差，加工难度随着兔毛比例的增加而加大。

彩色兔毛鳞片少，且多为斜条状，所以纤维光滑而光泽度好。彩色兔毛与白色兔毛、澳毛摩擦性能的比较见表2-14。

由表2-14中的数据可看出，彩色兔毛的动、静摩擦因数和顺、逆鳞片摩擦因数比70支澳毛小得多，所以抱合力较差，同时也是它手感滑爽的原因之一。

彩色兔毛与白色兔毛同样具有发达的髓腔，平均密度小于其他动物毛纤维，

表2-14 彩色兔毛与白色兔毛、澳毛摩擦性能的比较

项目 纤维品种	静摩擦因数		动摩擦因数	
	顺向	逆向	顺向	逆向
彩色兔毛	0.1334	0.1724	0.1948	0.2465
白色兔毛	0.1103	0.2709	0.1864	0.3279
70支澳毛	0.2598	0.4583	0.3166	0.5029

一般为1.16～1.22g/cm³，由它制成的织物具有质轻、舒适、保暖性好、吸湿性强等特点。

彩色兔毛的初始模量比羊毛、羊绒高，但断裂强度、断裂伸长率及断裂功都较低。因此在纺纱过程中应采用轻缓的梳理工艺，保护纤维少受损失。保持纤维的强度和长度可有效地降低衣物穿用时掉毛现象的发生。

在温度21℃、相对湿度65%时，彩色兔毛的质量比电阻约为$1.515 \times 10^{11} \Omega \cdot g/cm^3$，大于普通白色兔毛的（$5.11 \times 10^{10} \Omega \cdot g/cm^3$），远大于羊毛的比电阻（$3.66 \times 10^{8} \Omega \cdot g/cm^3$），静电现象较为严重，生产中一定要在和毛油中加入性能较好的抗静电剂或选用抗静电性能好的和毛油，或在彩色兔毛中加入少量导电纤维进行调节。彩色兔毛的含油脂量与白色兔毛相近，一般不超过1.2%，含杂量较少，也比较干净，不需要洗毛，但必须加入适量的和毛油，以利顺利加工。

③ 化学性能 彩色兔毛是由蛋白质组成的，含有多种氨基酸，不含化学有害元素，具有天然的保健作用，保护皮肤滑嫩细腻，对人体可起到温馨呵护的作用。兔毛对酸、碱的反应与羊毛相似，较耐酸不耐碱，在高温或碱性条件下，纤维容易产生毡并或受损伤。采用中低温弱碱或弱酸性的表面处理剂对兔毛进行改性处理，可以增加纤维抱合力，提高可纺性，改善产品的掉毛情况。

（2）彩色兔毛的改性处理 在处理前，应首先剔除粗毛集中和严重毡并的毛块，然后按照以下工艺进行处理：处理液浓度为1.5%，浴比为1∶20，处理温度为60℃，处理时间为20min，烘干温度为70℃，处理后的纤维平均卷曲数增加到5.5个/25mm；纤维顺、逆鳞片的动、静摩擦因数也得到相应的提高，从而增加了纤维的抱合力，提高了可纺性。

（3）彩色兔毛的产品及应用 彩色兔毛的各项性能与白色兔毛相近，因此可采用白色兔毛的纺纱系统纺制粗纺、精纺、纯纺、混纺纱，用于机织和针织，加工成各种服装。由于彩色兔毛属天然有色特种纤维，因此由它加工的产品质地柔软、手感柔糯、色泽儒雅、吸湿性强、透气性好、保暖性强、亲和皮肤、穿着舒适典雅、雍容华贵，并具有天然色彩、环保护肤的特性。特别是用80～90支彩色兔毛纱加工成的机织面料，不易掉毛、不起球、不缩水、可机洗、不易变形。

2.2.4 被誉为绿色钻石、蚕丝瑰宝的天蚕丝

在人们的日常生活中，常以"物以稀为贵"来形容珍稀的物品，用它来形容天蚕丝是最恰当不过的了。众所周知，蚕丝在纺织纤维中是比较珍贵的原料，因为蚕丝总产量仅占世界纤维总产量的0.2%左右，再加上蚕丝具有良好的穿着舒适性和保健性，因而被人们称为"纤维王后"。天蚕丝的产量在整个纺织纤维中所占的比例更是少之又少。

天蚕（*Antheraea yamamal*）又名日本柞蚕、山蚕，属节肢动物门、昆虫纲、鳞翅目、天蚕属、天蚕种。它是一种生活在天然柞林中吐丝作茧的一化性、四眠五龄完全变态的昆虫，以卵越冬。其幼虫的形态与柞蚕酷似，只能从柞蚕幼虫头部有黑斑，而天蚕没有这一点来加以区别。天蚕幼虫体呈绿色，多瘤状突起，被刚毛。食山毛榉科栎属树叶，如柞、赤栎、橡、白栎、槲树叶等。天蚕丝珍稀、价格昂贵，在国际市场上每千克天蚕丝售价高达3000～5000美元，高于桑蚕丝、柞蚕丝近百倍，经济效益令人咋舌。

（1）**天蚕丝的资源分布** 天蚕是一种野蚕，生长在气温较温暖而半湿润的地区，也能适应寒冷气候，能在北纬44°以北寒冷地带自然生息。主要产于中国、日本、朝鲜及俄罗斯的部分地区，年产量只有数十千克，这也是它身价百倍的原因所在。我国天蚕主要分布在黑龙江省。此外，在长江以南直至亚热带地区的广东、广西、台湾等省区也有少量分布。在河南省商城县境内发现一种名叫龙载的天蚕，它吐彩丝，有绿、黄、白、红、褐五种颜色，为多层结彩，纤维细度为1.39dtex，干断裂伸长达45%左右。由于受到蚕蝇和鸟的侵害，无论是野生或人工放养天蚕，其存活都有一定的难度。我国广大科技工作者经过多年的筚路蓝缕、精心研究，不仅摸清了天蚕的结构和习性，而且摸索出一系列的饲养方法，并于1988年成功地将天蚕引入江南落户，由以往单靠收集野生天蚕茧的阶段跨入了人工饲育的崭新阶段，为我国发展天蚕饲养业创造了条件。

（2）**天蚕茧的结构** 天蚕的饲养虽比柞蚕困难，但天蚕茧缫丝却比柞蚕容易。天蚕的幼虫呈淡绿色，成熟时吐出的丝也是绿色的。天蚕茧为长椭圆形，呈草绿色（也有浅黄、红黄、红褐、黄褐、红灰色），但因茧的部位不同而有深浅，这是因为天蚕在树上营茧时，贴树叶的一面为浅绿色，茧层薄；朝阳的一面茧层厚，为深绿色。蚕茧的茧长4.5cm左右，茧宽2.2cm左右，茧重6～7g，茧层重0.5～0.6g，茧层率达7.5%～9.0%，头部稍长，并有长短不等的茧蒂，一般雄茧蒂细而正，雌茧蒂粗而歪。

（3）**天蚕丝的性能** 天蚕丝的丝胶含量比桑蚕丝和柞蚕丝高，约为30%，丝素含量约为70%。国外采用马赛皂15%、纯碱2%、油剂0.5%，浴比为1∶45，在100℃下精练2.5h，练出的天蚕丝织物闪烁着令人喜爱的果绿色宝石光。染色时，直接染料或酸性染料都不能使天蚕丝上染，而用部分经筛选的金属络合染料、盐基染料及活性染料，经长时间的染色，可使其上染。

天蚕丝纤细，平均细度为5.5～6.6dtex，但粗细差异较大。纤维横截面呈扁平多棱三角，如同钻石的结构，具有较强的折光性，其光犹如熠熠的宝石辉光，引人入胜。天蚕一旦成熟，蚕体就会呈现出亮丽的绿色。天蚕丝长为90～600m，出丝率为50%～60%，1000粒茧产生丝量约为250g。断裂强度31.2cN/tex，断裂伸长率在40%左右。天蚕丝富有光泽，色泽鲜艳，质地轻柔，具有较强的拉力和韧性，质量好于桑蚕丝和柞蚕丝，且无折痕，不用染色就能保持天然的绿宝石颜色，故享有"钻石纤维"和"金丝"之美称。

（4）天蚕丝的用途　一般而言，天蚕丝的用途与桑蚕丝、柞蚕丝相同，但由于天蚕丝产量很少、价格昂贵，目前天蚕丝只用于制作高档的晚礼服，在华灯的照耀下犹如珠翠满身，使穿着者显得格外雍容华贵。

2.2.5　五颜六色的天然彩色家蚕丝

天然彩色家蚕丝是由家蚕经过人工培育而成的彩色家蚕吐的丝。它是利用家蚕天然有茧基因资源，采用各种新的育种方法，选育出前所未有的天然彩色茧实用蚕品种系列。目前，已培育出能够吐丝结茧的绢丝昆虫约有20多种，其中就有五颜六色的天然彩色茧，其色调柔和、高雅华贵，是彩色蚕丝珍品，它的颜色甚至还是目前染色工艺难以模拟的。

（1）天然彩色家蚕丝的品种与形成原理　在我国桑蚕品种资源中，彩色茧的品种很多，主要有巴陵黄、碧连、绵阳红、大造、安康四号等。彩色蚕茧可分为黄红茧丝系包括竹绿（浅绿）和绿色两种。黄红茧丝系的茧丝颜色来自桑叶中的类胡萝卜素（β-胡萝卜素、新生β-胡萝卜素）和黄素类色素（叶黄素、蒲公英黄素、紫黄质、次黄嘌呤黄质）。绿茧丝系的茧丝色主要为黄酮色素，在中肠和血液中合成。这些色素需从消化道中进入血液，又从血液中进入绢丝腺才会着色，所以茧丝颜色的深浅不仅与色素的成分和含量有关，而且还受到消化道与绢丝管壁的渗透性影响，即受到蚕体基因的控制。

（2）彩色蚕丝的性能　家蚕吐彩色丝的特性是由遗传基因决定的，它们所吃的饲料与吐白丝的普通家蚕都是同样的桑叶，但是由于吐彩色丝的家蚕所具有的特殊基因，可以利用桑叶中的类胡萝卜素、叶黄素及类色素等形成不同颜色的茧丝。我国培育的系列有色蚕茧品种，除能吐有色丝的特性外，其杂交种与普通吐白丝的家蚕品种相比较，在生长发育过程、体质强健性、蚕茧产量等诸方面都比较接近，在饲养技术上也没有特殊要求。

（3）彩色蚕丝的产品与用途　彩色蚕丝可开发的产品较多，除适用于普通白桑蚕丝的产品外，还可开发下列产品。

① 天然彩色蚕丝色彩丰富而鲜艳，可以开发多样化产品，适应社会多元化和个性化发展的需要。天然彩色蚕丝的遗传受主基因控制，使其彩色茧丝的特性能够固定下来，这为育种和生产创造了良好的条件。

② 天然彩色蚕丝具有很好的吸收紫外线的能力，比白色蚕丝具有更好的抗菌效果。用紫外线长时间照射蚕茧，茧内的蛹体发育和羽化的蚕蛾及其后代发育正常。桑蚕丝对于易诱发基因突变、导致皮肤癌等癌变的280nm左右波长的紫外线（UV-B）具有很好的遮蔽和吸收作用，UV-B的透过率不足0.5%，故用天然彩色蚕丝制作衣服和化妆品可以有效地避免紫外线的晒伤。

③ 天然彩色蚕丝具有一定的抗氧化功能。彩色蚕丝分解自由基的能力远高于白色丝，其中绿色丝的效果最好，能分解90%左右的自由基；黄色丝也具有50%的功能；白色丝只有30%的功能。因此用彩色蚕丝织物制作的衣服具有较好的保健功能。

2.2.6　蓬松性极佳的羽绒

羽绒又称纤羽，是羽毛中的一部分。羽毛是禽类皮肤的衍生物，从皮肤中长出，是一种天然蛋白质纤维。按其形态与功能可分为正羽、绒羽（或羽绒）及纤羽三种。正羽由羽轴和羽片构成，是覆盖禽体表面大部分的羽毛，形成了禽体的基本外形。绒羽分布在鹅、鸭及其他水禽的全身，被正羽覆盖，形成保温层，起保温作用，主要分布在禽的胸部、腹部及翼基部分，羽绒无羽干或只有一细短而柔软的羽干，由羽干或羽根直接生出许多柔软蓬松的羽枝，呈放射状，形如棉绒。纤羽比绒羽细小，形如毛发状，故又称毛羽。它只有一个羽干，其顶端生有少而短的羽枝。纤羽分布在禽体全身各部分，长短不一，拔出正羽和羽绒后方可见到，其功能是感受触觉。

（1）羽绒的结构

① 羽绒的分子结构　羽绒的基本组成单元是维管束细胞，它由多根或单根维管束组成。在维管束的外面覆有一层类似蜡的细胞膜，细胞膜由两种含有大量憎水基团的大分子构成，即含磷酸基的三磷酸酯大分子和磷酸酯与胆甾醇构成的甾醇大分子，它们共同组成双分子层膜。这种结构赋予羽绒纤维较好的防水性能，同时大分子在形成维管束细胞时呈卷曲状，形成了大量的空洞和缝隙，从而使羽绒纤维内含有更多的静止空气。甾醇是一种环戊烷并全氢化菲类化合物，难溶于水。

三磷酸酯是指由有机醇类与三分子磷酸缩合而成的酯类化合物，也是一种难溶于水的有机物。这层双分子薄膜约占整根羽绒纤维质量的10%以下，故其防水性能较好。在薄膜的里层是组成羽绒纤维主要成分的蛋白质，通常称为羽朊，它是由多种氨基酸缩合而成。在羽绒纤维的蛋白质分子中，各氨基酸相互结合形成多肽键，成为羽朊的初级结构；在同一个多肽链中两个半胱氨酸结构之间生成—S—S—键，使多肽链的一部分成环状，在同一个多肽链中—C＝O基和—NH₂基之间还可生成氢键，因而使多肽链的构象为右螺旋形，称为α-螺旋或α-氨基酸，即形成羽朊的二级结构。在多肽链之间也可生成氢键，使它们按一定形状排列起来。在羽朊中，几个多肽链相互扭成一股，几股又扭在一起而形成绳索状结构，即羽绒纤维蛋白的结构，如图2-5所示。由于双分子层中的三磷酸酯具有很强的吸附性，在双分子层的外层还吸附有一些颗粒状的蛋白质，这些蛋白质在强碱的作用下会被破坏。又由于在羽绒分子结构中含有大量的碱性侧基和酸性侧基，故羽绒纤维具有既呈酸性又呈碱性的两性性质。

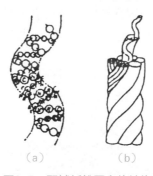

（a） （b）

图2-5 羽绒纤维蛋白的结构

② 形态结构 羽绒是以绒朵的形式存在的，绒朵中的每根绒丝较短，其长度一般为鸭绒10～30mm，鹅绒20～50mm，其直径为80～220nm，不能直接用于纺织，故羽绒是以绒朵的形式存在，它的每一根主纤维中生长有许多细小的绒丝，而每一根细小的绒丝又成为另一小单元的主纤维，其周围也生出更为细小的羽丝，如此反复组成羽绒，羽绒的结构如图2-6所示。在较长的一阶绒丝

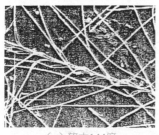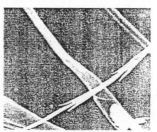

（a）放大144倍 （b）放大1000倍

图2-6 羽绒的结构

上又长有较短的二阶绒丝；二阶绒丝上则长有单根或双根绒刺。在各阶绒丝上都含有环状鳞节，下一阶绒丝相当于其环状鳞节物从某一或某几个方向上的延伸，其结构形态如玉米秸秆和玉米叶的关系。羽绒的外部特征如图2-7所示，呈立体多级羽状结构，将羽绒产品自然地分成若干均匀的立体小空间，在三维空间中，由若干根轻细的绒丝交叠在一起形成若干只静止空气储存器。因此，羽绒的结构组成是先由单体组成大分子链，再由几根或十几根长链分子按螺旋形走向比较稳定地相互结合在一起组成大分子束，即基原纤。由若干根基原纤平行排列组合在一起成为微原纤，微原纤的形成一方面依赖于基原纤分子之间的作用力；另一方面则借助于贯穿两个以上基原纤的大分子链的纵向连接。再由若干根微原纤基本趋于平行地组合在一起成为原纤，它也是依赖于分子间的作用力和大分子链的纵向连接，将多个微原纤组合排列在一起形成原纤。由多个原纤堆砌在一起组成大分子束，即大原纤，由它组成羽绒的一个细胞。再由大原纤堆砌在一起便组成纤维，因此，在每一根羽绒纤维中，存在着多重微丝状的结构单元，其中存在一些缝隙和空洞，并掺填有一些其他成分的非羽朊物质。

图2-7　羽绒的外部特征

（2）羽绒的化学组成　羽绒属于蛋白质类纤维材料，由17种α-氨基酸组成，其化学组成和羊毛相似。鹅、鸭绒的各种氨基酸含量基本相同，但与羊毛不尽相同。

新羽毛的主要化学成分及其平均含量为水占42.65%，氮化合物占53.63%，脂肪占1.69%，灰分占2.03%。在羽毛含有的多种化学成分中，氮的含量为15%，硫为2.57%，氯为0.53%，磷为0.34%，硅酸为0.22%，钙为0.1%。每种羽毛的化学组成是不同的，不仅与禽的种类、生长部位有关，而且还与禽的年龄、食物有关。

（3）羽绒的物理化学性能

① 润湿性　由于羽绒的纤维表面包覆有一层不溶于水的甾醇和三磷酸酯所组成的细膜，以及纤维内部存在较多的缝隙和空洞，因此其密度特别小，而且临

界表面张力很小（是所有蛋白质纤维中最小的），在常温下，干净的羽绒不能被纯水润湿。只有在提高水温或加入表面活性剂以降低水的表面张力时才可使羽绒润湿。羽绒的公定回潮率为11%。

② 蓬松性　羽绒的蓬松性在天然纤维中是最好的，由于纤维是以绒朵形式存在的，在每一个绒朵里包含有十几根至几十根内部结构基本相同的纤维，在每一根纤维之间都会产生一定的斥力而使其距离保持最大，因而产生了蓬松性。羽绒的含绒量越高，其蓬松度越高，反之亦然。

③ 稳定性　包括对热的稳定性、对日光的稳定性和对化学药剂的稳定性三个方面。

a. 对热的稳定性：羽绒的热稳定性较好，受热不会发生熔融而分解，在115℃时发生脱水，至150℃时开始分解，200～250℃时二硫键断裂，310℃时开始炭化，至720℃时开始燃烧。由于在所有的蛋白质纤维中都含有15%～17%的氮，在燃烧过程中释放出来的氮可抑制纤维迅速燃烧，故羽绒的可燃性较纤维素纤维低。

b. 对日光的稳定性：一般采用纤维强度损失50%的日照时间来衡量，羽绒为1000h，略低于羊毛的1100h，而优于锦纶66的376h和蚕丝的305h。虽然羽绒分子中的—CONH—键是它长链分子主链中的弱键，且对日光作用比较敏感。一方面由于C—N键的离解能较低（约305.6kJ/mol），日光中波长小于4000nm的紫外线光子的能量就足以使其发生裂解；另一方面主链中的羰基对波长为280～320nm的光线有较强的吸收作用，使上述链节在日光中紫外线的作用下显得很不稳定，但是在大分子之间具有很强的横向连接键，因此羽绒的日光稳定性较好。

c. 对化学药剂的稳定性。

ⅰ. 酸对羽绒的作用。在常温下，酸对羽绒的作用主要是使羽朊分子中的盐式键断裂。纤维结构中的—COO—基能和酸的H^+结合，剩下—NH_2基，纤维中扩散的氢离子浓度超过外界而使纤维溶胀。在温度提高时，酸能水解并使羽绒纤维的主键断裂。一般而言，羽绒的耐酸能力相当强，在无机酸（如硫酸、盐酸）溶液中，羽绒对酸的吸收能力和稳定性很强，稀硫酸对羽绒几乎无损伤，但如用高浓度硫酸加热处理，则可使羽绒溶解。

ⅱ. 碱对羽绒的作用。碱对羽绒的作用比酸剧烈，可产生明显的破坏作用。碱可使羽绒的盐式键断裂，也能攻击胱氨酸的二硫键。根据不同的作用条件，或者生成硫氨酸键并释放出硫，或者使二硫键断裂而释放出硫化氢和硫，更剧烈的硫作用则会破坏肽键本身。在一般情况下，羽绒在pH值为8的碱溶液中就会受到损伤，在pH值为10～11的碱溶液中对羽绒的破坏作用非常剧烈。受碱损伤

的羽绒变黄、发脆、光泽暗淡、手感粗糙。在沸热的4%NaOH溶液中，羽绒可被完全溶解。

ⅲ．氧化剂对羽绒的作用。氧化剂对羽绒的作用非常灵敏，浓度较大的过氧化氢、高锰酸钾、重铬酸钾等氧化剂都会对羽绒的性质产生影响，使纤维受到严重破坏，不仅使所有的二硫键被氧化成磺酸基，而且还有许多缩氨键断裂，使蛋白质加速降解，所产生的大量自由基溶解大量的有机质，致使羽绒纤维发黄、失去弹性而变质。

ⅳ．还原剂对羽绒的作用。还原剂在大多数情况下对羽绒纤维可起到化学定形的作用。

ⅴ．微生物对羽绒的作用。羽绒纤维易遭虫蛀，尤其是在潮湿状态和微碱性环境下，更易繁殖细菌，并使细胞膜和胞间胶质受到侵袭，使纤维强度下降。

（4）羽绒纤维的制取　制取的工艺流程如下：粗分→水洗→消毒→烘干→冷却→精选或是除尘→精分→水洗→消毒→烘干→冷却。

（5）羽绒的产品与用途　目前，羽绒主要用于制造非织造羽绒絮毡，再与PTFE膜复合制作登山服、太空服、防寒鞋、防寒帽、防寒手套等防寒用品及床上用品，也可用于纯纺或混纺纺制羽绒纱，织制机织面料、针织面料等。

第 3 章

新型再生纤维

3.1 再生纤维素纤维

3.1.1 21世纪纺织新纤维——天丝

天丝是我国注册的溶剂型再生纤维素纤维（NMMO纤维），它的正式学名为Lyocell，而Tencel是英国考陶尔兹公司独家注册的商品名。天丝与黏胶纤维同属再生纤维素纤维，虽然黏胶纤维在19世纪90年代已经问世，并在化学纤维中占据着重要地位，但由于黏胶纤维的制造工艺严重污染环境，在人们强烈呼吁清洁生产、保护地球生态环境、减少污染的今天，如何克服污染环境的缺点呢？采用有机溶剂直接溶解纤维浆粕来生产纤维素纤维（天丝）的工艺方法较好地克服了这一缺点。

（1）天丝的制备工艺过程与工艺特点　天丝是以针叶树为主的木质浆粕为原料进行再生而生产出的新纤维素纤维，用溶剂纺丝法进行生产，其工艺流程如下：

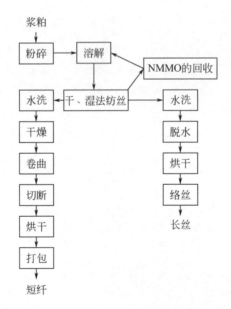

天丝的生产是把木质浆粕溶解于N-甲基吗啉的氧化物中，经除杂后直接纺丝。采用此工艺进行生产，工艺流程短，从投入浆粕到纤维卷曲、切断，整个工艺流程约需3h，而黏胶纤维或铜氨纤维的生产约需24h，与其相比，天丝产量可提高6倍左右。但生产天丝所用的设备费用为黏胶纤维或铜氨纤维的3倍左右。更为重要的是在天丝生产中使用的氧化胺溶剂对人体完全无害，几乎可完全回收（99.5%以上），可反复使用，生产中原料浆粕所含的纤维素分子不起化学变化，无副产物，无废弃物排出厂外，不污染环境，属于绿色生产工艺。其工艺特点是：生产过程没有任何化学反应，全部为物理过程；生产流程缩短，具有较高的生产效率；整个生产过程无毒、无污染，生产的是环保型绿色纤维；能耗低。

天丝的产品规格有：0.11tex×38mm（1.0旦×38mm）、0.11tex×51mm（1.0旦×51mm）、0.17tex×38mm（1.5旦×38mm）、0.17tex×51mm（1.5旦×51mm），这些纤维可用于棉型纱；0.24tex×70mm（2.2旦×70mm）可用于生产精梳毛纱。

（2）天丝的纤维结构　天丝与其他再生纤维素纤维的聚合度和结晶度比较见表3-1。

表3-1　天丝与其他再生纤维素纤维的聚合度、结晶度比较

项目 纤维名称	聚合度	结晶度
普通浆粕	200～600	60
天丝	500～550	50
普通黏胶纤维	250～300	30
高湿模量黏胶纤维（波里诺西克纤维）	350～450	44
强力黏胶纤维	300～350	—
富强纤维	500左右	48

由表3-1可知，天丝的聚合度较高，在一般情况下，随着聚合度的提高，纤维的取向度、结晶度、耐碱性、结节强度、顶破强度及杨氏模量提高；纺织加工性、织物尺寸稳定性、耐洗性也相应提高。天丝沾水后会变得很硬，这与黏胶纤维有相似之处，这是由于天丝纤维横断面膨润度大，使表面摩擦阻力增大之故。

天丝与黏胶纤维的形态结构如图3-1所示。天丝是典型的纤维素纤维，属于单斜晶系纤维素Ⅱ晶型，结晶度较高。与黏胶纤维相比，其纤维大分子有更高的取向度和沿纤维轴向的规整性。内部结构紧密，缝隙孔洞少。纤维呈规整的圆形截面，基本上由全芯层组成。

（3）天丝的理化性能　天丝性能优异，其物理性能远远超过普通黏胶纤维，可与棉及合成纤维媲美，而且是一种性能优良的、可生物降解的化学纤维。它与其他常见纤维的物理性能比较见表3-2。

天丝是一种新型的纤维素纤维，被誉为21世纪的"绿色纤维"，它具有如下优点：

① 具有纤维素纤维的所有天然性能，包括吸湿性好、穿着舒适、光泽好、有极好的染色性能和生物可降解性能，可在较短的时间内完全生物降解参加自然界的生物循环，不会造成环境污染；

（a）黏胶纤维

（b）天丝纤维

结晶		结晶
非晶质		非晶质
水分		水分

图3-1　黏胶纤维与天丝纤维结构图

表3-2　天丝与其他常见纤维的物理性能比较

纤维名称 项目	天丝 （Tencel）	黏胶纤维 （Viscose）	高湿模量黏胶 纤维（波里诺 西克纤维）	棉	涤纶（聚酯 纤维）
线密度 /tex	0.17	0.17	0.17	0.17	0.17
断裂强度 /（cN/tex）	37.9 ~ 42.3	22.1 ~ 25.6	33.5 ~ 36.2	20.3 ~ 23.8	39.7 ~ 66.2
断裂伸长率 /%	14 ~ 16	20 ~ 25	13 ~ 15	7 ~ 9	25 ~ 30
湿态断裂强度 /（cN/tex）	34.4 ~ 37.9	9.7 ~ 15.0	18.5 ~ 21.2	25.6 ~ 30.0	37.9 ~ 64.4
湿态伸长率 /%	16 ~ 18	25 ~ 30	13 ~ 15	12 ~ 14	25 ~ 30
水膨润度[①] /%	65	90	75	50	3
湿态模量 /（5%伸长）	270	50	110	100	—
回潮率 /%	11.5	13	12.5	8	0.5

① 水膨润度即吸湿率。

② 具有较高的干、湿态断裂强度；

③ 可与其他纤维混纺，提高黏胶纤维、棉等混纺纱线的强度，并改善纱线条干均匀度；

④ 天丝织物的缩水率很低，由它制成的服装尺寸稳定性较好，具有洗可穿性；

⑤ 纤维的截面呈圆形，表面光滑，其织物具有丝绸般的光泽；

⑥ 天丝织物的后处理方法比黏胶纤维更宽广，可以得到各种不同风格和手

感的织物。

同时，天丝也存在一定的缺点，如它易原纤化，摩擦后易起毛，呈现出桃皮绒感，目前正在进一步研究改进中。

（4）天丝的产品与用途

① 在服装服饰及家用纺织品方面的应用　由于天丝产品具有柔软性、舒适性、悬垂性、飘逸性非常优良，可用于生产高档女衬衫、套装、高档牛仔服、内衣、时装、运动服、休闲服、便服等，由于其独特的原纤化特性，可用于加工成具有良好手感和观感的人造麂皮；由于材料具有抗菌除臭等效果，还可用于制作各种防护服和护士服装、床单、卧室产品，包括床用织物（被套、枕套等）、毯类、家居服；毛巾及浴室产品；装饰产品，如窗帘、垫子、沙发布、玩具、饰物及填料等。

② 在产业用制品方面的应用　由于纤维具有高的干、湿强度和较好的耐磨性，可用于制作高强、高速缝纫线。天丝非织造布可大量应用于生产特种滤纸，具有过滤空气阻力小、粒子易被固定的特点；用于生产香烟过滤嘴，能降低吸阻，同时提高对焦油的吸附性；在造纸方面，可提高纸张的撕破强度；在医用卫生方面，可用于制作医用药签及纱布，易于清洁，消毒后仍能保持高强度，且抗菌防臭，无过敏；此外，还可用于工业揩布、涂层基布、生态复合材料、电池隔板等，所得强度高、尺寸稳定性和热稳定性好。

3.1.2　高湿模量纤维素纤维——波里诺西克（Polynosic）纤维和莫代尔（Modal）纤维

高湿模量纤维素纤维又称富强纤维、虎木棉、波里诺西克、HWM-纤维、莫代尔（Modal），是黏胶纤维的一个品种，也有人称为高湿模量黏胶纤维。该纤维可分为两类：一类为波里诺西克（Polynosic）纤维，我国商品名为富强纤维，日本称为虎木棉，属于第一代高湿模量黏胶纤维；另一类为变化型高湿模量黏胶纤维，其代表是奥地利Lenzing公司的莫代尔（Modal）纤维，属于第二代高湿模量黏胶纤维。后来，国际人造丝和合成纤维标准局（BISFA）把高湿模量黏胶纤维统称为Modal纤维，与黏胶纤维同属于再生纤维素纤维之列。

（1）Modal纤维的结构　该纤维由纤维素大分子构成，与棉相比，结晶度较低、非晶区较大。它的微细结构与棉纤维一样具有原纤结构，但截面具有皮芯结构，皮层较厚，这些都和棉纤维有所不同。另外，由不同厂家生产的Modal纤维，其聚合度、取向度、结晶度、微细结构、截面的皮芯结构等也有所不同，因而在性能上也会产生一定的差异。Modal纤维与棉、黏胶纤维在结构方面的差异见表3-3。

表3-3　Modal纤维与棉、黏胶纤维在结构方面的差异

项目 ＼ 纤维名称	Modal 纤维	普通黏胶纤维	棉
截面形态	圆形，较厚皮层	锯齿形，有皮芯结构	腰圆形，有中腔
聚合度	450 ～ 550	300 ～ 400	2000
微细结构	有原纤结构	无原纤结构或少	有原纤结构
结晶度 /%	50	30	70
晶区厚度 /μm	7 ～ 10	5 ～ 7	—
取向度	75 ～ 80	70 ～ 80	65
羟基可及度 /%	60	65	
纵向形态	纵向有1 ～ 2根沟槽	纵向有细沟槽	—

（2）Modal纤维的机械物理性能　Modal纤维的机械物理性能与普通黏胶短纤维及棉的比较见表3-4。

表3-4　Modal纤维与棉及普通黏胶短纤维的性能比较

项目 ＼ 纤维名称	普通黏胶短纤维	Modal 纤维		棉
		富强纤维	变化型高湿模量黏胶纤维	
干态强度 / (cN/tex)	19 ～ 31	31 ～ 57	31 ～ 53	18 ～ 53
干态伸长 /%	10 ～ 30	6 ～ 12	8 ～ 18	7 ～ 12
湿态强度 / (cN/tex)	8.8 ～ 19	24 ～ 40	22 ～ 41	26 ～ 57
湿态伸长 /%	22 ～ 35	11 ～ 14	15 ～ 22	13
干模量 / (cN/tex)	530 ～ 790	1100 ～ 1600	700 ～ 1000	—
湿模量 / (cN/tex)	26 ～ 35	180 ～ 600	90 ～ 220	60 ～ 130
钩结强度 / (cN/tex)	3 ～ 9	6 ～ 11	6 ～ 26	9 ～ 18
吸湿率 /%	11 ～ 13	9 ～ 11	10 ～ 12	7 ～ 7.5
保水率 /%	90 ～ 115	55 ～ 75	60 ～ 80	35 ～ 45

由表3-4可知，变化型高湿模量黏胶纤维与普通黏胶纤维相比，具有较高的干、湿强度，干、湿模量，尤其是解决了普通黏胶纤维湿模量低的问题。从钩结强度看，普通黏胶纤维也比较差，富强纤维改进不大，而变化型高湿模量黏胶纤维则有较为明显的优势。从整体性能看变化型高湿模量黏胶纤维更接近棉纤维。

总的来说，变化型高湿模量黏胶纤维显著优于普通黏胶纤维，主要表现在有较高的强度、较高的模量、较好的尺寸稳定性、较小的收缩率，可以纯纺，也可和其他纤维混纺，织物具有手感滑爽、细腻、悬垂性好、色泽鲜亮、耐磨防皱等优点，制作的服装比较耐洗和耐穿，穿着舒适。

（3）高湿模量黏胶纤维的化学性能　高湿模量黏胶纤维的化学性能与普通黏胶纤维基本相同，在碱性条件下比较稳定。在强碱中发生膨胀，强力下降。在冷的弱酸条件下，纤维性能不变，加热时强力降低。在热稀酸、冷浓酸中强力开始逐渐下降，进而分解。容易受强氧化剂腐蚀，但使用次氯酸盐、过氧化物漂白织物时，由于时间比较短，漂白后纤维无损伤。织物采用普通染料都可染色，上色率好，染色性能较好，吸湿透彻、色牢度好、色泽鲜艳明亮。与棉混纺织物可进行丝光处理，染色均匀、浓密，色牢度好。纤维的耐热性较差，在150℃左右强力开始下降，180～200℃时分解，属于易燃性纤维。织物的耐洗性较好，与棉织物一起经过25次洗涤后，柔软度、亮洁度都比棉好，而且越洗越柔软、越洗越亮丽。不耐晒，长时间日光照射后，强力降低，颜色略变黄。

（4）高湿模量黏胶纤维的用途　高湿模量黏胶纤维具有优良的纺织加工性，其纯纺和混纺织物具有良好的可整理性，可在一般设备上进行染色和整理。与棉混纺产品较多，广泛用于制作针织服装和机织服装，如内衣、汗衫、背心、衬衫、裤子、便服、外衣等。

3.1.3　光泽优雅、酷似蚕丝的醋酯纤维

醋酯纤维也是纤维素纤维的一种，所用的原料与黏胶纤维一样，所不同是醋酯纤维先将纤维素与醋酯进行化学反应，生成纤维素的醋酸酯，然后将其溶解在有机溶剂中，再进行纺丝和后加工。这种纤维的化学成分是纤维素醋酸酯，故称为醋酯纤维。

目前，美国、意大利、日本等国都在生产醋酯纤维，全世界年产量约80万吨，但大部分（约占80%以上）用于香烟过滤嘴，用于纺织生产的长丝不到10万吨。为降低生产成本，也为保护环境、避免污染，现代的醋酯纤维生产过程是全封闭的。由于生产过程中，无废气和废料排放，使用的催化剂、溶剂及多余的醋酸全部回收再利用，因此醋酯纤维的生产过程是清洁的。我国年产醋酯纤维12万吨，但基本上都用于制作香烟过滤嘴，纺织用的醋酯纤维还靠进口，国内一些单位正在积极推进纺织用醋酯纤维的生产，国产化产品指日可待。

（1）醋酯纤维的生产过程　醋酯纤维的生产工艺：浆粕开松→干燥→活化→纤维素醋酯化（与醋酯酐反应）→醋酯纤维素析出→洗涤→压榨→干燥→溶解→过滤→脱泡→纺丝→醋酯纤维。

（2）醋酯纤维的性能　醋酯纤维有珍珠般的光泽，如果有的产品不希望有亮光，可在纺丝前加入消光剂。纤维的密度为1.30～1.32g/cm³，与羊毛和蚕丝相似，

小于棉纤维和黏胶纤维。由于其纤维素大分子上的大部分羟基已为乙酰基所取代，公定回潮率为6.5%，低于黏胶纤维，在温度20℃、相对湿度20%时的回潮率为1.2%～2.4%，相应在温度20℃、相对湿度为95%时的回潮率则为10%～14%，纤维的干态断裂强度为1.05～1.40cN/dtex，干湿强度比为60%～65%，干态断裂伸长为25%～35%，初始模量为22～40cN/dtex。纤维的软化点为200～215℃，熔化温度为230～235℃，相应最高安全熨烫温度为200℃。醋酯纤维的吸湿性在纤维素纤维中是比较低的，因而其静电较棉、羊毛、蚕丝都高，在纺织加工中易产生静电，且不易去除，故在纺丝和上浆过程中需添加防静电的油剂。纤维的耐光性较好，经一般光照，强力基本不变，其织物经透过玻璃的日光照射后，织物的强力损失比棉、黏胶纤维织物小。

醋酯长丝织物的光泽近于真丝，一般只能用分散染料进行染色，经染色和印花后，色泽鲜艳，织物手感柔软而滑爽，富有弹性，其透气性良好，穿着舒适。

（3）醋酯纤维的用途　醋酯纤维用量最大的当数内衬。职业装、内衣、裙子及裤子等常以醋酯纤维织物为内衬，用此织物作的衬裙、衬里，在光反射的作用下，闪色和透色效应显著，能给人以高雅、轻盈、滑爽、柔软而舒适的感受。

20世纪80年代后期以来，醋酯纤维及其混纺产品在女装领域继续得到青睐，其纯纺以及与黏胶混纺、交织的织物已成为晚礼服及职业装的流行品种，醋酯纤维与弹性纤维交织成的绉类织物是女式运动装和休闲装的流行面料；醋酯纤维与锦纶复合的长丝织物加工的染色或花绸，质地轻薄、光滑凉爽，具有良好的悬垂性及透气性，可制作女式夏季服装、围巾等。

醋酯长丝织物色泽艳丽，耐光性好，适宜于作装饰绸，它多与锦纶长丝、涤纶长丝、真丝或黏胶长丝交织，宜作窗帘、帷幕、台布、沙发罩及床罩等。

在工业上，醋酯长丝虽常用于制作商标、医用胶带等，但用量最大的还是用于生产香烟过滤嘴。用醋酯纤维生产的香烟过滤嘴对焦油、尼古丁等有害物质具有较强的吸附能力，过滤效果好，但其价格较贵，一般用于中、高档香烟，而中、低档香烟的过滤嘴只用丙纶或其他材料制作。

3.2 再生蛋白质纤维

3.2.1　性能优异的大豆蛋白纤维

大豆蛋白纤维是以榨油后的大豆饼粕为原料，运用生物工程技术，将饼粕中的球蛋白提纯，并通过助剂和生物酶的作用，使提纯的球蛋白改变空间结构，再添加羟基和氰基等高聚物，配制成一定浓度的蛋白纺丝液后，采用湿法纺丝工艺纺成单纤为0.9～3.0dtex的丝束，经醛化稳定纤维的性能后，再经过卷曲、热定形、切断等后加工工序后，即可得到各种长度规格的可供纺织生产使用的纺织纤维。大豆蛋白纤维是一种新型再生蛋白质纤维，也是理想的服用纤维。

（1）大豆蛋白纤维的化学组成与结构　在大豆蛋白纤维中，大豆蛋白质占23%～55%，聚乙烯醇和其他成分占45%～77%。大豆蛋白纤维横截面呈扁平状哑铃形、腰圆形或不规则三角形，纵向表面呈不明显的凹凸沟槽，如图3-2所示。此形态结构使纤维具有良好的导湿性和吸湿放湿性，加工成织物后具有良好的透气性和舒适性，而且大豆蛋白纤维含有多种人类所必需的氨基酸，对人体肌肤具有明显的保健作用。纤维纵向表面的沟槽还使纤维具有一定的卷曲，但卷曲不如细羊毛明显。它具有明显的皮芯结构，皮层结构紧密且厚韧，芯层由于在凝固浴脱溶剂时形成许多似海绵多孔状空隙结构，它的分子结构中有多种极性基团，如羟基、缩醛基及氨基等，且这些基团各有吸色性能。由于大豆蛋白纤维的特殊结构，它显示出介于纤维素纤维与化学纤维之间的染色性能，并且具有良好的酸、碱稳定性，适用染色的染料范围较广。

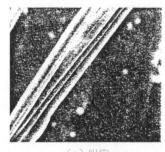

（a）纵向　　　　　　　　　　（b）横截面

图3-2　大豆蛋白纤维的形态结构

（2）机械物理性能　大豆蛋白纤维是一种再生植物蛋白纤维，纤维表面光滑、柔软、体积质量小，仅为1.28g/cm³，小于羊毛（1.32g/cm³）和蚕丝（1.37～1.45g/cm³），大分子取向度低，双折射率（$n-n_\perp$）仅为0.002，纤维呈米黄色，颜色柔和，类似于真丝，光泽亮丽，具有羊绒的滑糯手感、羊毛的保暖性、丝织物的天然光泽和麻制品的吸湿快干特性，强力接近涤纶，但抗皱性较差，易起毛，耐磨性差。

大豆蛋白纤维的纤维长度根据各种纺纱系统而定，线密度为0.9～3.0dtex，如棉型纤维的长度为39.6cm，线密度为1.27g/cm³。大豆蛋白纤维与其他纤维的物理性能对比见表3-5。

（3）化学性能

① 化学反应性能　由于大豆蛋白纤维大分子中含有氨基（—NH₂）和羧基（—COOH），因此它可耐酸碱。在强酸性条件下（pH＝1.7），处理60min后强度

表3-5　大豆蛋白纤维与其他纤维的物理性能比较

项目 \ 纤维名称		大豆蛋白纤维	棉	羊毛	桑蚕丝	黏胶纤维（普通长丝）
断裂强度/（cN/dtex）	干态	4.2～5.4	3.0～4.9	1.0～1.7	3.4～4.0	1.7～2.3
	湿态	3.9～4.3	3.3～6.4	0.76～1.63	2.1～2.8	0.8～1.2
相对钩结强度/%		75～85	70	80	60～80	30～65
相对打结强度/%		85	90～100	85	80～85	45～60
初始模量/（cN/dtex）		71.5～132.5	68～93	11～25	50～100	65～85
断裂伸长率/%	干态	18	3～7	25～35	15～25	10～24
	湿态	21		25～50	27～33	24～35
摩擦因数	静态	0.235	0.22（纤维相互平行）	0.20～0.25（顺摩擦）	0.52（纤维相互平行）	0.43（纤维相互平行）
	动态	0.287	0.29～0.57（纤维交叉）	0.38～0.49（逆摩擦）	0.26（纤维交叉）	0.19（纤维交叉）
回潮率/%		6.8	8.5	16	9.0	13
舒适性		优	良好	优	优	一般
耐磨性		良好	良好	良好	良好	一般
卷曲数/（个/cm）		5.2	—	6～9	—	4.8～5.6
卷曲率/%		1.65	—	—	—	—
残留卷曲率/%		0.88	—	—	—	—
弹性回复率/%		72（伸长率3%）	74（伸长率2%）45（伸长率5%）	99（伸长率2%）63（伸长率20%）	54～55（伸长率8%）	99（伸长率2%）63（伸长率20%）

损伤仅为5.5%（与pH=7相比）；在pH=11时，处理60min后强度损伤为19.2%（与pH=7相比）。这说明大豆蛋白纤维的耐酸性比耐碱性好。如果大豆蛋白纤维采用酸性染料染色，那么应选择弱酸性染料。大豆蛋白纤维与其他纤维的化学反应性能比较见表3-6。

②　染色性能　大豆蛋白纤维本色为淡黄色。它具有明显的皮芯结构，皮层结构紧密且厚韧，芯层由于在凝固浴脱溶剂时形成许多类似海绵多孔状空隙结构，它的分子结构中有多种极性基团，如羟基、缩醛基及氨基等，这些基团各有其自身的吸色性能。由于大豆蛋白纤维的特殊结构，因此它显示出介于纤维素纤维与化学纤维之间的染色性能，且具有良好的酸、碱稳定性，适用染色的染料范围较广泛。但是，大豆蛋白纤维使用较多的是酸性染料和活性染料，尤其是采用活性染料染色时，产品鲜艳而有光泽，同时其日晒、汗渍色牢度也非常好，较好地解决了染色鲜艳度与染色牢度之间的矛盾。

表3-6 大豆蛋白纤维与其他纤维的化学反应性能比较

纤维名称 项目	大豆蛋白纤维	棉	羊毛	桑蚕丝	黏胶纤维（普通长丝）
耐酸性	在浓盐酸中可完全溶解，在浓硫酸中很快溶解，但残留部分物质；在冷稀酸中只有少量溶解	热稀酸、冷浓酸可使其分解，在冷稀酸中无影响	在热硫酸中会分解，对其他强酸抵抗性比羊毛稍差	热硫酸会使其分解，对其他强酸抵抗性比羊毛稍差	热稀酸、冷浓酸可使其强度下降，以致溶解；5%盐酸、11%硫酸对纤维强度无影响
耐碱性	在稀碱溶液中即使煮沸也不溶解，在浓碱中经煮沸后颜色变红	在苛性钠溶液中膨润（丝光化），但不损伤强度	在强碱中分解，弱碱对其有损伤	丝胶在碱中易溶解，丝朊受损伤，但比羊毛好	强碱可使其膨润，强度降低；2%苛性钠溶液对其强度无甚影响
耐氧化性	在双氧水中纤维软化，起初略显黄色，最终颜色很白；在次氯酸钠溶液中软化，颜色较白，类似羊毛	一般氧化剂可以使纤维发生严重降解	在氧化剂中受损，胱氨酸分解，羊毛性质发生变化，卤素还能降低羊毛缩绒性	含氯的氧化剂能使丝素发生氧化裂解，而且还会发生氧化作用，使肽键断裂	不耐氧化剂的作用，与棉类似

（4）大豆蛋白纤维的保健功能　大豆蛋白纤维除了具有优良的舒适功能外，还具有抑菌、抗衰老，防紫外线、远红外线及负氧离子功能。这是因为在大豆蛋白纤维中，一方面含有称作"蛋白质功能催效素"的类似纳米陶瓷粉体的一种功能物质；另一方面，大豆含有低聚糖、异黄酮和皂苷，而且大豆蛋白质中的酪氨酸、苯丙氨酸在大豆蛋白纤维功能中也发挥了重要作用，同时在纺丝过程中，$ZnSO_4$ 转变为 ZnO，ZnO 微粒起到一定的防紫外线和远红外线功能。

① 抑菌抗衰老功能　在大豆蛋白纤维中，大豆蛋白质含量在纤维中约占 15%～35%。大豆中含有的成分几乎都是人体所必需的有效成分。大豆的成分与人体需要的量见表3-7。

表3-7 大豆的成分与人体需要的量

大豆成分 项目	蛋白质	异黄酮	低聚糖	皂苷	微量元素	大豆油
大豆成分/%	40	0.05～0.07	7～10	0.08～0.10	4～4.5	53
人体需要量/(g/d)	0.091	0.04	10～20	0.03～0.05	—	0.93

a．大豆异黄酮。此物质对人体具有特殊的抗氧化（抗衰老）功能，其原理是异黄酮衍生物的结构与类似化合物的结构紧密相关，如黄豆苷原（daidzein）。

苯环（B$_4$）被斥电子基团（OH）取代，有利于抗缺氧活性的提高；同时，受到苯环（A）大π键的p-π共振效应和10位上的吸电子基团——羟基的诱导效应，两种效应共同作用的结果是使氧原子上的电子云向大π键方向转移，对氢原子的吸引力相对减弱很多，因此这个酚羟基上的氢原子就易于在外力作用下与氧离子疏离，因而形成氢离子，发挥还原效应，这就是大豆异黄酮能够抗氧化、具有还原性的结构基础。

b. 大豆低聚糖。此物质可使双歧杆菌增殖，双歧杆菌可产生一种名叫双歧杆菌素（bifidin）的抗生素物质，它能有效地抑制沙门菌、金黄色葡萄球菌、大肠杆菌及志贺杆菌等微生物。

c. 大豆皂苷。此物质是一种强抗氧化剂，抗自由基，能够抑制肿瘤细胞的生长，增强机体的免疫力；能抗病毒，可有效地抑制各种病毒的感染和细胞生物的活性。

此外，大豆蛋白纤维中还含有20多种氨基酸，大豆蛋白质与人体皮肤具有良好的相容性。

② 防紫外线功能　在大豆蛋白质分子结构中的芳香族氨基酸，如酪氨酸和苯丙氨酸，对波长小于300nm的光具有较强的吸收性。

在大豆蛋白纤维的纺丝过程中，采用ZnSO$_4$作脱水剂，因此有部分ZnSO$_4$残留在纤维的微孔中。在后道水洗工艺中常加入NaOH，ZnSO$_4$与NaOH会反应生成Zn(OH)$_2$。同时，也会有部分Zn(OH)$_2$残留在纤维的微孔中（0.4～0.44μm），经过数道高温烘干工艺（最高温度达到245℃），致使Zn(OH)$_2$转变成ZnO微粒。ZnO微粒被吸附在纤维的微孔中，并形成共价键结合，牢度非常高，不易被水洗掉，而且它的存在不会影响纤维表面的性能。而纤维微孔中的ZnO微粒，对紫外线产生很强的屏蔽作用。由于芳香族氨基酸和ZnO微粒两者的共同作用，显著地提高了大豆蛋白纤维的抗紫外线能力。

中国国家红外及工业电热产品质量监督检验中心对大豆蛋白纤维针织内衣进行了检测，检测结果见表3-8。由表3-8可知，由大豆蛋白纤维加工成的针织内衣具有较强的紫外线吸收率，能有效地防止皮肤癌等疾病的发生。

表3-8　大豆蛋白纤维针织内衣对防紫外线功能的检测结果

检测项目	检测结果
法向全发射率（25℃，RH65%）	87%
紫外线吸收率（195～380nm）	100%

③ 远红外功能　由于大豆蛋白纤维中的ZnO微粒和"蛋白质功能催效素"的共同作用。致使纤维具有很高的远红外发射率。根据中国国家红外及工业电

热产品质量监督检验中心的检测报告，大豆蛋白纤维能辐射与人体生物波波谱（7～14μm）相同的远红外线，远红外线发射率达到87%以上，因此织物的保暖率可提高10%以上。这种远红外线作用于人体，可产生人体细胞的共振活化现象，具有保温、抑菌、扩张毛细血管、促进血液循环、降血压及增强免疫力等卫生保健功能。

④ 负氧离子功能　负氧离子与人体健康关系密切，是人类延年益寿的重要因素之一。根据《国际医学杂志》报道，负氧离子含量与健康的关系非常密切。实验表明人体每天吸入少量的负氧离子，对健康大有裨益。主要表现在以下几方面。

a．人体吸入较多的负氧离子后，可使人体精力旺盛，消除疲劳和倦怠，提高工作效率；降低疾病发生率，预防感冒和呼吸道疾病；改善心脑血管疾病的症状；预防空调病；在负氧离子作用下，可增强骨骼肌的兴奋度，有助于提高运动成绩。

b．人体吸收空气负氧离子后，可有效地降低中枢神经系统内加速人体老化的"血清素"含量，起到抗衰老作用。

c．对于循环系统，可以起到毛细血管扩张、增强血液循环、促进新陈代谢、增强淋巴液的循环作用。

d．对于细胞组织，可促使细胞活化，增强细胞的功能和活力等。

e．负氧离子纤维本身具有较高的活性，有很强的氧化还原作用，能破坏细菌的细胞膜或细胞原生质活性酶的活性，从而达到杀菌、灭菌的作用。

（5）大豆蛋白纤维的产品开发与应用　大豆蛋白纤维可以纯纺，也可以与棉、羊毛、羊绒、绢丝、涤纶、黏胶纤维、天丝、莫代尔等进行混纺。可用于生产纯大豆蛋白纤维面料，具棉型或毛型的风格；真丝/大豆蛋白纤维面料，具有色泽鲜艳、手感滑糯、轻盈飘逸等特点，加工成提花闪色、缎纹双色、平纹闪色或同色风格，可作高档丝绸服装面料；羊毛/大豆蛋白纤维面料，品种有花呢、薄花呢、女衣呢、哔叽、板司呢等，可以色织、条染、匹染，产品具有弹性优良、手感滑糯、光泽持久、色泽坚牢等特点，适宜于加工高档西服和女套装等，也可加工成交织面料。在针织面料方面，由于大豆蛋白纤维中含有较多的大豆蛋白质，纤维柔软、吸湿导湿性好，特别适用于加工针织内衣、T恤、针织衫、羊毛衫、外衣及披巾、围巾等。

3.2.2　具有天然抗菌功效的牛奶蛋白纤维

牛奶蛋白纤维是一种新型的含蛋白质的合成纤维，它集天然纤维和合成纤维的优点于一身。该纤维柔软细腻、手感滑爽，吸湿透气性好，染色性能优良，具有独特的天然抗菌性能和保健功能。纤维中所含的蛋白质对人体皮肤有良好的营

养和保护作用，与人体接触不会发生不良反应。用其加工的针织物光泽柔和、滑爽柔软、轻薄挺括、透气保温、悬垂性好；用其加工的机织面料，色彩鲜艳、风格独特、防皱性好，并具有可洗性和免熨烫性，尺寸稳定性好，易洗快干耐用，手感顺滑柔软，穿着舒适；同时，由它制作的服装符合人们追求的衣着功能化、保健化及个性化，既有穿着舒适性（如吸水、滑爽、透气等），又有理想的外观效果（如光泽、悬垂、手感及色泽艳丽等）。

（1）牛奶蛋白纤维的化学组成与形态结构　在牛奶蛋白纤维中，结晶部分（聚丙烯腈）占70%，无定形部分（牛奶乳酪）占30%，这与桑蚕丝比较接近（在真丝中结晶部分占80%，无定形部分占20%）。牛奶的主要成分为蛋白质、水、脂肪、乳糖、维生素及灰分等，其中蛋白质是加工牛奶蛋白纤维的基本原料，将牛奶中蛋白质提取后，经化学和物理加工，就得到牛奶蛋白纤维。

牛奶蛋白纤维外观呈乳白色，具有真丝般的柔和光泽和滑爽手感。纤维的横截面及纵向表面形态如图3-3所示。纤维横截面呈扁平状，为腰圆形或哑铃形，属于异形纤维，并且在截面上有细小的微孔，这些细小的微孔对纤维的吸湿、透湿性有很大的影响；纤维的纵向表面有不规则的沟槽和海岛状的凹凸，这是由于纺丝过程中纤维的表面脱水、纤维取向形成较快，它们的存在也使纤维具有优异的吸湿和透湿性能，同时对纤维的光泽和刚度也有重要影响。纤维表面的不光滑和一些微细的凹凸变化可以改变光的吸收、反射、折射及散射，从而影响纤维的光泽性，纤维表面粗糙时，具有柔和的光泽，而不会出现"极光"现象。牛奶蛋白纤维具有一定的卷曲，手感柔软。

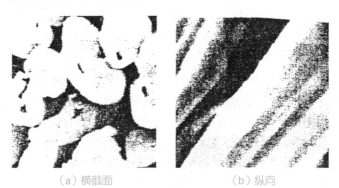

（a）横截面　　　　　　　（b）纵向

图3-3　牛奶蛋白纤维的形态结构（×1500）

（2）牛奶蛋白纤维的物理性能　牛奶蛋白纤维与真丝、聚丙烯腈纤维的物理性能比较见表3-9。

由表3-9可知，牛奶蛋白纤维相对密度小，初始模量较大，强度高，伸长率好，钩结和打结强度好，抵抗变形能力较强，吸湿性能好，并且具有一定的卷曲

表3-9 牛奶蛋白纤维与真丝、聚丙烯腈纤维的物理性能比较

项目 \ 纤维名称		牛奶蛋白纤维	真丝	聚丙烯腈纤维
断裂强度/（cN/dtex）	干态	3.10 ~ 3.98	2.65 ~ 3.54	2.83 ~ 4.42
	湿态	2.83 ~ 3.72	1.86 ~ 2.48	2.65 ~ 4.42
断裂伸长率/%	干态	15 ~ 25	15 ~ 25	12 ~ 20
	湿态	15 ~ 25	27 ~ 33	12 ~ 20
钩结强度/（cN/dtex）		1.77 ~ 2.65	2.57	1.77 ~ 3.54
打结强度/（cN/dtex）		2.0 ~ 3.0	2.9	2.1 ~ 3.3
初始模量/（kgf/mm^2）		400 ~ 1000	650 ~ 1200	400 ~ 900
密度/（g/cm^3）		1.22	1.33 ~ 1.45	1.14 ~ 1.17
公定回潮率/%		5.0	11.0	1.2 ~ 2.0
沸水收缩率/%		2.5 ~ 4.5	0.9	8.2
质量比电阻/（Ω·g/cm^2）		3×10^9	$10^9 \sim 10^{10}$	（去油）$10^{13} \sim 10^{14}$

注：1kgf=9.8N。

数、摩擦力及抱合力。牛奶蛋白纤维的质量比电阻低于真丝和聚丙烯腈纤维，但静电现象仍较严重，在纺纱时须加防静电剂，而且还要严格控制纺纱时的温湿度，以保证纺纱的顺利进行和成纱质量。

（3）牛奶蛋白纤维的化学性能　牛奶蛋白纤维属于蛋白质纤维，它与大分子聚合后，蛋白质失去原有的可溶性，在高湿环境中，因为固化后的蛋白质分子结构紧密，水中软化点高且不溶于水。同时，由于蛋白质分子中多肽链之间以氢键相结合呈空间结构，大量的氨基、羟基及羧基等基团易与水相结合，使纤维具有良好的吸湿性及透气性。另外，牛奶蛋白纤维的腰圆形或哑铃形横截面和纵向的凹槽也有利于吸湿性、导湿性及透气性的增加。

牛奶蛋白纤维具有较低的耐碱性，但耐酸性稍好。牛奶蛋白纤维经紫外线照射后，强力下降很少，说明纤维具有较好的耐光性。

牛奶蛋白纤维的化学和物理结构不同于羊毛、蚕丝等蛋白质纤维，适用的染色剂种类较多，上染率高且上染速度快，弱酸性、活性、直接染料均能对其上染。染色时要严格控制温度，采用低温染色工艺。纤维吸色性均匀、透彻，容易着色，在使用过程中不易褪色。牛奶蛋白纤维特别适用于活性染料染色，产品色泽鲜艳，日晒和汗渍色牢度非常好。

（4）保健功能与穿着舒适性能　牛奶蛋白纤维具有天然抗菌功效，它不像其他蛋白纤维（如羊毛、真丝等）那样容易霉蛀和老化，并且不会对皮肤造成任何

过敏反应。纤维中所含的蛋白质等成分为人体所必需，对人体皮肤有较好的营养和保护作用。这是因为纤维在制造过程中分解脂肪时，分解产物之一的甘油部分遗留在纺丝液内，最终带入纤维中，有滋润皮肤的作用。而且牛奶蛋白是食用蛋白，对皮肤有营养作用。蛋白大分子含有的亲水基团（如—COOH、—OH及—NH$_2$等）及天然保湿因子NMF使纤维吸湿性良好，对皮肤具有非常好的滋润作用，不会使皮肤干燥。而且，含有17种人体所需要的氨基酸，具有良好的保健作用。此外，穿着由牛奶蛋白纤维长丝制作的内衣还有矫正体形的功能。

由于牛奶蛋白纤维具有光滑、柔软的手感和较好的温暖感，加之纤维密度小，由它加工制成的服装穿着时非常轻盈舒适，而且该纤维能快速吸收水分，吸湿后能迅速将水分导出。湿润区不会像真丝或棉一样粘贴在身上而又能保持真丝般的光滑和柔顺，不会产生闷热的不舒服感。

（5）牛奶蛋白纤维的产品开发与用途　牛奶蛋白纤维可以纯纺，也可与羊毛、羊绒、桑蚕丝、天丝、包芯氨纶等混纺，制成的面料有身骨、有弹性，尺寸稳定性好，耐磨性好，光泽柔和，质地轻盈，给人以高雅华贵、潇洒飘逸的感觉，加之柔软丰满的手感、良好的悬垂性能，丰满自然而具有美感。其产品爽滑、轻盈、细腻、手感柔软、导湿透气性好，且有丝绸般的质感。

纯牛奶蛋白纤维面料以及与其他纤维混纺或交织的面料广泛用于制作各种服装服饰，可用于制作高档时装（如针织套衫、T恤衫、女式衬衫、男女休闲服饰及牛仔裤等），混纺或交织面料可用于生产大衣、衬衫、保暖服饰等；也是制作儿童服饰、女士内衣、睡衣等贴身衣物的理想面料；还可用于制作床上用品和日常用品（如手帕、围巾、浴巾、毛巾、装饰线、绷带、纱布、领带、卫生巾、护垫、短袜）及连裤袜等功能性产品。

3.2.3　资源广阔尚待开发的保健纤维——甲壳素纤维

螃蟹是美味佳肴，对虾也是酒席宴会上的山珍海味。长期以来，人们一直把吃剩的虾皮、蟹壳当作废物而扔进垃圾箱，这是非常可惜的。殊不知，在虾皮、蟹壳中含有一种叫几丁质的物质，由它可加工成甲壳素纤维，其分子结构与植物纤维素的结构非常相似。除了甲壳类动物以外，在昆虫类动物体和霉菌类（蕈类、藻类）细胞内也含有甲壳素。因此，甲壳素是一种取之不尽、用之不竭的再生资源。而且，甲壳素纤维是自然界中唯一带正电的阳离子天然纤维，具有相当的生物活性和生物相容性。其主要成分——甲壳素，具有强化人体免疫功能、抑制老化、预防疾病、促进伤口愈合以及调节人体生理机能五大功能，是一种十分重要的生物医学功能材料。它可制成延缓衰老的药物、无需拆线的手术缝合线、高科技衍生物氨基葡萄糖盐酸盐，是抗癌、治疗关节炎等药物的重要原料。同时，甲壳素及其衍生产品在纤维、食品、化工、医药、农业及环保等领域具有十分重要的应用价值。又由于甲壳素纤维可自然降解，即将纤维埋在地下5cm处，经过3个月可被微生物分解，且不会造成污染，因此甲壳素纤维是一种重要的环保纤维。

（1）甲壳素与壳聚糖的性能　甲壳素是 N- 乙酰基 -D- 葡萄糖通过 β-(1,4)苷键联结的直链状多糖，其化学结构与植物纤维素的化学结构非常相似。它是一种无毒、无味的白色或灰白色半透明固体，耐晒、耐热、耐腐蚀、耐虫蛀，不溶于水、稀碱及一般有机溶剂，可溶于浓无机酸（如浓硫酸、浓盐酸及85%磷酸），但在溶解的同时主键发生降解（相对分子质量由 $100\times10^4 \sim 200\times10^4$ 降至 $30\times10^4 \sim 70\times10^4$）。甲壳素脱乙酰基后形成的衍生物称为壳聚糖，它是白色或灰白色略带珍珠光泽的半透明片状固体，不溶于水和碱溶液，可溶于大多数稀酸（如盐酸、醋酸、环烷酸及苯甲酸等）而生成盐，常将其溶于稀酸中使用。壳聚糖是一种性能优良的螯合剂，其羟基和亚氨基具有配位螯合作用，可通过螯合、离子交换作用吸附许多重金属离子、蛋白质、氨基酸、染料，对一些阴离子和农药也有吸附力。

（2）甲壳素纤维的性能　甲壳素作为一种成纤高分子聚合物，具有良好的成丝性能，可溶于稀醋酸内，醋酸是良好的溶剂。溶于醋酸的甲壳素可用纺丝的方法纺成纺织用纤维，其纤维的具体性能如下。

① 纤维强度　纤维的强度受纤维成形过程的影响很大，同时由于湿法纺丝使纤维存在较多的微孔，从而导致纤维强度降低，断裂伸长下降，纤维脆性提高，纤维间的抱合力下降，降低了纤维的可纺性。甲壳素纤维的物理性能见表3-10。

表3-10　甲壳素纤维的物理性能

纤维指标	纤维类型	A	B	C	D
单丝线密度/（1.1dtex）		3.70	2.25	2.54	2.62
拉伸断裂强度/（0.89cN/dtex）	干强	8.49	16.10	11.50	12.00
	湿强	3.12	4.84	3.00	3.08
断裂伸长率/%	干态	5.80	7.20	8.50	9.30
	湿态	19.0	29.80	22.20	24.40
平均相对分子质量		3.89×10^5	3.59×10^5	3.83×10^5	3.00×10^5
结晶度/%		75.0	65.7	74.0	74.5
保水率/%		195	190	158	124.6

② 保水率　甲壳素纤维大分子内存在大量的亲水性基团，又因是湿法纺丝，致使纤维在成形过程中形成了微孔结构，因而使纤维具有很好的透气性和保水率，

保水率一般在130%以上，当然，不同的成形条件，其保水率存在较大的差异。

③ 耐热性　甲壳素纤维具有较高的耐热性，其热分解温度高达288℃左右，有利于纤维及其制品的热加工处理。

④ 生物活性　由于甲壳素纤维分子结构的独特性，自身具有抗菌消毒、消炎止痛功能，同时具有良好的生物相容性和生物降解性，是一种天然的环保型新材料。

（3）甲壳素纤维的医疗保健功能　甲壳素作为低等动物组织中的成分，它兼有高等动物组织中胶原质和高等植物组织中纤维素两者的生物功能，对动植物体都有良好的适应性，开发利用这一丰富的自然资源，其所带来的经济效益和社会效益是无法估量的。近几年，通过基础研究得知，甲壳素的性能惊人，稳定性高，常法不易获取，要将其溶解到有机酸（醋酸）的稀水溶液中，才能进一步提取甲壳素。所以，人们在吃虾和螃蟹时，常以食醋佐之，其原因不仅是因为醋有去腥添香的美食作用，还在于醋便于人们摄取被现代科学称之为继糖、蛋白质、脂肪、维生素及矿物质五大生命要素之后的第六生命要素的甲壳素。甲壳素具有一定的保健作用和医疗功效，它能增强细胞组织的活性，减缓机体老化，能干扰胆固醇的吸收，抑制血清中胆固醇浓度的上升；可减少血液中氯的浓度，降低血管收缩，转换酵素活性，抑制血压上升，促进性激素分泌，增强机体活力，有抗血栓的作用；它能提高机体的免疫力，调节机体内的生物规律；它能活化肠内有效菌，有抗菌作用；它能以阳离子形式吸附体内的有毒物质及重金属，并使其排出体外。

（4）甲壳素纤维的用途　由于甲壳素纤维对人体无毒害、无刺激，具有天然的生理活性，同时，因其分子内含有氨基，具有较强的吸附和螯合作用，因此其具有广阔的应用领域。

① 医用纺织材料　甲壳素纤维是一种理想的手术缝合线，在伤口愈合前能与人体组织相容而不破坏伤口愈合；愈合后不需拆除，能逐渐被人体吸收而消失。由甲壳素纤维制成的敷料有非织造布、纱布、绷带、止血棉等，主要用于治疗烧伤和烫伤病人，它具有镇痛和消炎止血的功能，能促进伤口愈合，加快治疗速度。用甲壳素短纤维制成0.1mm厚的非织造布可作为人造皮肤使用，它具有透气性好、密封性好、便于表皮细胞成长、镇痛止血、促进伤口愈合、愈合不发生粘连的特性。此外，它还可作为骨缺损填充材料和桥接周围神经缺损的桥接材料。用甲壳素纤维制作的人工透析膜，具有较大的机械强度，对氯化钠、尿素、维生素 B_{12} 等均有较好的渗透性，且具有良好的抗凝血性能。

② 过滤材料　将甲壳素纤维制成各种规格和用途的纤维纸、纤维毡及纤维状树脂，可用于分离纯化，提纯中草药及其他药物，也可提取与纯化天然香料等

天然物质；用它制成中空线状分离膜，可用于发酵工业中的醇水分离；也可制成污水处理网膜，用于污水的过滤与净化、重金属离子的截留与回收，在处理含油污废水时，油被网膜吸附而水被净化通过，脱附后油可回收而网膜可再次使用；还可用于酿造业和饮料生产中的过滤。

③ 在纺织服装行业的应用　它（甲壳素）可作为印染助剂和涂料印花的成膜剂，还可将甲壳素提取液作无甲醛织物整理剂。用甲壳素纤维与棉、毛、羊绒、绢丝、罗布麻、大豆蛋白纤维、化纤混纺织成的高级面料，具有坚挺、不皱不缩、色泽鲜艳、光泽好、不褪色、吸汗性能好、对人体无刺激以及无静电等特点。

④ 在生活方面的应用　用甲壳素纤维代替醋酯纤维制成的香烟过滤嘴，对烟焦油的吸附及对尼古丁等有害物质的截留作用要明显优于后者。用甲壳素纤维与超级淀粉吸水剂结合制成的妇女卫生巾、婴儿尿不湿等妇女儿童用品及其他生活用品，具有卫生功能和舒适性。

3.2.4　对皮肤具有很好的相容性和保健功能的蚕蛹蛋白纤维

蚕蛹蛋白纤维分为蚕蛹-黏胶共混纤维和蚕蛹蛋白-丙烯腈接枝共聚纤维两种。目前使用较多的是蚕蛹-黏胶共混纤维，称为蚕蛹蛋白黏胶长丝（PPV）。

蚕蛹蛋白黏胶长丝是综合利用高分子改性技术、化纤纺丝技术、生物工程技术将蚕蛹经特有的生产工艺配制成纺丝液，再与黏胶按比例共混纺丝，在特定的条件下形成的具有稳定皮芯结构的蛋白纤维。由于蚕蛹蛋白液与黏胶的物理化学性质不同，使蚕蛹蛋白主要聚集在纤维表面。蚕蛹蛋白黏胶长丝集真丝和黏胶长丝的优点于一身，具有舒适性、亲肤性、染色鲜艳、悬垂性好等优点，其织物光泽柔和，手感滑爽、吸湿、透气性好，作为纺织原料，它具有很好的织造性能和服用性能。

（1）蚕蛹蛋白纤维的化学组成与形态结构　蚕蛹蛋白黏胶长丝有金黄色和浅黄色两种，纤维表面富含18种氨基酸。这种蛋白纤维是由两种物质构成——纤维素和蛋白质，具有两种聚合物的特性，属于复合纤维的一种。两种组分在纤维横截面上的配置类型，由于蚕蛹蛋白液与黏胶的物理化学性质的不同，特别是它们的黏度相差很大，使蚕蛹蛋白液与黏胶的混合纺丝液经酸浴凝固成形时，蛋白质主要分布于纤维的表面，因此蚕蛹蛋白黏胶长丝属于皮芯型。纤维切片在显微镜下观察，纤维素部分呈白色略显浅蓝，在纤维切面的中间；而蛋白质呈蓝色，在纤维切面的外围，整个切面形成皮芯层结构。蚕蛹蛋白-丙烯腈接枝共聚纤维颜色呈淡黄色。

蚕蛹蛋白黏胶长丝经考玛斯亮蓝R-250染色后，在400倍显微镜下纤维切片的照片如图3-4所示。其中图3-4（a）为蚕蛹蛋白黏胶长丝30Nm/50F（做切片时

采用水分解，区分效果更明显），图3-4（b）为蚕蛹蛋白黏胶长丝30Nm/50F（甘油分散）。蚕蛹蛋白纤维是由18种氨基酸组成的高蛋白纤维，蛋白质聚集于纤维表面，它与纤维素形成分子上的结合，十分牢固，蛋白质中氨基酸含量达60%，其中8种为人体所必需，1种是婴儿营养所必需，另外还含有维生素B_2、脱氧核苷酸等特殊成分。总而言之，这18种氨基酸大多是生物营养物质，与人体皮肤的成分极为相似，其中丝氨酸、苏氨酸、亮氨酸等具有促进细胞新陈代谢，加速伤口愈合，防止皮肤衰老的功能；丙氨酸可防止阳光辐射及血蛋白细胞下降，对于防止皮肤瘙痒等皮肤病均有明显的作用，并且对肩周炎、风湿性关节炎、胃炎以及干性皮肤的滋润等均有保健作用。

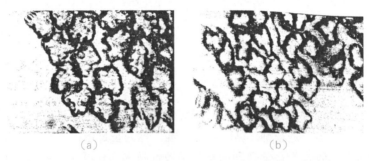

图3-4　蚕蛹蛋白黏胶长丝切片（×400）

（2）蚕蛹蛋白纤维的物理性能　蚕蛹蛋白黏胶长丝的物理性能见表3-11。蚕蛹蛋白－丙烯腈接枝共聚纤维干态强度为1.41～2.29cN/dtex，断裂伸长率10%～30%。由于蚕蛹蛋白－丙烯腈接枝共聚纤维中含有天然高分子化合物（蚕蛹蛋白）和人工合成高分子化合物（聚丙烯腈），因此它具有蛋白纤维吸湿性、抗静电性、舒适性好的特点，同时，又具有聚丙烯腈的手感柔软、保暖性好等优良特点。

（3）蚕蛹蛋白纤维的化学性能　由于蚕蛹蛋白黏胶长丝为皮芯结构，因此在很多情况下蚕蛹蛋白黏胶长丝表现的是蛋白质的两性性质，酸和碱都会促使蛋白质水解，但酸对它的作用较弱，而碱对它的水解作用则强得多。该纤维的另一优点是抗虫蛀与耐霉性好，并且蛋白质中含有较多的氨基等强亲核性基团，这为活性染料中温、中性染色提供了基础。

由于蚕蛹蛋白－丙烯腈接枝共聚纤维同时含有聚丙烯腈和蚕蛹蛋白分子，因此它同时表现出两种纤维的化学性能。

（4）蚕蛹蛋白纤维的生物性能　蛋白质位于蚕蛹蛋白黏胶长丝的外层。人们在穿着用蚕蛹蛋白黏胶长丝织成的织物时，由于与人体直接接触的是蛋白质，因此它对皮肤具有良好的相容性和保健性。比如，对于防止皮肤瘙痒等皮肤病有明

表3-11 蚕蛹蛋白黏胶长丝与桑蚕丝、黏胶长丝的物理性能对比

纤维名称 项目		蚕蛹蛋白黏胶长丝	桑蚕丝	黏胶长丝
密度/（g/cm³）		1.49	1.33～1.45	1.50～1.52
断裂强度/（cN/dtex）	干态	1.6～1.8	2.65～3.53	1.56～2.11
	湿态	0.8～0.92	1.85～2.46	0.73～0.92
断裂伸长/%	干态	18～22	15～25	16～22
	湿态	25～28.5		21～29
吸湿率（20℃，RH65%）/%		11～12.5	8～10	12～14
初始模量/（cN/dtex）		30～55	44～88	27.6～64.3
回弹率/%		95.1（伸长3%时）	60～70（伸长5%时）	55～80（伸长3%时）
相对湿强度/%		48～53	70.0	45.0～55.0
相对钩结强度/%			60～80	30～65
相对打结强度/%			80～85	45～60
热性能		240～250℃开始变色，300℃变深黄	235℃分解，270～465℃燃烧	不软化，不熔融，260～300℃开始变色分解
耐虫蛀及霉菌		放5年以上不虫蛀，不发霉（试制厂测试）	抗霉菌性尚好，但不耐虫蛀	能抗虫蛀，不受霉菌侵蚀
绝缘性能		绝缘性尚好（试制厂测试）	绝缘性尚好	干时绝缘性尚好，湿时不佳
回潮率/%		15	11	13

显的作用，并且对干性皮肤的滋润有保健作用。

（5）蚕蛹蛋白纤维的产品开发与用途　蚕蛹蛋白黏胶长丝兼具真丝和黏胶纤维的优良性能，并在一定程度上优于真丝，其织物既可达到高度仿真的效果，且在很多方面比真丝更具有优势，还可以与真丝、精梳棉交织开发出高档机织和针织服装面料或内衣。其产品以高档衬衫、内衣、春夏季服饰面料及家纺织物为主。针织物具有良好的透气透湿性、弹性及悬垂性。蚕蛹蛋白黏胶长丝手感光滑、光泽好、卫生性能优良，纯织织物可充分利用蚕蛹蛋白纤维的保健性能，用于制作贴肤的内衣、高档睡衣、T恤衫、夏季裙子等服装。如与其他原料交织可以达到性能的互补作用，改善织物性能上的不足，扩大蚕蛹蛋白纤维的应用领域，并可提高织物的弹性、耐磨性、蓬松度及丰满度，提升服装档次，使蚕蛹蛋白黏胶长丝的应用领域扩大到秋冬季的服装面料。

3.2.5　具有独特护肤保健功能的再生动物毛蛋白纤维

蛋白质纤维可分为天然蛋白质纤维（如动物毛、羽毛及蚕丝等）和再生蛋白质纤维两大类。后者按原料来源又有再生植物蛋白质纤维（如从大豆、花生、油菜籽、玉米等谷物中提取蛋白质纺制的纤维）和再生动物蛋白质纤维（如从牛奶、蚕蛹中以及猪毛与羊毛的下脚料、羽毛等不可纺蛋白质纤维或废弃蛋白质中提取蛋白质纺制的纤维）。虽然天然蛋白质纤维有许多优良的特性，其纺织品也深受广大消费者的青睐，但是价格较高，而且数量有限，约占纤维总量的5%，难以满足现有生产的需求，故需要开发出新型再生蛋白质纤维。在此情况下，浙江绍兴文理学院的研究人员经过多年的精心研究，利用猪毛与羊毛的下脚料等不可纺蛋白质纤维或废弃蛋白质材料成功研制了几个系列的再生蛋白质纤维。该纤维性能良好、原料来源广泛，且利用了某些废材料（如旧的毛料服装、旧毛衣等），有利于环境保护，用这种再生动物毛蛋白纤维制成的纺织品手感丰满、性能优良，而且价格远低于同类羊毛面料，具有较大的经济效益和市场竞争力。

（1）再生动物毛蛋白纤维的化学组成　由于再生动物毛蛋白纤维是由再生动物毛蛋白与黏胶共混纺丝而制得，因此该纤维是由蛋白质和纤维素共同构成的，它具有两种聚合物的特性，属于复合纤维的一种。复合纤维根据两种组分相互间的位置关系分为皮芯型、并列型及共混型。再生动物毛蛋白质液与黏胶的物理化学性质不同，特别是它们的黏度相差很大。由于两种高聚物结构差异较大，在凝固和拉伸过程中，黏度小的容易分布在纤维的外层。再生动物毛蛋白质液的黏度较黏胶小得多，故再生动物毛蛋白质液与黏胶的共混纺丝液经酸浴凝固成形时，蛋白质主要分布在纤维的表面，该纤维属于皮芯型结构。它集蛋白质纤维和纤维素纤维优点于一身，具有优良的吸湿性、透气性以及较好的断裂伸长率。此纤维中含有多种人体所需的氨基酸（如甘氨酸、丙氨酸、脯氨酸、羟脯氨酸、谷氨酸、精氨酸、天冬氨酸及丝氨酸等），并具有独特的护肤保健功能。再生动物毛蛋白纤维的主要成分为：再生黏胶原液50%～65%，再生动物毛蛋白原液25%～40%，助剂（1）6%，助剂（2）4%。

（2）再生动物毛蛋白纤维的结构　再生动物毛蛋白纤维的结构包括形态结构和聚集态结构。其中，形态结构又可分为横截面形态和纵向表面形态。横截面形态反映的是纤维内部空隙的数目、大小及分布；纵向表面形态反映的是纤维表面的光滑和粗糙情况。聚集态结构包括晶态结构、非晶态结构及取向度，它是决定纤维力学性能的主要因素。由再生动物毛蛋白与黏胶共混纺丝制取的再生动物毛蛋白纤维的形态结构如图3-5所示。由图3-5可知，该纤维的横截面形态呈不规则的锯齿形，而且随着蛋白质含量的增加，纤维中的缝隙孔洞数量越多，且体积越大，还存在一些球形气泡。纤维的纵向表面较光滑，但随着蛋白质含量的增加，表面光滑度下降，并且在蛋白质含量过高时，纤维表面会变得粗糙。

 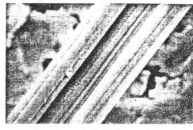

（a）横截面　　　　　　　　　　（b）纵向

图3-5　再生动物毛蛋白纤维电镜图

（3）再生动物毛蛋白纤维的物理性能　再生动物毛蛋白纤维与其他常见纤维的物理性能比较见表3-12。由表3-12可见，再生动物毛蛋白纤维的干、湿态强度均大于常规羊毛的干、湿态强度，且湿态强度大于黏胶纤维。而且，纤维中蛋白质含量越大，纤维的断裂强度越小；再生动物毛蛋白纤维的伸长率大于黏胶纤维，接近于桑蚕丝纤维，且在湿状态下的各项性能稳定；再生动物毛蛋白纤维的回潮率仅小于羊毛，而且随着蛋白质含量的增加而变大，故用其制作成服装后的穿着舒适性和抗静电性能均可达到羊毛面料的水平；再生动物毛蛋白纤维的体积比电阻随着蛋白质含量的增加而减小，并且远小于羊毛、黏胶纤维及桑蚕丝，因此，该纤维的导电性能好，抗静电。

表3-12　再生动物毛蛋白纤维与其他常见纤维的物理性能比较

纤维性能 \ 纤维名称		再生动物毛蛋白纤维	羊毛	桑蚕丝	黏胶纤维
断裂强度/（cN/dtex）	干态	1.7 ~ 2.4	0.9 ~ 1.5	3.0 ~ 3.5	2.2 ~ 2.7
	湿态	1.3 ~ 2.0	0.67 ~ 1.43	1.9 ~ 2.5	1.2 ~ 1.8
断裂伸长率/%	干态	20 ~ 28	25 ~ 35	15 ~ 25	16 ~ 22
	湿态	24 ~ 32	25 ~ 50	27 ~ 33	21 ~ 29
初始模量/（cN/dtex）		22 ~ 46	8.5 ~ 22	44 ~ 88	26 ~ 62
回潮率（20℃，RH65%）/%		13.5 ~ 14.5	16	9	12 ~ 14
密度/（g/cm³）		1.45	1.32	1.33 ~ 1.45	1.50 ~ 1.52
体积比电阻/（Ω·cm）		6.2	8.4	9.8	7.0

（4）再生动物毛蛋白纤维的化学性能　该纤维具有较好的耐酸、碱性，其水解速率随酸浓度的增加而增大，这可能是酸对纤维素分子中苷键的水解起催化作用，使纤维素聚合度降低。但是，纤维素的水解速率在酸的浓度为3mol/L以下

时，与酸的浓度几乎成正比。由此可见，再生动物毛蛋白纤维受到酸损伤的程度比纤维素小。然而，纤维在碱中的溶解是先随浓度增大而增大，其后却随浓度增大而降低，这可能是由于碱除了催化肽键水解外，还与纤维素的羟基以分子间力特别是氢键结合，形成分子化合物；也可能随着碱浓度增大渗透压反而减小，氢氧化钠渗透纤维困难。

再生动物毛蛋白纤维具有一定的耐还原能力。将纤维用1%硫化钠在65℃下处理1h，溶失率仅为2.47%，而羊毛纱用1%硫化钠在65℃下作用30min，重量损失达到50%。但是，纤维素一般不受还原剂的影响，一般的还原剂对丝素的作用也很弱，没有明显的损伤。由此可知，还原剂不会使再生动物毛蛋白纤维受到明显的损伤。

（5）再生动物毛蛋白纤维的产品开发与应用　再生动物毛蛋白纤维在毛纺系统可纯纺加工成毛型织物面料，各项性能指标均较好，具有较高的断裂强度和断裂伸长率，同时具有良好的透气性和悬垂性。再生动物毛蛋白纤维纱与羊毛纱、绢纺纱交织的面料既有羊毛面料的手感，又有桑蚕丝面料的光泽，风格独特。

再生动物毛蛋白纤维在棉纺系统加工时具有较好的可纺性，它与棉混纺的纱线织制的织物，各项性能良好，具有纤维素纤维与蛋白质纤维织物的手感与特征。

3.2.6　未来的生物钢——仿蜘蛛丝纤维

在自然界中，蜘蛛生产着最细的丝线，并用这种丝线织成蛛丝网，用以捕获猎物，赖以生存，繁衍后代。科学的发展和进步使人类有越来越多的机会和手段去探索自然界的奥秘。科学家们开始注意到蜘蛛丝非同一般的性能：

① 蜘蛛丝很细而强度却很高，它比人发还细，而强度却比钢丝还要大；
② 它的弹性和柔韧性都很好，耐冲击力强；
③ 它无论在干燥状态还是在潮湿状态下都有很好的性能；
④ 蜘蛛丝有很好的耐低温性能；
⑤ 蜘蛛丝是由蛋白质构成的，是生物可降解的，因而对环境是无害的。

要把这些优良性能集中在同一种纤维上是十分困难的，而蜘蛛丝却做到了。由于有了这些性能，蜘蛛才能在各种气候条件下生存和繁殖。人们开始考虑如果能够用人工的方法，大量而经济地生产这种纤维，必将对纺织业的发展产生深远的影响。目前，美国、加拿大、德国、英国等发达国家已投入大量的人力和物力进行研究，并已取得了一定进展。对仿蜘蛛丝的研究，已成为当今世界纺织界的热门话题。

（1）蜘蛛丝的化学组成和结构　蜘蛛丝是一种原纤蛋白质，呈金黄色、透明，在显微镜下看和蚕丝很相似。化学组成也与蚕丝相似，其主要成分是蛋白质，基本组成单元为氨基酸，它与蚕丝丝素氨基酸组成相似，主要是由三个小侧链氨基酸（甘氨酸、丙氨酸、丝氨酸）所组成，与蚕丝丝素明显不同的是，大侧链氨基酸（如脯氨酸、谷氨酸）含量较高。

通过对蜘蛛丝的解剖学研究发现，一般蜘蛛丝包含捕捉丝（捕获猎物）、径向丝（辐条状）及圆周网丝三种类型的丝（有的蜘蛛能生产8种类型的丝）。捕捉丝蛋白在蜘蛛的鞭毛腺体中合成，而径向丝和圆周丝蛋白则在蜘蛛的壶腹腺中合成。蜘蛛的腺体液离开蜘蛛身体后立即固化成蛋白质纤维，固化后的蜘蛛丝不溶于水，并具有优良的性能。

蜘蛛丝的分子结构是由一些被称为原纤的纤维束组成，而原纤又是几个厚度为120nm微原纤的集合体，微原纤则是由蜘蛛丝蛋白构成的高分子化合物，蜘蛛丝蛋白则是由各种氨基酸组成的多肽链按一定方式组合而成。蜘蛛丝也是由结晶区和非结晶区交替排列构成。结晶区主要为聚丙氨酸链段，构象为β-折叠结构，分子链沿着纤维轴线方向呈反平行排列，形成曲折的β-片层结构进而相互重叠在一起构成结晶区。片层间为非结晶区，主要由大侧基氨基酸组成。由于结晶区的分子链间以氢键结合，因而分子间作用力很大，致使丝纤维在外力作用时有较多的分子链能承受外力作用，故蜘蛛丝具有高强度。同时用X射线衍射分析研究蜘蛛丝的聚集态结构，并以蚕丝的丝素为对照。结果表明蜘蛛丝的结晶度比蚕丝要小得多，其结晶度约为蚕丝的55%～60%，而非结晶区部分含量远远高于蚕丝，因此蜘蛛丝具有良好的弹性主要是非结晶区的贡献。

蜘蛛丝的形态结构是它的外形接近圆形，它是单丝，不需要丝胶来粘住两根丝；其纵向形态是丝中央有一道凹缝痕迹。蜘蛛丝的平均直径为6.9μm，大约是蚕丝的一半。蜘蛛丝在水里有相当大的溶胀性，纵向有明显的收缩。

（2）蜘蛛丝的性能　蜘蛛丝表面光滑、闪亮，耐紫外线强，而且比较耐高温、低温。它在200℃以下时具有较好的热稳定性，300℃以上时才开始变黄。蜘蛛丝具有特殊的溶解性，它所示的橙黄色遇碱加深、遇酸褪色。不溶于稀酸、稀碱，仅溶于浓硫酸、溴化锂、甲酸等，并且不能被大部分蛋白水解酶分解。加热时能微溶于乙醇中。一般蜘蛛丝的物理性能与其他纤维相比见表3-13。由表3-13可知，蜘蛛径向丝的强度明显高于桑蚕丝和锦纶，其强度和钢丝相似（相同粗细），若考虑密度因素（蜘蛛丝的密度为1.13～1.29g/cm³，钢丝的密度为7.8g/cm³），在相同重量的情况下，蜘蛛丝的强度比钢丝大5～6倍。蜘蛛丝的另一个重要特性是它的耐低温性能，在-40℃的低温条件下仍能保持其弹性，只有在更低的温度下才会变硬。因此，蜘蛛丝具有强度高、弹性好、初始模量大、断裂功高等特性，是一种优异的纺织材料。

表3-13　一般蜘蛛丝与其他纤维物理性能的比较

材料	断裂伸长率/%	初始模量 /（N/m²）	断裂强度 /（N/m²）	断裂能 /（J/kg）
蜘蛛丝（径向丝）	9.8 ~ 32.1	（1 ~ 13）×10⁹	1×10⁹	1×10⁵
桑蚕丝	15 ~ 35	5×10⁹	6×10⁸	7×10⁴
锦纶	18 ~ 26	3×10⁹	5×10⁸	8×10⁴
棉	5.6 ~ 7.1	（6 ~ 11）×10⁹	（3 ~ 7）×10⁸	（5 ~ 15）×10³
钢丝	8.0	2×10¹¹	1×10⁹	5×10³
芳纶1414	4.0	1×10¹¹	4×10⁹	3×10⁴

（3）仿蜘蛛蛋白纤维的制取方法　蜘蛛丝是自然界中最高级的生物聚合物，在许多领域有着极其重要的用途。但由于蜘蛛常自相残杀，养殖困难，不能规模化养殖，同时蜘蛛的产丝量很少，提取工艺又十分复杂，技术难度大。因此，科学家对此进行了大量的研究，用生物化学的方法对蜘蛛丝蛋白和腺体分泌物进行了研究，分离了蜘蛛丝蛋白基因编码的核苷酸序列，建立了cDNA和gDNA的数据库，同时进行了基因序列的分离、纯化、结构特征的表达和克隆等研究工作。利用DNA合成技术，已成功地在DNA水平上建立了不同蜘蛛丝蛋白片段的基因序列模型。利用这种模型可制造出一种称为蜘蛛丝蛋白的合成基因，利用这种合成基因已生产出96.1%的基因序列与天然蜘蛛丝蛋白相同的产品，下一步是如何大规模生产这种蜘蛛丝蛋白，现在有以下几种方法。

① 将蜘蛛丝的产丝基因转移到能在大培养容器里生长的细菌上，通过细菌发酵的方法得到蛛丝蛋白，再进一步纺丝可得到仿蜘蛛丝纤维。

② 将蜘蛛丝蛋白基因转移到奶山羊或奶牛的乳腺细胞中，然后将蛋白质单体从所造的系统中分离出来并经纺丝和拉伸得到仿蜘蛛丝纤维。

③ 使其他蛋白质通过植入蜘蛛丝的基因改变得到改性，从而生产出仿蜘蛛丝新纤维。

④ 将蜘蛛丝基因移植入植物（如花生、烟草及谷物等），培育出能够产生丝蛋白的转基因植物，使这些植物生产出大量类似蜘蛛丝蛋白的蛋白质，然后再将这种蛋白质提取出来作纺丝原料，生产出仿蜘蛛丝纤维。

（4）仿蜘蛛丝纤维的应用

① 军事方面　蜘蛛丝具有强度大、弹性好、柔软、质轻等许多优良性能，尤其是具有吸收巨大能量的能力，是制造防弹衣的绝佳材料。用它制作的防弹背心比用对位芳纶做的性能还要好。也可将它用于制造战斗飞行器、坦克、雷达、卫星等装备以及军事建筑物等的防护罩，还可用于制造降落伞，这种降落伞重量轻、防缠绕、展开力强大、抗风性能好，坚牢耐用。

② 航空航天方面　可用于制作结构材料、复合材料及宇航服等。

③ 建筑方面　可用于制作结构材料和复合材料，用于桥梁、高层建筑及民用建筑等方面。

④ 农业和食品方面　可用于制作捕捞网具，代替会造成白色污染的包装材料。

⑤ 医疗和保健方面　由于仿蜘蛛丝是天然材料，且由蛋白质组成，具有强度高、韧性好、可降解、与人体的相容性良好等现有材料不可比拟的优点，因而可用作高性能的生物材料，制成伤口封闭材料和生理组织工程材料，如人工筋腱、人工关节、人造肌肉、人工韧带及人工器官、假肢等，也可用于人体组织修复、伤口处理、神经外科及眼科等手术中的可降解超细伤口缝合线等。这些产品的最大优点是和人体组织几乎不会产生排斥反应。

3.2.7　一种完全自然循环的可生物降解环保纤维——聚乳酸纤维

聚乳酸纤维简称PLA，是人工合成的绿色纤维，它以农产品玉米为原料，经过微生物发酵将玉米糖转化为乳酸，然后采用化学方法将乳酸合成丙交酯，再聚合成高分子材料，最后将其纺成丝，成为纤维。聚乳酸纤维及其制品和各种聚乳酸的废弃物，借助于土壤和水中的微生物作用，可完全分解成植物生长所需要的二氧化碳和水，形成资源循环再利用，这种可降解合成纤维尤其引人注目。

（1）**聚乳酸纤维的性能**　聚乳酸纤维集天然纤维和合成纤维的特点于一身，具有许多优良性能，包括：生物可降解性能，优良的机械物理性能和染色性能，优异的触感、导湿性能，回弹性能、阻燃性能、UV稳定性及优良的抗污性能等。

① 机械物理性能　聚乳酸纤维的密度为1.25g/cm³，纤维强度30～50cN/tex，伸长率30%～40%，回潮率0.4%～0.6%，卷曲数30～50个/10cm，杨氏模量400～600kg/mm²，熔点170℃。聚乳酸纤维的机械物理性能介于涤纶和尼龙6之间，强度、吸湿性、伸长性和染色性都和它们相近，它属于高强、中伸、低模量纤维。它具有足够的强度可以做一般通用的纤维材料，实用性强；它具有较低的模量，使得其纤维具有很好的加工性能；聚乳酸纤维的断裂强度和断裂伸长率都与涤纶接近。这些性能使得其面料具有高强力、延伸性好、手感柔软、悬垂性好、回弹性好以及较好的卷曲性和卷曲持久性等优点。聚乳酸纤维的吸湿、吸水性比较小，与涤纶接近，但是它有较好的芯吸性，故水润湿性、水扩散性好，具有良好的服用舒适性。同时，它还具有良好的弹性回复率，适宜的玻璃化温度使其具有良好的定形性能和抗皱性能。

② 阻燃性能　聚乳酸纤维具有良好的耐热性，其极限氧指数在常用纺织纤维中是最高的。它的发烟量少，在燃烧时只有轻微的烟雾释放；PLA虽不属非燃烧

性的聚合物，但是它的可燃性、发烟量低，而且在燃烧时几乎不会产生有害气体。

③ 耐紫外线性能好　该纤维及其织物几乎不吸收紫外线，在紫外线的长期照射下，其强度和伸长的变化均不大，因此，聚乳酸纤维织物适宜制作外衣，尤其是常年在户外的工作服。

④ 特殊性能

a. 生物可降解性。生物可降解性是聚乳酸纤维的最突出特点。试验表明，采用土埋法及海水浸渍法，8～10个月后其强度几乎下降为零；在活性污泥中分解时，由于存在丰富的细菌，分解快速，1～2个月后纤维强度几乎下降为零；在标准堆肥中分解时与纤维素纤维相似，具有非常好的生物降解性。

b. 抑菌性。与可降解性紧密相连的是抑菌性，聚乳酸纤维不直接受微生物所产生的氧化酶和水解酶的攻击而新陈代谢或腐败、降解，初期发生的水解作用只导致聚合物分子量的下降，而不产生任何的可分离物，并不造成物理重量的流失；这种水解产生的大分子也不能成为微生物的营养品而发生新陈代谢。在一定的环境条件下，当水解发展到相当程度时方开始真正的降解作用。因此，聚乳酸纤维能够用作食品包装袋材料，对果汁类饮料和食品更具保鲜作用。

c. 人体可吸收生态性。聚乳酸纤维在人体内可以经过降解而被吸收。目前，聚乳酸纤维在医用绷带、一次性手术衣，防粘连膜、尿布、医疗固定装置等方面已被广泛应用。

（2）聚乳酸纤维的用途　聚乳酸纤维不仅是绿色环保型纤维，而且具有优良的物理力学性能，因而应用前景越来越广阔。

① 在服装方面的应用　聚乳酸纤维与其他纤维混纺制作的内衣，有助于水分的转移，接触皮肤时不仅有干爽感，而且还赋予优良的形态稳定性和抗皱性，不仅不会刺激皮肤，而且对人体健康有益，非常适合用于制作内衣。另外，聚乳酸纤维具有良好的芯吸性、吸水性、吸潮性能以及快干效应，具有较小的体积密度，强伸性与涤纶接近，非常适合开发运动服装。

② 在家用装饰方面的应用　由于聚乳酸纤维具有耐紫外线、稳定性良好、发烟量少、燃烧热低、自熄性较好及耐洗涤性好等优点，特别适用于制作窗帘、帷幔、室内装饰品、地毯等产品。

③ 产业方面的应用　在医疗器械领域，聚乳酸纤维可用作手术缝合线。由于聚乳酸纤维具有自动降解的特性，免除了取出缝合线给病人带来的痛苦。此外，聚乳酸纤维还可以用于制作修复骨缺损的器械和工程组织（包括骨、血管、神经等）制作支架材料。聚乳酸纤维在医疗领域又一个广泛的用途是用作药物缓释材料，尤其是用于缓释蛋白质类和多肽类药物具有特别的优越性。聚乳酸纤维是第三代生物材料的典型代表，它在其他一些领域也有广泛的用途，如编织物、渔网、

包装材料、汽车内装饰材料等。

3.3 再生无机纤维

3.3.1 耐酸、耐火的陶瓷纤维

陶瓷纤维是无机纤维中的一种，是以含氧化铝和氧化硅的天然矿物为原料，经过加工而制成纤维。这种纤维具有高强度、高模量、耐高温、绝缘性好及成本低等特点，因而引起世界各国的重视，开发出的品种也很多，主要因原料组成的不同而形成各个品种。例如，氧化铝含量在90%以上的一般称为氧化铝纤维，组成中含硼的称为含硼陶瓷纤维等。目前，美国、日本等国都有生产，日本住友化学公司生产的硅酸盐纤维的商品名为Alfex；美国3M公司生产的含硼陶瓷纤维的商品名为Nextel-312；美国杜邦公司生产的氧化铝纤维的商品名为FP；日本三井矿山公司生产的氧化铝纤维的商品名为ALMAX；美国杜邦公司生产的氧化铝－氧化锆纤维的商品名为PRD-166。

（1）陶瓷纤维的性能 与碳纤维和芳纶相比，陶瓷纤维作为补强材料具有一些优异的性能，如可耐更高的温度、具有优良的环境稳定性，而且成本较低。几种有代表性的陶瓷纤维的化学组成和一般特性见表3-14。

表3-14 几种陶瓷纤维的化学组成和一般特性

项目\纤维名称	化学组成（质量分数）				密度/（g/cm³）	纤维直径/μm	抗张强度/GPa	抗张模量/GPa
	Al₂O₃	SiO₂	B₂O₃	ZrO₂				
Alfex	0.85	0.15	—	—	3.3	10～15	1.8	210
Nextel-312	0.62	0.24	0.14	—	2.7～2.9	10～12	1.7	150
FP	0.99	—	—	—	3.9	20	1.4	385
ALMAX	0.995	—	—	—	3.6	10	1.76	323
PRD-166	0.75～0.85	—	—	0.15～0.25	4.2	20	2.1～2.45	385

由表3-14可知，在上述几种产品中以含氧化锆的PRD-166性能最好，其强度和模量都是最高的，纯氧化铝纤维模量较高，而强度则不是最高，加入硼后可使纤维的结构更加稳定，可进一步提高其耐热性。

陶瓷纤维除具有很高的强度和模量以外，还具有非常好的耐温性能，试验证明，FP纤维在1000℃的空气中暴露300h后仍能保持其原有的强度，日本三菱化学资产公司开发的氧化铝纤维绝热材料，据称其耐热性能可超过1600℃。陶瓷纤维还具有很好的压缩强度，如FP纤维的压缩强度约为6.9GPa，其熔点很高，

为1800～2000℃，因此，即使在熔融的金属中也很稳定，绝缘性很好，密度较金属小得多。此外，它还有非常优越的抗腐蚀性，在补强金属时不致因电流感应而发生腐蚀。

（2）陶瓷纤维的用途　陶瓷纤维主要作为金属、玻璃、陶瓷、塑料及纤维的增强材料，适用于要求高强、高模和耐高温的场合，并在冶金、化工、船舶、航空航天、汽车、环保、军工等领域都有广泛的应用。

用陶瓷纤维与铝或镁制成的复合材料，可作航空器、宇航器重返大气层的隔热罩、火箭头锥体、喷嘴、排气口、隔板，大炮、装甲车的高温引擎及推进系统；用陶瓷纤维补强的铅，可作轻型电池板和抗腐蚀的化学容器；用陶瓷纤维与芳纶、合成树脂制成的复合材料，具有极好的介电性、机械性能及雷达穿透性，因而被应用在航空器和火箭上，用陶瓷纤维与陶瓷制成的复合材料，强度、坚挺性、介电性、耐腐蚀性及耐磨性优异，可作高温绝缘材料、抗腐蚀材料、韧性密封材料、轴承、制动器件等；陶瓷纤维与普通纤维混纺可制作绳缆、机织物、编织物及非织造布，可作为耐火材料、高温绝缘材料、工业窑炉以及管道接头的隔热密封材料、高温环境下的电缆包覆材料、工业锅炉开口部位的防热帘幕及高温操作人员的防护服等；由陶瓷纤维制成的毡毯，可作工业窑炉的内衬、膨胀缝的填充物、电气绝缘垫、隔音垫以及耐腐蚀过滤材料等；用陶瓷纤维为原材料制成的陶瓷纤维纸可作高温炉和高温气体管道的内衬、电热器具的绝缘层以及高温气体的过滤材料等。

3.3.2　绿色环保的矿物纤维——玄武岩纤维

玄武岩是火山喷发出的岩浆冷却后凝固而成的岩石。它在地质学的岩石分类中属岩浆岩（或火成岩）。火山喷发时，流出的岩浆温度高达1000℃以上，岩浆在流动过程中携带着大量水蒸气和气泡。在此过程中，岩浆便形成各种形状的岩石，有的为致密状，有的为泡沫状，其颜色多为黑色、黑褐色或暗绿色。致密状的玄武岩其密度比花岗岩、石灰岩大，为2.6～3.05g/cm³。

目前，全世界玄武岩纤维的生产主要集中在中国、乌克兰和俄罗斯，总产量约3000吨/年，其中，乌克兰为1000吨/年，俄罗斯为900吨/年，中国为800吨/年，此外，格鲁吉亚、加拿大、韩国等也有少量生产。由于玄武岩在我国分布较广，价格也便宜，因此其资源的开发和应用具有重要的意义。

（1）玄武岩纤维的化学组成　一般来说，玄武岩纤维的化学成分随产地的不同而有所差异，其主要成分一般是二氧化硅（SiO_2）、三氧化二铝（Al_2O_3）、氧化钙（CaO）及氧化镁（MgO），次要成分有三氧化二铁（Fe_2O_3）、氧化铁（FeO）、二氧化钛（TiO_2）、氧化钾（K_2O）、氧化钠（Na_2O）及氧化锰（MnO）等。玄武岩纤维的主要含量具体数据见表3-15。

表3-15 玄武岩纤维的主要成分   单位：%

成分	SiO_2	Al_2O_3	CaO	FeO	MgO	Na_2O	Fe_2O_3	K_2O	TiO_2	P_2O_3
含量	51.4	14.83	10.26	8.47	5.92	2.42	1.73	1.20	0.84	0.32

其中，二氧化硅和三氧化二铝的作用是提高纤维的化学稳定性和熔体的黏度；氧化镁和氧化钙则有利于提高纤维的耐高温性能，并使纤维呈古铜色等。

（2）玄武岩纤维的物理性能   玄武岩纤维的密度随产地不同而有所差异，一般为$2.6 \sim 3.05 g/cm^3$，且为非晶态物质。纤维的热导率较低，在25℃下仅为$0.04 W/(m \cdot K)$。它的使用温度高达650℃，高于玻璃纤维（玻璃纤维在相同条件下使用温度不超过400℃）。由玄武岩纤维制成的过滤材料可在$400 \sim 650$℃内使用，用于高温热空气和烟道气的过滤。

玄武岩纤维具有良好的隔音与吸音效果，且随频率的增加其吸音系数显著增加，用它加工制成的隔音材料应用于航空、船舶等领域，前景非常看好。玄武岩纤维有较高的拉伸断裂强度、弹性模量及断裂伸长率，它与其他高性能纤维的物理性能比较见表3-16。

表3-16 玄武岩纤维与其他高性能纤维的物理性能比较

项目 纤维名称	拉伸断裂强度/MPa	弹性模量/GPa	断裂伸长率/%
E-玻璃纤维	$3100 \sim 3800$	$76 \sim 78$	4.7
Kevlar纤维	$2758 \sim 3034$	$124 \sim 131$	2.3
碳纤维	$2500 \sim 3500$	$230 \sim 240$	1.2
玄武岩纤维（乌克兰产）	$3000 \sim 3500$	$79.3 \sim 93.1$	3.2
玄武岩纤维（加拿大产）	4840	89	3.1

玄武岩纤维具有良好的导电性能，它的体积电阻率比玻璃纤维高出一个数量级。并且，它的电绝缘性和对电磁波的透过性都比玻璃纤维高。

（3）玄武岩纤维的化学性能   玄武岩纤维的吸湿性很低，其吸湿率仅为$0.2\% \sim 0.3\%$，且吸湿性不随时间而改变，从而增加了它在使用过程中的热稳定性和使用寿命。玄武岩纤维的耐水性远高于玻璃纤维。并且，它在酸性、碱性溶液中有良好的化学稳定性，比铝硼硅酸盐纤维的耐酸碱性能好。此外，在玄武岩的熔化和拉丝过程中，无有害气体的排出，生产过程对环境无污染，且玄武岩纤维能自动降解成土壤的母质，因此它是一种新型无机环保纤维。

（4）玄武岩纤维的应用   玄武岩纤维是继碳纤维、芳纶、超高分子量聚乙烯纤维后的第四大高技术纤维。它在国防军工、航空航天、土木建筑、汽车造船、复合材料及环境保护等诸多领域将有广泛的应用。

① 在国防军工方面的应用　以玄武岩纤维为增强材料可制成性能优异的复合材料，用于火箭、导弹、战斗机、核潜艇、军舰、坦克及宇宙飞船等领域，促进武器、装备的升级换代，增强军队的战斗力。同时，还可在某些领域代替碳纤维，降低设备的制造成本。

② 在土木建筑中的应用　用玄武岩纤维纺织的织物可用于加固堤坝和水电站大坝，增强立交桥和公路的地基。玄武岩纤维织物涂覆聚四氟乙烯或硅橡胶后是良好的建筑结构材料，具有质轻、高强、耐高温及透光等优点，适用于建造体育场馆、机场候机厅等大型建筑物。

玄武岩纤维可用来代替钢筋和钢纤维增强混凝土。钢筋长期在水中容易产生锈蚀造成建筑结构的破坏。尤其是沿海地区，由于有海风、海水的侵蚀，这里的桥梁、公路、停车场等建筑常使用玻璃纤维代替钢筋作为增强材料，而玄武岩纤维的耐碱性能优于玻璃纤维，抗拉强度也较高，可大大提高混凝土制品的使用寿命。用玄武岩纤维增强的铁路水泥木枕可解决其耐久性问题，尤其适合在青藏高原等气候多变的地区使用，据估计其使用寿命可达70～100年。

③ 在汽车造船业中的应用　由于用玄武岩纤维增强的复合材料具有质轻、隔音、环保和可回收等优点，适用于制作船体结构材料、车厢材料、内饰材料、仪表板、坐椅架、行李舱、保险杠及篷盖材料等。

④ 在结构复合材料中的应用　用玄武岩纤维为增强材料制造的复合管材可用于石油开采、炼油、天然气化工及石油化工等所用的工业管道，可大幅度缩短检修期和避免断裂，特别是对于腐蚀性液体、气体的输送管道有更好的使用效果。用多轴向缝编方法制作的玄武岩纤维织物可用于风力发电机叶片的制造等。

⑤ 在过滤材料中的应用　由于玄武岩纤维织物具有高强、耐高温、耐腐蚀等优良性能，可用于高温和有腐蚀性气体的过滤，如烟道气和其他工业废气。

3.3.3　用途广泛的玻璃纤维

玻璃纤维是采用石英砂、石灰石、白云石、石蜡等，并配以纯碱、硼酸等经熔融纺丝而成，其主要成分为二氧化硅和某些金属氧化物。按成分及性能可分为无碱、中碱、高碱和特种四类玻璃纤维；按形态可分为连续玻璃纤维、定长玻璃纤维和玻璃棉。玻璃纤维具有阻燃、耐腐、耐热、吸湿性小、伸长低、抗张强度高、性脆易碎、绝热性与化学稳定性好、电绝缘性良好等特性，因而在国民经济各领域得到广泛的应用。

（1）玻璃纤维的化学结构　玻璃纤维是由硅酸盐的熔体制成的，各种玻璃纤维的结构组成基本相同，都是由无规则的 SiO_2 网络所组成。玻璃纤维的主要成分为 SiO_2，单纯的 SiO_2 是通过较强的共价键相联结的晶体，非常坚硬，其熔点高达

1700℃以上，加入CaCO₃、Na₂CO₃等可以降低熔融温度，加热时CO₂逸出。因此，在玻璃纤维中含有Na₂O和CaO等碱金属和碱土金属氧化物。另一方面，熔融的SiO₂其黏度非常大，液体的流动性能很差，也需要加入CaO和Na₂O等来降低其黏度，以利于玻璃纤维的成形。此外，还需要加入一些其他成分的氧化物，借此来改善玻璃纤维的性能，以达到玻璃纤维的最终用途。所以，SiO₂是构成玻璃纤维的骨架，加入的其他氧化物的阳离子位于骨架结构的空隙中，也有可能取代SiO₂的位置。因此，玻璃纤维是典型的非晶结构，微粒的排列是无序的。

（2）玻璃纤维的机械物理性能　玻璃纤维直径很细，通常在3～24μm，小于一切有机纤维和金属纤维。由于在熔融状态下，表面张力促进表面收缩，纤维外表呈光滑圆柱状，截面为一完整的圆形。纤维密度一般在2.50～2.70g/cm³，高于普通有机纤维而低于大多数金属纤维。玻璃纤维具有很高的抗拉强度，达到1470～4800MPa，远远超过其他天然纤维、合成纤维和某些金属纤维（碳纤维只有3900MPa），是理想的增强材料。纤维的弹性模量较高，基本属于弹性体范围，断裂伸长率很小，只有3%～4%，纤维的耐疲劳性能较差。玻璃纤维的软化温度高达550～750℃，远高于锦纶的232～250℃、醋酯纤维的204～230℃、聚苯乙烯的88～110℃，在加热至500℃之前，强度不会降太大。特殊成分的玻璃纤维耐高温可达1000℃，大大高于各类有机纤维。玻璃纤维性脆，单丝集束性差和耐折疲劳性差，容易折断，这给后继加工带来一定的困难。玻璃纤维的脆性与它的直径成正比，如直径为3.8μm的玻璃纤维，其柔软性比涤纶还要好，所以用于织造的玻璃纤维一般都是选用直径小于9μm的长丝。玻璃纤维耐热性很好，不燃烧，其单丝在200～250℃下，强度损失很小，却略有收缩现象，因而可在高温场合使用，特别是用在高温过滤和防火材料方面。该纤维的热导率较高，因而在隔热和绝缘材料方面，已在很大程度上取代了石棉。玻璃纤维在常温下几乎不导电，由于碱金属氧化物（Na₂O+K₂O）是影响玻璃纤维电绝缘性的主要因素，故一类不含（Na₂O+K₂O）的玻璃纤维（无碱玻璃纤维，又称电绝缘用玻璃纤维）具有良好的电绝缘性能和介电性能，常温下体积电阻率和表面电阻率均高于$10^{12}\Omega \cdot cm$，介电常数ε为6.6，在电子、电器上获广泛应用。

玻璃纤维的耐蚀性、耐气候性和吸声性都较好。耐蚀性一般是指耐水性和耐酸、碱性。玻璃纤维的耐水性随纤维含碱量的增加而减弱，而耐酸性则随含碱量的增加而增强。因此，无碱玻璃纤维的耐水性好，中碱玻璃纤维的耐酸性好，但均不耐碱。通过改变玻璃成分或对纤维涂覆处理，可以改善玻璃纤维的耐碱性。无碱玻璃纤维的耐气候性较好，而有碱玻璃纤维则较差，这主要是空气中的水分对纤维侵蚀的结果。由于玻璃纤维具有极大的比表面积，因此在使用过程中易受介质侵蚀，在各种气体长期作用下会慢慢"老化"。玻璃纤维的吸湿性很低，在

相对湿度65%时，吸湿率仅为0.07%～0.37%，因而在建筑仓储中得到广泛的应用。玻璃纤维还具有较大的吸声系数，改变玻璃纤维的织物结构、单位重量、厚度等，吸声系数随之变化。在声频为1025Hz时，玻璃纤维的吸声系数为0.5，因此它是良好的吸声材料。

（3）玻璃纤维的用途　玻璃纤维的用途很广泛，大致可以分为以下几个方面。

① 用作复合材料的增强材料　玻璃纤维可以大幅度地提高聚酯树脂的机械强度，玻纤增强塑料（通常称为玻璃钢）可用于制造雷达罩、飞机机身、军用盔甲等。目前，玻璃纤维70%以上用于复合材料的增强基材。玻璃钢产品95%以上使用玻璃纤维作为增强基材。玻璃钢制品以防腐、质轻、防水、美观等优良性能，广泛用于化工、石油、汽车、船舶、电气、航天航空等领域，除增强各类塑料外，还广泛用于增强水泥、石膏、沥青、橡胶等有机和无机材料。

② 用于建筑材料　用作土建工程材料，一是玻纤织物涂覆沥青制成土工格栅，用于软路基高等级公路和沥青混凝土路面的增强防裂；二是玻纤织物与树脂复合，用作建筑物和桥梁钢筋混凝土结构的裂缝补强基材。用于屋面材料，玻纤增强热固性塑料的波形瓦，常用作仓库、车棚、暖房的顶材。玻纤织物涂覆聚氯乙烯、聚四氟乙烯等塑料的篷布（膜材），用于公共汽车站、大型体育馆和展览馆、游乐场所等建筑物的顶棚。用作建筑器材，用玻纤增强塑料制作的屋顶水箱、卫生洁具及整体浴室，有质轻、高强、美观等性能。用玻璃钢制作的窗框，密封性能高于铝合金和塑钢窗框，而热阻又高于后者数倍。用作辅助增强材料，经涂覆处理的玻纤网布，可用作板状墙体的接缝材料，薄片大理石、花岗石等加工、施工中的增强材料，以及墙面涂覆砂浆的底材等。用作装饰材料，玻纤织物经处理作为室内装饰材料，具有不燃烧、可洗、耐腐蚀、有织物感、美观等特点，而且与各种墙面和涂料有较好的黏结性，便于施工和更新。

③ 用作过滤材料　玻璃纤维因直径小于其他各类纤维，对液体、气体阻力小，耐腐蚀、耐高温，成为性能优良的过滤材料。玻璃纤维制品特别适用于高温气体的过滤。以玻纤机织物、毡（蓬松毡、棉毡、针刺毡等）制成的除尘器，用于不同含污染物性质的烟气过滤，已大量用于炭黑、水泥、冶金工业及焚烧烟气的除尘净化。玻璃纸、薄毡制成的过滤器，用于净化要求高的气体过滤，如人防工程、防毒面具、车辆的空气过滤和超净化室的空气处理。还可以使过滤兼有杀菌、除异味效果。由于玻纤制品的化学稳定性好和过滤效率高的优良性能，也被用于润滑油、重水、饲料乃至血浆液体的过滤净化。

④ 用作防水材料　玻纤作为基材的防水材料，具有防水等级高、使用寿命长、节约沥青、施工方便等特点。

⑤ 用作绝热材料　玻璃纤维属于优质绝热材料［热导率＜0.04W/(m·K)］，

根据其成分和处理工艺，能耐400～1000℃高温，是工业管道、热力设备和建筑绝热主体材料之一，需要量很大。

⑥ 用作吸声材料　玻璃纤维棉毡具有优良的吸声特性，它是声学工程中使用的主要吸声材料，适用于室内音质、吸声降噪、声屏障、消声器、消声室、轻薄板墙、固体隔声以及隔振等。在建筑中做吸声吊顶和吸声墙面，有时还可和绝热装饰结合，在高速公路、铁路的音屏，地下隧道和交通工具的隔声中也得到了广泛的应用。

⑦ 用作环境保护材料　除烟气过滤外，玻纤和有机纤维结合加工成土工材料，可用于防水土流失；将玻纤喷洒在地上可形成弹性的多孔毡，从而保护刚播种的农田免遭冲刷；玻纤棉毡可作为无土栽培的载体。

⑧ 用作生物医学功能材料　玻璃纤维纸因其化学稳定性好和无菌性，可用作试剂载体，与专用试剂一起做成试条，用于血液组分检查等；过滤血液时，用以除去血液中白细胞和固体组成，也可用于分离血浆和血清；还可在一些对人体血液、尿液的检验专用仪器中使用。在外科、骨科方面，因浸渍专用树脂的玻纤绷带具有延伸性，用作医用绷带固定受伤骨骼，克服了敷石膏的麻烦和副作用。

⑨ 高强度玻璃纤维的应用　在航天航空领域可用于火箭发动机壳体、宇宙飞船机头锥体、人造卫星构件、飞机雷达罩、机舱衬板和地板、直升机螺旋桨叶片等；在国防军工领域可用于火箭推进器、弹道导弹燃料贮罐、反坦克发射筒、炮弹壳（代铜）、充气鱼雷发射器、防弹板、防弹头盔等；在高压容器领域可用于缠绕高压气瓶，供给消防、医疗、潜水、登山盛氧气之用，也可用于宇宙空间站试验室以及天然气汽车高压气体贮罐等；在汽车、船艇领域与凯芙拉纤维混杂用作汽车储能飞轮、高温变换器的隔热密封材料以及汽车传动轴、船体结构、潜水艇外蒙皮等；在体育运动器材领域可用于网球拍、滑雪板、渔竿等；此外，还可用作高温过滤材料、印制线路板、设备壳体、光纤光缆张力构件、增强丙烯酸树脂等。

3.3.4　具有特殊功能的金属纤维

金属纤维又称金属丝，是指采用特定的方法将某些金属材料加工制成的无机纤维。金属纤维一般为多晶结构，只有钨丝为单晶所构成。金属纤维的性能对应于所采用的金属材料及加工方法（工艺）。在满足类似天然纤维、化学纤维的可纺织加工性或其他某些特需加工工艺性的同时，它还有天然纤维、化学纤维不具备或不易具备的物理、化学性能以及某些特殊性能。例如，导电、导热、光泽、防静电、防射线辐射、防污染等。当然，不同的纤维材料其性能必有各自不同的特征。

目前，金属纤维可分为三类：金属箔和有机纤维复合丝线（纤维）（我国生产的铝涤复合丝线属此类）、有机纤维金属化纤维（有机纤维表面镀有镍、铜、

钴之类金属物，并用树脂保护膜）和纯金属材料纤维。具有本质意义的金属纤维是全部用金属材料制成的纤维，例如用铅、镍、铜、铝、不锈钢等制成的纤维，其中，不锈钢纤维是当前世界开发最快、应用最广的金属纤维。

（1）不锈钢纤维的性能　不锈钢纤维单丝直径一般为4～30μm，最细达到2μm，常用的为6～12μm，不锈钢丝束一般在5000～20000根，可按实际需要确定。直径偏差率≤2.5%，每米丝束重量不匀率≤3%，纤维疵点含量要求≤2mg/100g。纤维密度7.96～8.02g/cm³，初始模量98000～107800N/cm²（10000～110000kgf/cm²），室温单位长度电阻50～200Ω/cm（以12～6μm为例），室温断裂强度686～980N/mm²（70～100kgf/mm²）（普通类），室温钩结强度490～588N/mm²（50～60kgf/mm²），断裂伸长率0.8%～1.8%。以AIS1316L为例，熔点1400～1450℃，可在500℃场合长期使用，在1000℃时强度损失90%。不锈钢纤维完全耐硝酸、磷酸、碱和有机溶剂腐蚀；在硫酸、盐酸等还原性酸及含卤基的溶液中耐腐蚀性稍差。

（2）常用不锈钢纤维直径系列举例　电磁波屏蔽布（高散射型）采用4、6、8μm，以6μm设计为基础，其他应在极限含量内等效折算；高频电磁波屏蔽布，采用4～6μm，避免用8μm及以上的直径（指棉型布）；普通棉型防静电布，采用6～8μm；毛纺类防静电布，采用10～12μm；高压（≤500kV）带电作业屏蔽服用布，采用8～10μm；多功能复合保健用布（含Ni纤维），采用6～8μm；过滤材料用布（含非织造布、毡），采用6、8、10、12、14、16μm等。

（3）不锈钢纤维的用途　不锈钢纤维的用途十分广泛，可分为以下三种不同方面的用途。

①纯纺产品（全不锈钢纤维纺织品）　不锈钢纤维纱机织物，可用于高温烟气干法净化袋式除尘系统、焦化厂干法熄焦塔高温气体密封；热工传送带、隔热帘、耐热缓冲垫等。不锈钢纤维微孔过滤毡是一种优越的金属多孔材料，具有优良的过滤、通气、高比表面积和毛细管功能，有耐高温、抗腐蚀、高强度的特点，适用于高温、高黏度和有腐蚀性介质等条件下的过滤，是化纤、石油和液压传动等领域的重要过滤材料。

②混纺产品（非军工用）　用作防静电过滤布（采用某种合纤机织物为骨架与不锈钢纤维网复合而成）；用作防静电机织滤尘袋用布；用作高压屏蔽服，用于≤500kV交直流带电作业，作变电站巡视服，以保障500kV变电站工作人员的安全；用作防静电工作服，广泛用于炼油、有机合成工业、油轮、汽油试验台、火力发电、炸药制造和煤矿等行业，有可靠的防燃作用；用作高频电磁波辐射防护产品。

③军工产品　可用作防雷达侦察伪装遮障用基础布（伪装布）、雷达目标布、单兵热成像防护服、军用多功能篷盖布以及用于制造金属纤维弹等。

第 4 章

新型合成纤维

4.1 差别化纤维

所谓差别化纤维，是指在原来纤维组成的基础上进行物理的或化学的改性处理，使性能上获得一定程度改善的纤维。随着化纤和纺织工业的发展以及人们生活质量的日益提高，在人们十分欣赏化学纤维特别是合成纤维许多优良性能的同时，也清楚地认识到合成纤维在使用中暴露出来的一些不足，于是就提出了如何使合成纤维在保持原有的优良性能的同时，也具有天然纤维的某些优良性能。改性一般围绕以下几方面进行：

① 纤维截面形态异形化，使其具有特殊的风格和性能；

② 纤维表面的微孔化和纤维内的多孔化，以改善纤维的染色性和吸湿性；

③ 纤维直径的细化和多特（旦）化，以改善纤维织物的外观和手感；

④ 纤维的混纤技术和复合技术，赋予纤维的多性能；

⑤ 采用化学改性方法来改变纤维的化学结构，赋予纤维难燃、阻燃、抗静电和易染等性能；

⑥ 用物理和机械方法改变纤维性能，如假捻、吹捻、网络等。由于纤维结构与性能之间关系错综复杂，当采用某种方法改善某一方面性能时，不可避免地会引起纤维其他性能的变化，因此，在对现有纤维进行改性时，必须防止纤维有价值的性能受到过多的影响。纤维的差别化实际上就是纤维的变性或改性，即改变纤维某些方面的性能，达到扩大使用范围或增加新的品种。通常采用三条途径进行变性，即物理改性、化学改性和工艺改性。

4.1.1 形态各异的异形纤维

异形纤维是异形截面化学纤维的简称。所谓异形截面是指这种化学纤维的横截面呈特殊的形状，而不像一般化学纤维那样为圆形或近似圆形。

异形纤维的出现是仿生学应用的结果。因为天然纤维一般都具有非规则的截面形态，因而形成了天然纤维及其制品的特定风格和性能。如棉纤维呈腰圆形和具有空腔的形状，使其具有保暖、柔软、吸湿等特点。1954年，首次发表了异形纤维制造的研究报告。随后，异形纤维新品种如雨后春笋般地涌现出来，形成了系列产品，如三角形（三叶形、T形）、多角形（如五星形、五叶形、六角形和支型）、扁平形、带状形（如狗骨形、豆形）、中空形（如圆形、三角形和梅花形）等。形成了服用纤维的一大类，如表4-1所示。进入20世纪80年代以来，异形纤维的生产又向异形复合化、中空化和多功能化方向发展，不仅提供了纤维的蓬松保暖性，而且也解决了起球勾丝、吸湿和透气的问题，大大提高了纤维综合服用性能，拓展了使用范围。

表4-1　异形纤维品种和主要特性及用途

形式	喷丝板和截面形状	用途	特征
三角（三叶、T形）形	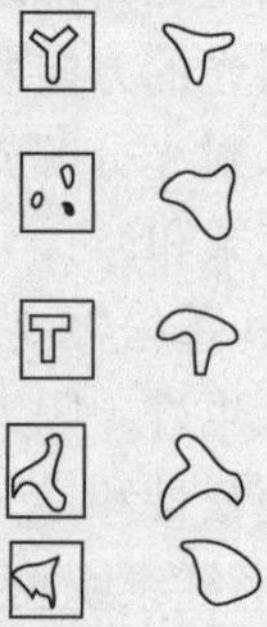	仿丝	闪光性强（灿烂夺目的光泽）、耐污、覆盖性强
		供闪光毛线混纺用	光泽优雅，耐污性、覆盖性好，染色后鲜艳明亮
			光泽较差，透气性好，蓬松度大，覆盖性好
			反弹性好，蓬松、特殊的风格
多角（五星、五叶、六角、支型）形	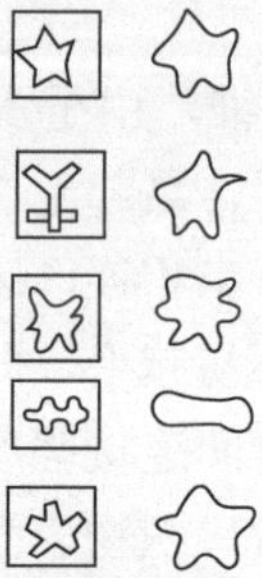	仿毛	高蓬松度，手感好，覆盖性好，抗起球
			特殊的光泽性（金刚石般），手感好，覆盖性强
			特殊的光泽，抗起球性、蓬松性好
		弹力作用	手感滑爽，覆盖性好，高回弹性，高蓬松度，抗起球
扁平、带状（狗骨、豆形）	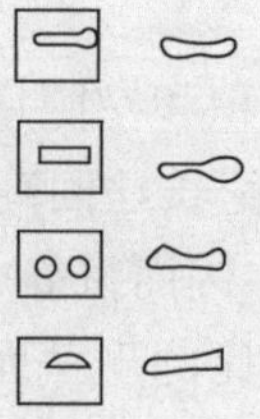	仿麻	手感似麻，覆盖性强
			具有闪光光泽
		仿毛	透气性好
			光泽、手感似亚麻
中空（圆、三角、梅花）形		仿毛	质轻，保暖
		弹力丝等	覆盖性好，表面光滑
			有弹性
		供褥絮用	中空、内部的空气有散射光作用，耐污，不易见灰尘
		代羊毛及工业用	
		反渗透纤维	

注：此表引自萧为维著. 合成纤维改性原理和方法. 成都：成都科技大学出版社，1992。

（1）异形纤维的性能

① 风格特性　异形纤维具有的特殊截面形状对纤维纵向形态产生重要的影

响。异形纤维可提高其覆盖性，使手感大为改善，消除了圆形纤维原有的蜡质感，其织物也更丰满、挺括和活络。

② 光泽　纤维截面异形化后，最大的特征是光线照射后发生变化。常规圆形截面纤维当光线照射时或透明或有刺眼亮光。而呈三角形或多叶形后，纤维就像蚕丝一样不再透明，且有优雅的光泽，并随入射光的方向发生变化。这种多角形截面的纤维的光学效果就像三棱镜一样，可将入射光分解成多色光，再由纤维表面反射形成特殊光泽。其截面棱角越多，色泽越柔和。

③ 蓬松度和透气性　多数异形纤维的覆盖性和蓬松性要比普通合成纤维好，其织物手感也更厚实、蓬松、丰满、质轻、透气性也好。因为异形度、中空度越高比同等质量的纤维占有的空间就越多，其织物蓬松性和透气性也越好，最多可增加5%～8%。在织物的平方米克重相同时，异形纤维织物要比常规织物蓬松、暖和、手感好及弹性大。

④ 抗起球性和耐磨性　普通圆形截面合成纤维，由于本身强度高，表面光滑，纤维间的抱合力差，其织物表面经强力摩擦后，易起毛，这些突出的纤维再次摩擦时将缠结成球，由于纤维球的根部与织物牢牢相连，因而不易脱落，而异形纤维由于纤维间的抱合力增大，织物经摩擦后不易起毛。即使起毛起球后，因为异形化后的单丝强度相对降低，球的根部与织物间连接强度降低，小球容易脱落，不会长期附着在织物上。同时，纤维异形化后，织物表面蓬松，摩擦时接触面积减小，耐磨性也随之提高。

⑤ 抗静电及吸湿性　纤维异形化后，其表面积和空隙增加，织物的回潮率增加，且截面越复杂，回潮率越高。如六叶形锦纶长丝回潮率可达5.2%，而圆形截面织物只有4.8%。由于异形纤维吸湿性增加，因而抗静电性有所改善。

⑥ 抗折皱及抗抽丝性　异形纤维的弹性模量比圆形截面要高，因此抗变形能力较强，抗折皱效果越好。但是，多角（叶）纤维的折皱回复能力比普通纤维低。异形中空的抗抽丝性大大优于圆形截面丝。

⑦ 染色性　异形纤维由于表面积大，因而上染速度快。但是，由于其纤维表面对光的反射率增大，颜色相对显得较浅，因而若要获得与圆形截面纤维同样深度的颜色，染料要多消耗10%～20%。

⑧ 吸水性和干燥性　异形截面纤维和中空纤维与圆形截面纤维相比，由于其表面积的增加，因而提高了纤维对水和气的传送能力。试验结果表明，当圆形截面纤维的吸水性为10%时，则中空纤维可达16%。

（2）异形纤维的用途　异形纤维在衣用、家用和产业用纺织品三大领域都有应用，也是非织造布和仿皮涂层的理想原料。异形截面以三角形和三叶形、五叶形、六叶形、豆形及中空为主，异形涤纶和锦纶用于仿真丝，异形涤纶还用于仿毛产品，异形涤纶仿丝绸产品可用于裙料、衬衫、晚礼服等高级服装。异形变形丝经纺织物可用于制作针织外衣、窗帘和装饰用纺织品。异形锦纶丝可作丝袜。异形和中空纤维在仿毛、仿麻产品中应用较为广泛，与毛混纺可织制毛毯、粗纺呢绒和闪光毛线等。异形、中空和异形中空纤维是性能良好的仿羽绒产品的原料，可用于生产床上用品和时装，如踏花被、床罩、床垫、睡袋和羽绒服等。涤纶中空纤维制作的枕头芯和棉絮，具有蓬松、柔软、保暖和舒适等特性。

4.1.2 取长补短的复合纤维

复合纤维又称多组分纤维、共轭纤维、组合纤维及异质纤维。它是由两种或两种以上的高聚物或具有不同分子量、性能不同的同一高聚物经复合纺丝法制成的化学纤维。复合纤维的两种组分既可是相溶的（共混纺丝法），也可是不相溶的，应根据纤维性能的要求和用途而定。两种组分有清晰的界面，每根单丝中具有两种或两种以上成分。

复合纤维获得迅速发展的主要原因是它集各组分的特性而克服了各自的不足之处，因此在生产复合纤维时，合理地选择各组分十分重要，可选择性能相近或完全不同的高聚物，如聚酯与聚酰胺的复合，这种组分的复合纤维，既具有锦纶耐磨性好、强度高、易染色、吸湿性较好的优点，又有涤纶弹性好、模量高、织物挺括等特点，具有更好的综合性能。因此，复合纤维不仅仅是一种具有优良性能的新型纤维，而且是一种技术含量较高的高科技纤维。复合纤维的生产方法主要有复合纺丝法和共混纺丝法两种。复合纤维的分类方法有数种，一般都是根据复合纤维内部组分间的几何特征进行分类，如图4-1所示。

复合纤维的种类很多，其组成成分和结构也不尽相同，因此，复合纤维的性能各具特点，相互之间具有很大的差异，因而应用的场合也是不相同的。

（1）并列型复合纤维　这种纤维最重要的特征是能够产生类似羊毛的、理想的三维自卷曲，是一种永久性的卷曲，这是因选用的组分具有热收缩性质的差异而形成的。如果两种复合组分的亲水性不同，则还可以产生"水可逆卷曲"的性质。这种三维立体状的卷曲，比采用填塞箱法产生的平面状卷曲具有更好的卷曲弹性和抱合性能，因而卷曲效果更好。因此由复合纤维制成的产品具有外观蓬松、手感柔软而丰满、弹性与回弹性好、保暖性强等特点。

（2）皮芯型复合纤维　与并列型一样，由于两种组分性质的差异，经拉伸、热处理后产生收缩差，使纤维产生永久性三维自卷曲，偏心皮芯型尤为显著。如以锦纶为皮、涤纶为芯，则纤维兼有锦纶染色性好、耐磨性强和涤纶模量高、弹性好的优点。还可以利用皮层作为保护层制成特殊用途的纤维，如导电、抗静电、光导、优质帘子线、热黏合、三维自卷曲纤维等。导电复合纤维由于导电剂

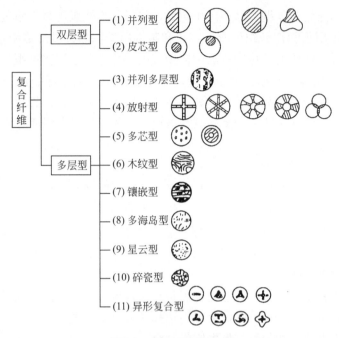

图4-1 复合纤维的分类

只加在一种组分中而被包埋在纤维内，在使用和洗涤过程中不易脱落。光导复合纤维具有重量轻、可挠性好、制造方便等优点，被广泛用于电视、电话、传真、医疗和照明等领域。热黏合复合纤维的特点是经过热处理后，外层采用低熔点组分，如聚乙烯纤维一部分熔融而起黏合作用，另一部分仍保留纤维状态。这种纤维可用于非织造布、空气过滤材料、服装衬里、绗缝材料、填充材料、吸油毡、餐巾、织物、绷带、防毒口罩、合成纸、茶叶袋、包装等。产品具有手感柔软、强度高、尺寸稳定性好、耐水洗和干洗等特点，而且加工方便、能耗低、效率高。

（3）多层型、放射型复合纤维　利用对多层型、放射型复合纤维进行溶解，剥离制取超细纤维，是超细纤维生产的一种重要方法。采用这种方法生产的超细纤维在仿真丝、人造麂皮、仿桃皮绒、人造革、超高密度织物等领域得到了广泛的应用，常用于制作滑雪衫、防风运动服、衬衫、夹克衫等高级服装，具有手感柔软、光泽柔和等特点。

（4）海岛型复合纤维　从横截面看，是一种组分以微细状态分散在另一组分中，犹如"海"中有许多"岛屿"。采用溶剂把"海"组分溶解掉，可以得到超细纤维；如果把"岛"成分溶解掉，可以得到多孔中空纤维。这种复合超细纤维制造技术，是化纤生产中的高新技术。实际上，海岛型超细纤维的挤出形式是皮芯纤维的发展。海岛型复合纤维的优点是在纤维制造和织造过程中不会产生剥离问题，因此单丝线密度可以做得很小，一般在0.011dtex以下，也就是说，200g纤维的长度相当于地球到月亮的距离。采用这种纤维织制的织物具有手感柔软、洁净度高、透气透湿性好、吸水性强，但织物颜色亮度较弱，可用于纺制仿毛织物、仿真丝织物、人造麂皮、针织物、保暖絮绒填充料和黏合非织造布，适宜于加工服装和装饰用纺织品。

（5）复合纤维的性能与用途　复合纤维具有良好的性能和广泛的用途，可归纳如图4-2所示。

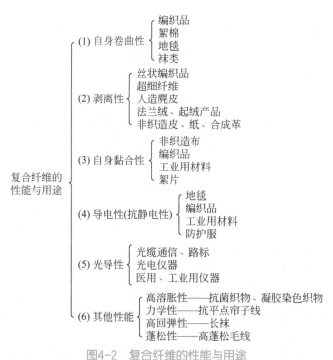

图4-2　复合纤维的性能与用途

4.1.3　比人发细得多的超细纤维

超细纤维是高感性化学纤维中的重要一类。对超细纤维的定义，目前各国尚无明确的统一标准。我国通常将1dtex左右的纤维称为细旦纤维，将0.5 ～ 1dtex的纤维称为微细纤维，将小于0.3dtex（直径约为5μm）的纤维称为超细纤维。目前，世界上已能生产出0.00009dtex的超细丝，如果把这样一根丝从地球拉到月球，其重量也不过5g。超细纤维按外观可分为长丝型纤维和随机型无规则短纤维两大类，后者是一种以不同长度和粗细无规律排列的短纤维。

超细纤维以热塑性高聚物（常用的是聚酯、聚酰胺、聚丙烯等）为原料，主要采用复合纺丝法（海岛型和剥离型）和熔（溶）喷法制得，最细可制得0.0001

旦相当于0.1μm的超细纤维。采用常规纺丝法还只能纺得0.3旦左右的超细纤维。

（1）超细纤维的性能　超细纤维的主要特征是单纤维细度细、直径小，同时纤维的比表面积明显增大。因此，超细纤维本身及其形成的产品能显示出许多独特的性能。

① 手感柔软而细腻。由理论分析可知，纤维的抗弯刚度与纤维直径的4次方成正比。当纤维的细度变细时，则纤维的抗弯刚度会迅速减少。若将纤维的直径缩小到原来的1/10，则变细后的纤维的抗弯刚度只有原来的十万分之一，因而大大改善了纤维及其制品的柔软性，手感更为细腻。

② 柔韧性好。由于超细纤维的取向度和结晶度较高，因而相应地提高了纤维的相对强度，同时，纤维的弯曲强度和重复弯曲强度也得到提高，最终使超细纤维具有较高的柔韧性。

③ 光泽柔和。由于纤维纤细，对光线的反射比较分散，因而光泽比较柔和。

④ 织物的高密结构和高清洁能力。由于纤维很细，在织物中经纬丝更易被挤压变形和相互贴紧，因而易形成高密度结构的织物，经收缩处理后，可得到不需任何涂层的防水织物，可用于制作运动服、休闲服、风衣、雨衣、鞋靴面料、无尘衣料及轻便苫布等。同样，由于纤维很细，在用其织物擦拭物体时，一根根纤维犹如一把把锋利的刮刀，其本身易将污物刮去。又由于众多的超细纤维与细小的污物接触面大，容易贴紧，并具有很强的毛细芯吸作用，较易将附着的油污吸进布内，避免污物散失而再次污染物体，因此具有高清洁能力，是理想洁净布或擦拭布的首选。

⑤ 保暖性强。由于纤维很细，在纤维集合体内可保持更多的静止空气，故超细纤维是一种性能良好的保温材料。若在纤维集合体内混入一些粗纤维丝来做支架，可大大增加其蓬松性和压缩弹性。

⑥ 高吸水性和吸油性。纤维变细后，它的比表面积增大，同时也形成数量更多、尺寸更小的毛细孔洞，其织物不仅提高了材料的吸湿性，而且可大大提高毛细芯吸能力，可以吸收和储存更多的液体（水或油污），因此，可以利用超细纤维开发高吸水毛巾、高级吸水笔芯和其他高吸水性产品。

⑦ 由于超细纤维的比表面积大大提高，是酶、离子交换剂等活性剂的良好载体，可提高其活性效率，并可用于渗透膜和生物医学（人造血管、人造皮肤等）领域。

（2）超细纤维的用途　超细纤维是一种高品质、高技术含量的纺织原料，它具有独特的性能特点，使其应用领域越来越广泛，不仅广泛用于服用纺织品，而且在生物、医学、电子、水处理等产业领域也得到了广泛的应用，其应用领域主要有以下几方面。

① 仿真丝织物　随着合纤纺丝及其加工技术的发展，合成纤维仿真丝及仿其他天然纤维（毛、棉、麻）的水平越来越高，仿真效果越来越逼真，甚至达到以假乱真的程度。

② 仿桃皮绒织物　采用超细纤维织成的仿桃皮绒织物其上面有极短而手感很好的绒毛，犹如桃子表皮的细短绒毛，手感柔软、细腻而温暖。这是一种品质优良、风格独特的服装面料。

③ 高密度防水透气织物　由于纤维很细，因而可以织成高密度织物，不经涂层处理，既可达到防水作用，又有透气、透湿和轻便易折叠、易携带的性能。用这种织物制作的服装，穿着舒适、无气闷感，适用于制作雨衣、帐篷及运动服等。

④ 高吸水性材料　主要用于高吸水毛巾（吸水速度比普通毛巾快5倍以上，且手感柔软舒适）、纸巾、高吸水笔芯、卫生巾、尿不湿等。

⑤ 洁净布和无尘衣料　由超细纤维制成的洁净布具有很强的清洁性能，除污既快又彻底，还不掉毛，并且洗涤后还可重复使用，在精密机械、光学仪器、微电子、无尘室及家庭方面都得到了广泛的应用。也是无尘衣料的理想选择。

⑥ 仿麂皮及人造皮革　采用超细纤维制成的针织布、机织布或非织造布，经磨毛或拉毛后再浸入聚氨酯溶液，并经染色与整理后，即可制得仿麂皮和人造皮革。它具有强度高、重量轻、色泽鲜艳、防霉防蛀、柔韧性好等特点，以其轻、薄、软、牢、晴雨兼用等优点而著称。

⑦ 运动服　因超细高密织物表面平整，运动时阻力较小，用其制作速度类项目的运动服，可助运动员一臂之力。

⑧ 其他方面的应用　超细纤维在保温材料、过滤材料、离子交换材料及人造血管、人造皮肤等医用材料和生物工程等领域都得到了广泛的应用。

4.1.4　神奇的超细纤维——纳米纤维

纳米纤维又称超微细纤维、量子线，即一维纳米材料。有人会问：超细纤维到底能有多细？细了又有何用？这是近代科技界一直在关心的课题。20世纪末，崛起了一门高新技术——纳米技术，将超细纤维推进到一个崭新阶段，即将纤维的细度由微米发展到了纳米。$1nm=10^{-9}m$，即$10^{-3}\mu m$，仅是10个氢原子排列起来的长度。通常把直径小于100nm而长的纤维称为纳米纤维。也有的企业为了商品的宣传效果，把几百纳米的纤维或在常规纤维中添加了功能性纳米微粉的纤维或经过某种处理使纤维具有纳米结构，如纳米级的孔洞、裂隙、凹凸状、晶格的纤维称为纳米纤维。

目前，最细的纳米纤维为单碳原子链，我国已能制造出直径小于0.4nm的纳米碳管，处于世界领先水平。这种纳米碳管被誉为纳米材料之王，其原因是这种细到

一般仪器都难以观察到的材料有着神奇的本领，即超高强、超柔韧及磁性。因纳米碳管中碳原子间距短、管径小，使纤维结构不易存在缺陷，其强度为钢的100倍，而密度只有钢的1/10，是一般纤维强度的200倍，用它制作的绳索从地球拉到月球，而不被自重拉断；它有神奇的导电性，纳米碳管既有金属的导电性也有半导体性，甚至1根纳米碳管上的不同部位由于结构的变化，可显示出不同的导电性。

（1）纳米级纤维物理性能

① 表面效应　纤维直径越细，其表面积越大，由于表面粒子缺少相邻原子的配位，因而表面能增大极不稳定，易与其他原子结合，显出较强的活性。纤维的细度到纳米级后其直径与比长度、比表面积的关系见表4-2。

表4-2　纳米纤维的直径与比长度、比表面积的关系

纤维的线密度/dtex	直径/μm	比长度/（m/g）	比表面积/（m²/g）
1.0	10.12	9000	0.2863
0.3	5.54	3000	0.5221
0.01	1.01	9.0×10^5	2.863
0.001	0.1(100nm)	9.0×10^6	9.051

由表4-2可知，当纤维直径为100nm时，比表面积要比直径为10μm的大30多倍，而直径1μm仅比10μm的表面积大10倍。

② 小尺寸效应　当纤维直径的尺寸小到与光波的波长、传导电子的德布罗意波长和超导态的相干长度或透射深度近似或更小时，其周期性的边界条件将被破坏，纤维的声、光、电、磁、热力学性质等将会改变，如熔点降低、分色变色、吸收紫外线、屏蔽电磁波等。

③ 量子尺寸效应　当粒子尺寸小到一定值时，费米能级附近的电子能级由准连续变为离散能级。此时，原为导体的物质有可能变为绝缘体，反之，绝缘体有可能变为超导体。

④ 宏观量子的隧道效应　隧道效应是指微小粒子在一定情况下能穿过物体，就像里面有了隧道一样可以通过。

对于添加了纳米级陶瓷或金属微粉的纤维，具有了新的功能，如发射远红外线、防紫外线、抗菌、阻燃、导电、屏蔽或吸收辐射波等。对于表面或内部具有纳米结构的纤维，也增加了新的性能，如防水透湿、双亲（水、油）、双疏（水、油）等。

（2）纳米纤维的用途　纳米纤维虽属前瞻性技术，但已在多个领域内显示出良好的开发应用前景。

① 防护及环境保护　利用其大的比表面积形成微孔结构及柔软透湿的特性，

可过滤细菌、病毒及有害微粒，吸附水分及各种液体。

② 特种防护服　用于防生化武器士兵服及特殊传染病医护人员的工作服，也可用于空气过滤及化工产品的提纯，用于光催化清除转化有害物质等。

③ 生物医用材料　可用于人体组织支架及细胞培养，以制造人工骨、人工血管、人工肌腱、人工皮肤、人工心脏瓣膜等，也可用于伤口处理、防粘连膜、药物载体及药物控释等。

④ 功能性服装　超保暖、防水透湿、防紫外线、自清洁、抗菌、导电、消静电、防辐射、阻燃、智能纺织品。

⑤ 电子信息产业　各种传感器、磁性元件、记录显示、智能元件等。

⑥ 能源、机械、化工领域　长效电池、润滑、各种催化剂。

⑦ 其他　如将纳米纤维植入织物表面，可形成一层稳定的气体薄膜，制成双疏性界面织物，既可防水，又可防油、防污。

4.1.5　穿着舒适的吸湿透湿纤维

吸湿透湿纤维又称高吸水吸湿纤维，一般是指疏水性合成纤维如涤纶、丙纶等经物理变形和化学改性后，在一定条件下，在水中浸渍和离心脱水后仍能保持15%以上水分的纤维，称为高吸水纤维；在标准温、湿度条件下，能吸收气相水分，回潮率在6%以上的纤维，称为高吸湿纤维。凡符合以上两项条件者称为高吸水吸湿纤维。

据测试资料表明，人在静止时通过皮肤向外蒸发水分约为15g/(m²·h)。在运动时，有大量的汗水排出，既有液态，也有气态，数量约为100g/(m²·h)。人体即使在没有感到出汗时，皮肤每天的排水量也达350～700mL，在高温或激烈运动时排水量达到2.5kg/h，短时间出汗的最高值为4.2kg/h。人体排出的这些汗水和汗气，应能透过衣服而迅速排散到大气中去，以保持皮肤表面的干爽和舒适。在排散的汗气中，少部分是直接从织物的孔隙中排出的，称之为透湿扩散；而大部分是被织物中纤维吸附，再扩散到织物表层，通过蒸发排入大气，称之为吸湿扩散。至于人体排出的汗水，则主要通过毛细管现象吸入织物内层，进而扩散到织物的表面，称之为吸水扩散。由天然纤维做成的衣服，具有良好的吸水吸湿性能，因此穿着舒适。

但是，一般的合成纤维由于其成纤聚合物分子上缺少亲水基团，吸湿性差。因此，由合成纤维制作的衣服穿起来使人感到闷热。天然纤维虽有很好的吸湿性，但当人体大量出汗时，其吸湿速度、水分扩散速度和蒸发速度都不尽如人意，在一定程度上给人带来不舒适感。这是因为在吸湿后，天然纤维的杨氏模量大幅度地降低，产生较大的膨润，如棉纤维的膨润度达20%，而羊毛可达25%，

这样的膨润度便堵塞了汗水渗出的孔道，其结果不仅使衣服失去身骨，而且也会给人以"黏糊糊"的感觉。要解决这一问题，合成纤维反而比天然纤维更容易些，可通过聚合物改性、纺丝和织造等各种渠道，制成高吸水、吸湿合成纤维，使制成的衣服兼具有吸水、吸湿、透气，干爽的特性。

提高合成纤维的吸水、吸湿性，有如下一些方法：

① 与亲水性单体共聚，使成纤聚合物具有亲水性；

② 采用亲水性单体进行接枝共聚；

③ 与亲水性化合物共混纺丝；

④ 用亲水性物质对纤维表面进行处理，使织物表面形成亲水层；

⑤ 使纤维形成微孔结构；

⑥ 使纤维表面异形化。

具体地讲，一般采用以下三种方法：

① 共聚法；

② 接枝共聚法；

③ 制取微孔结构纤维（包括内外贯穿孔多孔纤维，藕茎形纤维和相分离裂隙纤维）。

吸湿透湿纤维目前主要是由涤纶、锦纶和腈纶改性而成，可纯纺或与其他纤维混纺，由于具有较好的吸水透湿性，穿着舒适，可用于制作内衣、外衣、运动服、儿童服装、睡衣、毛巾、浴巾、卫生巾、尿垫、尿不湿等，也可用作桌布、床上用品、室内装饰物及工业用织物、作物培养基等。

4.1.6 弹性好、易染色的PBT纤维

PBT纤维的全名叫聚对苯二甲酸丁二酯纤维，又称高弹性聚酯纤维，与PTT（聚对苯二甲酸丙二酯）、PET（聚对苯二甲酸乙二酯）同属聚酯纤维，早在20世纪40年代已研制成功，由于丁二醇价格较贵而未能实现工业化生产，直至70年代中期，PBT作为纤维的使用价值才被人们逐步认识。

（1）PBT纤维的性能与特点　PBT纤维的强度为0.3091～0.3532N/tex，伸长率为30%～60%，相对密度为1.32，玻璃化温度为23～46℃，熔点为226℃，其结晶化速度比聚对苯二甲酸乙二酯快10倍，有极好的伸长弹性回复率和柔软、易染色的特点。

PBT纤维具有以下一些特点。

① 纤维及其制品的手感柔软，吸湿性、耐磨性和纤维卷曲性好，拉伸弹性和压缩弹性极好，弹性回复率优于涤纶。在干湿态条件下均具有特殊的伸缩性，而且弹性不受周围环境温度变化的影响，价格远低于氨纶纤维。

② 具有良好的耐久性、尺寸稳定性和较好的弹性，而且弹性不受湿度的影响。

③ 具有较好的染色性能，可用普通分散染料进行常压沸染，而无需载体。染色色泽鲜艳，色牢度及耐氯性优良。

④ 具有优良的耐化学药品性，耐光性和耐热性。

⑤ PBT与PET复合纤维具有细而密的立体卷曲、优越的回弹性、手感柔软和优良的染色性能，是理想的仿毛、仿羽绒原料，穿着舒适。

（2）PBT纤维的用途　由于PBT纤维具有以上的一些特点，近年来受到纺织行业的普遍关注，在各个领域中得到了广泛的应用。特别适用于制作游泳衣、连袜裤、训练服、体操服、健美服、网球服、舞蹈紧身衣、弹力牛仔服、滑雪裤、长筒袜、医疗上应用的绷带等高弹性纺织品。长丝可经变形加工后使用，而短纤维可与其他纤维进行混纺，也可用于包芯纱制作弹力布。还可织制仿毛织物。若用PBT纤维制成多孔保温絮片，则具有可洗、柔软、透气、舒适等特点，适宜于冬装及被褥填充料。用PBT纤维生产的簇绒地毯，触感酷似羊毛地毯。扁丝可做牙刷等，具有很好的抗倒毛性能。

4.1.7　聚酯家族中的新秀——PTT纤维

自20世纪50年代（1953年）涤纶（聚对苯二甲酸乙二酯纤维，即PET纤维）登场以来，一直领导着合成纤维的发展趋势，PTT纤维的开发成功，引起了化学纤维制造厂商的极大关注，给化学纤维制造业注入了青春活力。PTT的全名为聚对苯二甲酸丙二酯纤维，它与PET纤维、PBT纤维同属聚酯纤维，是同一家庭的三姐妹，由同系聚合物纺丝而成。PTT纤维兼有涤纶和锦纶的性能，在弹性和染色性上优于涤纶，在抗折皱性、易干、耐污性、耐日光性上优于锦纶。价格又在涤纶和锦纶之间。因此PTT纤维有可能成为21世纪的化学纤维中的大型纤维，其商品名为科尔泰拉。它有可能在一定范围内取代涤纶和锦纶。

（1）PTT纤维的性能　PTT纤维的主要性能及与同类产品性能比较见表4-3。

（2）PTT纤维的用途　PTT纤维兼有涤纶和锦纶的优点，用途较为广泛，主要应用于下列一些领域。

① 服装服饰　PTT长丝或PTT短纤维可用于制作各种机织或针织内衣、外衣、运动服、紧身服、游泳衣等弹性服装服饰，也可与其他纤维混纺、交织制作仿毛产品。

② 装饰领域　因其弹性好且耐磨、耐污，可做床上用品、窗帘及家具、沙发等的装饰布。尤其适合做地毯，PTT纤维的成本只有锦纶的一半，在该领域具有较强的竞争力。

表4-3　PTT纤维与同类其他纤维的主要性能比较

纤维名称 项目	PTT（聚对苯二甲酸丙二酯纤维）	PET（聚对苯二甲酸乙二酯纤维）	PBT（聚对苯二甲酸丁二酯纤维）	PA6（尼龙6）	PA66（尼龙66）
熔点/℃	228	265	226	220	265
玻璃化温度/℃	45～65	80	24	40～87	50～90
密度/（g/cm³）	1.33	1.40	1.32	1.13	1.14
吸水率（1天）/%	0.03	0.09	—	1.90	2.80
吸水率（14天）/%	0.15	0.49	—	9.50	8.90
蓬松性及弹性	优	良	优	优	优
抗折皱性	优	优	优	良	良
静电	中	中	中	高	高
抗日光性	优	优	优	差	差
尺寸稳定性	良	良	良	良	良
染色性	良	中	优	优	优
耐污性	优	优	优	差	差

　　③ 非织造布　用PTT短纤维与涤纶、锦纶、丙纶等纤维混合经针刺、水刺制成的非织造布手感柔软、蓬松，可用于卫生、环保、生活及产业用领域。以纺黏法生产的非织造布柔软、耐辐射、耐磨，可用于制作地毯基布，便于PTT地毯的整体回收。用熔喷法生产的非织造布最薄可达12g/m²，且均匀柔软。

　　④ 复合纤维　用PTT纤维为皮、PET纤维为芯或两组分并列生产的复合纤维，可作为非织造布的原料，即利用皮熔点低的特点而作为黏合剂，利用这种复合纤维在收缩中的差异可制成三维主体卷曲的高蓬松织物。以PTT纤维为"海"可生产海岛型超细纤维，将"海"熔去后可形成超细纤维，这种纤维可用于制作人造革基布或其他超细织物。

4.1.8　产业用纺织品的新原料——PEN纤维

　　自1953年美国杜邦公司工业化生产商品名为达可纶（Dacron）的聚酯纤维（涤纶）以来，由于它具有良好的抗皱性、弹性和尺寸稳定性，以及良好的电绝缘性能，耐日光、耐摩擦、不霉不蛀和较好的化学稳定性，因而在世界各国得到迅速的发展，1972年的产量已成为合成纤维之首，1997年全世界年产量已达1450万吨，约占全球合成纤维产量的65%。虽然全球总产量出现大幅度的增长，应用领域也在不断扩大，但其本身仍存在染色性能差、适用染料种类少、吸色率低、易产生静电、易起球等缺点，因而影响了进一步应用。在此情况下，一些工业发达国家除了对涤纶进行物理和化学方面的改性外，还积极开发出一些具有实用价值的新产品，其中包括具有极好的染色性、回弹性、抗污及耐化学稳定性的聚萘二甲酸乙二醇酯（PEN）纤维。因此，PEN成为聚酯纤维家族中的新成员，是聚酯纤维系列产品中又一新品种。

（1）PEN纤维的性能　PEN纤维的性能及其与PET纤维的比较见表4-4。

表4-4　PEN纤维与PET纤维性能的比较

性能 ＼ 纤维名称	PEN纤维	PET纤维
模量/（N/tex）	18～23	8～12
强度/（cN/tex）	80～90	70～80
熔点/℃	270	257
玻璃化温度（T_g）/℃	120	70～80
热收缩率（177℃×60s）/%	8%	4%
沸水收缩率/%	1%	5%
耐水解性（135℃×50h）/%	85%	40%
强度保持率（150℃×45min）/%	98.8%	45%
伸长率/%	14%	8%
LOI	31	26
价格比	4	1

由表4-4可以看出，与常规涤纶（PET）相比，PEN纤维具有较好的物理性能：
① 强度大，模量高，抗拉伸性能好，刚度大；
② 耐热性好，尺寸稳定，不易变形，有较好的阻燃性；
③ 耐化学性和抗水解性好；
④ 抗紫外线，耐老化。

（2）PEN纤维的用途

① 汽车防冲撞充气安全气囊　随着汽车驾驶速度的提高和交通的拥挤，常常会发生撞车等交通事故，危及到驾驶员和乘客的人身安全，一些有名的汽车制造厂常在汽车内安装有防冲撞充气安全气囊，当汽车发生撞击的瞬间迅速胀开，将人与车隔开，起到缓冲作用。这种安全气囊要求折叠后体积小、重量轻、强度高、阻燃性能好，由PEN纤维织制的织物可满足此要求。

② 轮胎和传送（传动）带等的骨架材料　由于PEN纤维具有较大的强度和模量，有较好的回弹性和刚性，能够满足对橡胶骨架材料的耐高温性、抗疲劳

性、抗冲击性、黏结性和抗蠕变性的要求，如能降低生产成本则有可能成为替代钢丝、锦纶、涤纶轮胎帘子线的理想材料。

③ PEN纤维增强材料　利用PEN纤维高强耐热、耐腐蚀的特性，可作为增强材料，与其他材料复合制成特种制品，如高压水管、蒸汽管道、燃料及化学品的输送管道以及汽车发动机的罩盖等。

④ 过滤材料　PEN是良好的过滤材料。即使是在恶劣的条件下工作，因具有耐热、耐蚀、耐磨、耐水解等特性，所以其过滤性能较好，又由于PEN纤维的绝缘、绝热指标可达到F级标准，其最高使用温度可达160℃，因此可广泛应用在化工、建材及造纸等行业的过滤装置中。

⑤ 绳网材料　由于PEN纤维的模量高、伸长大，并具有优良的耐化学、抗紫外线性能等，是制作各种绳缆、网篮的理想材料，与其他同类材料相比，其重量轻、寿命长、安全可靠。

⑥ 服装和装饰材料　由于PEN纤维具有许多优异性能，也是理想的服装和服饰材料，可用于制作劳保服装、防护用品等。

4.1.9　加热后易于收缩的高收缩纤维

在合成纤维中，一般短纤维的沸水收缩率不超过5%，而长丝为7%～9%。人们通常把沸水收缩率在20%左右的纤维称为一般收缩纤维，把沸水收缩率大于35%的纤维称为高收缩纤维。目前，常见的有高收缩型聚丙烯腈纤维（腈纶）和高收缩型聚酯纤维（涤纶）两种。将具有不同热收缩性能的纤维进行交并、交织等纺织加工，当进行热处理时，高收缩纤维将发生较大的收缩，而普通纤维将被迫形成弧形卷曲，这样可以得到永久性卷曲的纤维和纱线，从而使织物具有较好的蓬松性和舒适性。

纤维产生收缩的原理是纤维内部大分子卷缩的表现，非晶区大分子的伸直取向在加热时获得能量而发展为解取向，从而恢复到卷曲状态。而结晶区由于分子排列整齐，分子间作用力大，相互牢牢靠紧，形成分子间的网络联结点，因而限制了大分子的收缩。结晶度越大，联结点越多，则收缩率越低。因此，若要得到高收缩率，就必须尽量降低纤维的初始结晶度，增加无定形区，以使纤维内部的分子有较大的卷曲力。目前，制取高收缩纤维的方法一般有物理改性、化学改性和物理－化学改性三种，其中，以化学改性方法所制取的高收缩纤维质量最好。

高收缩纤维在纺织产品中的用途十分广泛，它可以与常规纤维混纺成纱，然后在无张力的状态下水煮或汽蒸，高收缩纤维卷曲，而少收缩或不收缩的常规纤维由于受高收缩纤维的约束而卷曲成圈，则纱线蓬松圆润如毛纱状。高收缩腈纶就是采用这种方法与常规腈纶混纺制成腈纶膨体纱（包括膨体绒线、针织绒和花式纱线），或与羊毛、麻、兔毛等混纺以及纯纺，做成各种仿羊绒、仿毛、仿马海毛、仿麻、仿真丝等产品，这些产品具有手感柔软、质轻蓬松、富有弹性、滑糯爽、保暖性好等特点。另外，也有利用高收缩纤维丝与低收缩及不收缩纤维丝合并网络，织成织物经沸水处理后，则纤维产生不同程度的卷曲呈立体状蓬松，使用这种组合纱也是生产仿毛织物的常规做法。还可用高收缩纤维丝与低收缩丝交织，以高收缩纤维织底或织条格，低收缩纤维丝提花织面，织物经后处理加工后，则产生永久性泡泡纱或高花绉。高收缩涤纶一般是采用这种方法与常规涤纶、羊毛、棉等混纺或与涤棉、纯棉纱交织，生产具有独特风格的织物，如机织泡泡纱、凹凸型提花织物、条纹织物和各种绉类织物等，产品具有手感柔软而丰厚、丰满密致、立体感强，尤其适宜于夏季穿用。高收缩纤维还可用于人造毛皮、人造麂皮、合成革及毛毯等，具有手感柔软、密致的绒毛等特点。

4.1.10　喜爱乔装打扮的易染纤维

众所周知，天然纤维与人造纤维一般具有良好的染色性能，这是因为这些纤维的分子结构中含有可与染料结合的官能团，如纤维素纤维（棉、黏胶纤维等）中的羟基，羊毛和蚕丝中的羟基、羧基、氨基等，它们可与染料中的活性基团或酸性基团等形成牢固的结合。同时，这些纤维内部一般都具有一定的缝隙和孔洞，这也有利于溶液中的染料分子向纤维内部扩散，使其能较容易地染成各种不同的、色彩鲜艳的颜色。而合成纤维则一般很少或没有可与染料容易结合的官能团，而且纤维的结构也较紧密，染料分子不易进入纤维内部，因此，除聚酰胺纤维和共聚丙烯腈系纤维较易染色外，大多数合成纤维的染色都很困难，这不能不说是一大憾事。

所谓易染纤维是对合成纤维而言的，它指可用不同类型的染料染色，且在染色时，染色条件温和，色谱齐全，染出的颜色色泽均匀，而且色牢度好。为此，必须改变合成纤维的化学组成和纤维的内部结构。一般可采用不同的单体共聚、聚合物共混或嵌段共聚的方法来达到。易染合成纤维的主要品种及其性能特点如下。

（1）易染聚酯纤维

① 常温常压无载体可染聚酯纤维　该纤维采用共聚或嵌段共聚、共混等方法制取，使聚酯纤维在不同载体、染色温度低于100℃的情况下，可用分散染料染色，使聚酯纤维对分散染料的吸收能力大大提高。如采用少量间苯二甲酸等其他二元酸或二元醇与对苯二甲酸、乙二醇共聚制得的聚酯纤维［PETI（85/15）］，在100℃、60min的情况下，对氨基偶氮苯染料的吸收率每百克可达7～9mol，比普通聚酯纤维在130℃、60min染色条件下的染色吸收率增加60%左右。采用

共混的方法，将两种不同的聚合物进行充分混合来增加聚酯纤维对分散性染料的易染性，也能提高其染色性能。如聚对苯二甲酸乙二酯与聚乙二醇（PEG）的共混纤维，在熔点等其他物理性质几乎不变的情况下，其分散性染料的染着率比普通聚酯纤维高25%。聚对苯二甲酸丁二酯（PBT）纤维即为常温常压无载体分散染料可染纤维。

② 阳离子染料可染聚酯纤维（CDP或CDPET） 阳离子染料是理想型结合原理的染料，染色牢度好，色谱齐全，色彩鲜艳，染色工艺简便，染色时染料吸尽率高，减少了染色污水的排放。在PET分子链中引进能结合阳离子染料的酸性基团，就可制得阳离子改性聚酯纤维，即CDPET纤维。CDPET纤维不仅有良好的染色性能，还可与羊毛等天然纤维同浴染色，便于混纺织物简化染色工艺，若与普通聚酯纤维混纺、交织还可产生同浴异色效果，大大丰富了织物的色彩，因此CDPET纤维成为改性聚酯纤维中发展较快的一个品种。在20世纪末，CDPET纤维已占PET纤维总产量的15%，其典型品种有Dacron T64、Dacron T65等。

③ 常压阳离子染料可染聚酯纤维 其主要品种如下。

a. 采用聚乙二醇与对苯二甲酸二甲酯、乙二醇、间苯二甲酸二甲酯磺酸盐合成的改性聚酯，因在分子中含有柔性大的聚乙二醇链段，故玻璃化温度（T_g）降低较多，但熔点变化不大。这种纤维在100℃沸染可获得良好的染色效果，吸尽率在90%以上。

b. 采用乙二醇、对苯二甲酸二甲酯和含有磺酸基的第三共聚单体合成阳离子染料可染聚酯时，调节原料的比例和反应条件，可使所制得的共聚酯非结晶区分子链柔顺性增加，玻璃化温度（T_g）降低，这种纤维可在100℃时用阳离子染料染成鲜艳的颜色。

c. 用对苯二甲酸（TPA）、乙二醇（EG）、3,5-双（β-羟乙酯）苯磺酸钠（SIPE）与聚乙二醇（PEG）直接进行酯交换、缩聚、纺丝，制得的改性聚酯纤维，具有阳离子染料常压染色上染率高、对分散性染料的可染性较好，抗起球性好的特点。

④ 酸性染料可染聚酯纤维 采用通过共聚合、接枝共聚合、共混以及后处理等在纤维中引入含碱性氮（叔氨基）的物质。如日本东洋纺制造的酸性染料可染聚酯纤维Ceres，就是一种由含叔氨基的聚酯的普通聚酯共混纺丝制成的纤维，它的强度和打结强度等指标大体上介于普通聚酯纤维和阳离子染料可染纤维之间，具有较好的耐水解性。当pH值较低时，即使温度较高，聚合物的分子量也几乎不降低。但纤维的白度稍差。Ceres的染色性能很好，不仅对酸性染料有亲和力，而且也易于用分散染料染色。

⑤ 可染深色的聚酯纤维 通过改变纤维表面的结构和状态（如采用纤维表

面粗糙化、低折射率树脂表面披覆和接枝等方法），可降低表面光线反射率，提高聚酯纤维的发色性，使颜色变深。如日本研制的一种发色性极佳的聚酯纤维品种"SN2000"，具有许多超微细不平的凹凸表面，凹凸的尺寸与可见光波长（400～700nm）同数量级，在1cm^{2}的纤维表面上大约有10亿个以上这样的凹凸，而且这些凹凸具有多重构造。这种超细微凹凸纤维具有发色性优良（可染深而鲜艳的颜色）的特点；织物既挺括又柔软，有呢绒般的风格；吸湿性、吸汗性和透湿性是普通聚酯纤维的3倍；强韧性和洗可穿性能好。

（2）易染聚丙烯纤维　聚丙烯纤维（丙纶）是合成纤维中最难染色的品种之一，它基本上不吸水，回潮率为0，由于聚丙烯大分子中不含有极性基团或可起反应的官能团，而且聚合物结构中又缺乏适当容纳染料分子的位置，所以聚丙烯纤维的染色相当困难。要解决这一问题主要有两种方法：一是采用纺前着色（原液着色）的方法，生产有色纤维；二是提高聚丙烯纤维的染色性。后者一般有三个途径：

① 采用与丙烯酸、丙烯腈、乙烯基吡啶等共聚或接枝共聚的方法，在聚合物上引入可接受染料的极性基团；

② 在熔体挤出时混入少量染料接受剂到聚合物中去，一般是引入有机金属化合物或阳离子有机氮化物；

③ 在聚丙烯中加入其他高聚物进行共混纺丝。如在聚丙烯中加入PBT可有效地改善聚丙烯纤维的染色性能，可用普通的分散染料染色，具有颜色鲜艳、染色牢度和上色率高的特点。

4.1.11　可防止产生静电现象的抗静电纤维

静电现象是一种普遍存在的电现象，静电技术得到了广泛的应用，如静电除尘、静电分离、静电喷涂、静电植绒、静电复印等。同时，静电所产生的危害也是巨大的，如石油、化工、纺织、橡胶、印刷、电子、制药以及粉体加工等行业由于静电造成的事故也很多。在日常生活中产生的静电可能对人体产生危害，尤其是目前合成纤维的使用相当普遍，从服装、家纺到产业各部门均有大量使用，而合成纤维易产生静电。例如，静电可给纺织加工造成困难，织物也容易沾污，采用这种纤维制作的服装易吸灰尘，衣服易缠身，裙子裹腿，脱衣服时产生静电、出现电火花，穿着者感到不适，下班回家开门锁时常有触电的感觉，更为严重的是，在散布有危险品的环境中，还可能引起火灾爆炸事故。这就是合成纤维导电性差的缺点带来的麻烦。如何消除静电给人们生活及工作带来的不便，人们对合成纤维的抗静电性进行了研究，开发出抗静电纤维。

所谓抗静电纤维，是指纤维表面比电阻较低，在纺织加工和其制品的使用过程中，能够降低静电电位或使之消失的纤维。静电产生的原因是因为大分子以共

价键结合，不能电离，也不能传递电子，再加上大分子基团极性小、疏水性大、电不易逸散，所以合成纤维易产生电荷积聚。

为了消除合成纤维的静电，改善纺织的加工性和穿着舒适性，可采用抗静电改性。其方法较多，而效果也不一样，有暂时性、半永久性和永久性之别，而抗静电纤维则是永久性的。改进合成纤维抗静电性的途径主要有三条。

（1）提高合成纤维的吸湿性能　由于纤维吸湿性能和纤维泄漏电阻之间有很密切的关系，因此可在纤维内部引入亲水性基团来提高纤维吸湿性，从而改善纤维的抗静电性能，为此，可采用以下改性方法。

① 共聚　在疏水性合成纤维大分子主链上引入亲水性或导电性成分，如在聚酯大分子中嵌入聚乙二醇或亲水性极性单体，可在一定程度上提高导电性。又如在聚丙烯主链中嵌入4.5%～5%的高分子季铵盐，制得的化学改性聚丙烯纤维具有较高的亲水性、稳定的抗静电性和良好的染色性。其比电阻比未改性前降低了5～6个数量级，在相对湿度为65%时的回潮率提高到5.9%～7.1%。改性聚丙烯纤维与未改性的相比，虽然强度和耐磨性有所降低，但各项机械物理性能仍符合使用要求。

② 共混　在聚合或纺丝时，将高聚物或其切片与抗静电成分（如抗静电剂）混合纺丝，可以制取抗静电性合成纤维。

③ 复合纺丝　采用复合纺丝方法，既能改善合成纤维的其他性能，又可改进合成纤维的抗静电性。如以聚酯为芯，混有聚乙二醇的聚酰胺为皮制成涤锦复合纤维，或以聚乙二醇与聚酯的嵌段共聚物为芯，聚酯为皮制成抗静电性的皮芯型复合纤维。由复合纺丝方法制成的抗静电性纤维，不仅抗静电性好，而且在手感、吸湿性、耐磨性、弹性、抱合力等方面都有所改善。

④ 接枝共聚　对纤维进行接枝改性也可改善合成纤维的抗静电性能，而且其抗静电的耐久性要比用一般整理方法（如在纤维表面形成一层具有较大导电能力的薄膜）所得产品好。

（2）利用抗静电剂对纤维表面进行处理　使用抗静电剂对纤维表面进行物理或化学加工，主要包括表面处理和树脂整理法两种。表面处理法是利用离子型或非离子型的外部抗静电剂涂在纤维表面，以吸收空气中的水分，降低纤维的电阻值。这种方法制造的抗静电性能随环境温度的变化而变化，所使用的抗静电剂多为表面活性剂，在洗涤时易流失掉，抗静电性的耐久性不佳，此法一般在纤维生产中作为油剂使用。树脂整理法是将亲水性抗静电树脂经过一系列加工而黏附在纤维表面，形成一个极薄的连续性薄膜，利用薄膜的吸湿性增加纤维的导电性，用这种方法处理的纤维较表面处理法所得的纤维抗静电耐久性有所提高，但树脂的使用使纤维手感变硬，且抗静电效果也随环境湿度的变化而变化。

（3）制取导电纤维 首先制取导电纤维，再以少量的导电纤维与常规纤维进行混纤、混纺及交织，利用导电纤维泄电或电晕放电作用来达到有效地散逸电荷的目的。采用这种方法抗静电效果很好，在抗静电要求较高的地方得到了广泛的应用。

抗静电纤维用途极为广泛，主要用于对抗静电要求高的部门或行业。在服装方面有抗静电工作服、除尘工作服、无菌工作服及普通服装面料；在家纺方面用于地毯、窗帘、家具、交通工具内装饰用品等；在产业方面用于传送带、管材、过滤器、过滤毡、防爆除尘用品、防电磁波辐射材料、矿山运输带、消电装置、通信电缆外包材料等。

4.2 功能性纤维

功能性纤维主要是指对能量、质量、信息具备储存、传递和转化能力，对生物、化学、声、光、电及磁具有特殊功能的纤维，包括高效过滤、离子交换、选择性吸附和分离、反渗透、超滤、微滤、透析、血浆分离、吸油、水溶、导光、导电、变色、发光和各种医学功能的纤维，还包括提供舒适性、保健性、安全性等方面的特殊功能及适合在特殊条件下应用的纤维。

功能性纤维主要是在20世纪60年代开始发展起来的，它们的应用范围极其广泛，涉及石油化工、海水综合利用、生物医学工程、农业、轻工、电子、通信及环保等领域。纤维及其制品相当繁杂，纤维的制取方法也各不相同。若对功能性纤维进行科学的划分或归类尚有一定的困难，一般根据其特殊用途进行分类。图4-3所示为根据特殊用途进行的分类及其应用。

4.2.1 健康卫士——抗菌纤维（抗微生物纤维）

抗菌纤维又称防菌纤维、抗菌除臭纤维、抑菌纤维，它是一种能抑制细菌等微生物繁殖生长的纤维，可消除因细菌繁殖引起的异味，减缓纤维腐烂的速度，防止某些疾病的传播。

随着科学技术的飞速发展、人们生活水平的不断提高和保健意识的增强，人们对自身的健康越来越关注；与此同时，随着现代社会环境污染加剧、人口流动频繁，造成各种病毒、细菌及微生物交叉传播、感染的机会增多。纺织品与人体皮肤接触后，大量细菌借助人体分泌物繁殖和生长，而这些细菌可以在一定的温湿度条件下，快速繁殖，如一个单个细胞在8h内可发生16万次分裂。人体皮肤及衣服都是细菌滋生繁衍的场所，对人体来说，由于细菌的作用，不仅会产生臭味，而且会引起皮肤瘙痒和病变。因而研制开发抗菌、防螨纺织品势在必行。抗菌纺织品大致有以下三类：

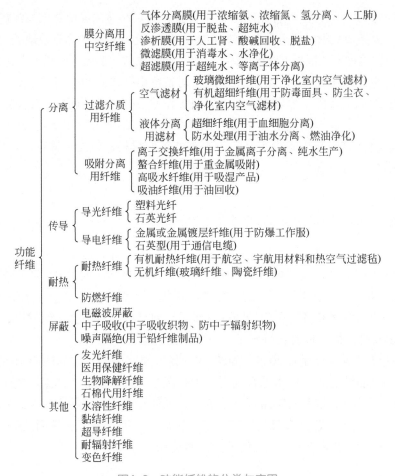

图4-3　功能纤维的分类与应用

引自陈运能等编著.新型纺织原料.北京：中国纺织出版社，1998：119-120

① 本身带有抗菌功能的纤维，如汉麻（大麻）、罗布麻、甲壳素纤维、竹纤维及金属纤维等；

② 用抗菌剂进行抗菌整理的纺织品，此法加工简便，但耐洗性略差；

③ 在化纤纺丝时将抗菌剂加入到纤维中而制成的抗菌纤维，这类纤维抗菌、耐洗性好，易于纺织和印染加工。

抗菌剂的种类很多，常用的有无机抗菌剂及有机抗菌剂。无机抗菌剂主要有银、铜、锌离子及金属氧化物（如 ZnO、TiO_2 等）。有机抗菌剂品种较多，主要有：有机硅季铵盐；芳族卤化物；烷基胺系；酚醚系等。对于本身具有抗菌性质的材料，可直接加工成纤维。采用抗菌剂对纤维进行浸渍或涂覆的方法，把抗菌剂固定在纤维上或将抗菌剂采用共聚或共混的方法添加到高聚物中，当前多采用将无机抗菌剂加入到合成纤维中的方法，抗菌剂多为超微细粉体，甚至是纳米级粉体。干法纺丝多制成抗菌母粒，再将母粒与高聚物切片按一定比例混合纺丝。湿法纺丝时将抗菌剂直接加入到纺丝原液中生产出抗菌纤维。也可以常规高聚物为芯，以加入抗菌剂的原料为皮，这样制得的抗菌纤维抗菌剂用量少，抗菌药对纤维的性能影响也较小。另外，具有离子交换基团的纤维可通过离子交换反应而使纤维的表面上置换上一层具有抗菌性的离子（一般为银离子、银离子与铜离子或银离子与锌离子的混合物），由于金属离子与纤维的离子交换基团形成离子键，因此具有持久的抗菌效果。

抗菌纤维的用途很广泛，主要有以下几个方面。

① 医疗用　无菌手术衣、手术帽、无菌病房床上用品、新生儿室用品，特别是病房用品、病号服、无菌工作服、纱布、绷带、手术用布、口罩、尿垫等。

② 服装服饰用　内衣裤、运动衫裤、童装、睡衣、胸罩、胸衣、鞋垫、鞋衬、袜及军服等。

③ 药品用　注射液、片剂等药品制造，以及医疗器具制造等。

④ 食品用　肉食加工、乳制品加工等。

⑤ 农牧业用　无菌栽培、农药、酵母制剂等。

⑥ 室内装饰用　窗帘、地毯、椅罩、沙发布、台布、壁布、屏风等。

⑦ 日用杂品　寝具、被褥、毛巾、手帕、手套、浴巾、抹布、布玩具等。

4.2.2　不怕阳光辐射的防紫外线纤维

防紫外线纤维是指本身具有抗紫外线破坏能力的纤维或含有抗紫外线添加剂的纤维。如腈纶本身为优良的抗紫外线纤维；而锦纶本身抗紫外线的能力较差，因此需要在制造锦纶的聚合物中加入少量的添加剂（如锰盐和次磷酸、硼酸锰、硅酸铝及锰盐-铈盐混合物等），即能制得抗紫外线锦纶。抗紫外线涤纶是采用在聚酯中掺入陶瓷紫外线遮挡剂的方法制成。对棉纤维而言，可采用浸渍有机系（如水杨酸系、二苯甲酮系、苯并三唑系、氰基丙烯酯系等）紫外线吸收剂来制取。

紫外线对人类的影响是有利与不利同时存在，它有助于人体内维生素D的合成，促进钙的吸收，可预防软骨病，促进儿童身高增加等。同时，紫外线还具有灭菌、消毒的功效和光合作用，对人体有利，如日光浴被认为是人们的一种保健疗法。但是，过度的紫外线照射不仅对地球环境产生影响，而且对人体、对皮肤会产生很大的伤害作用，易引起皮炎、红斑、色素沉着，加速人体老化，使人体的免疫功能下降，甚至致癌，还可导致白内障患者人数增多，同时还会阻碍植物和海洋中动物的生长发育。

紫外线（UV）是波长为0.01～0.38μm的辐射总称，其中0.32～0.4μm的紫

外线称为UVA，0.28 ～ 0.32μm的紫外线称为UVB，0.01 ～ 0.28μm的紫外线称为UVC，如图4-4所示。UVA波能透过云雾、玻璃，对皮肤的穿透力强，穿透皮肤的真皮层后会加快肌肉的老化，使肌肉逐渐失去弹性，并使皮肤松弛、发黑、出现皱纹，是引起斑点和雀斑的主要原因。UVB波对皮肤表皮层起作用，易引起急性炎症，使皮肤出现灼伤，不仅会引起皮肤的老化，而且还会转变成皮肤癌。UVC波是能杀死生物的最可怕的有害电磁波，幸运的是它能被臭氧层吸收不会照射到地面，这就是近年来人们疾呼保护大气臭氧层的意义所在。有资料表明，臭氧层每减少1%，紫外线辐射强度会增加2%，人类患皮肤癌的可能性会提高3%。其中，UVB的增加对人体健康的影响较大。

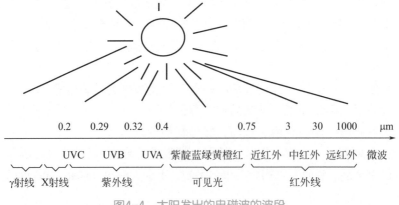

图4-4　太阳发出的电磁波的波段

抗紫外线纤维经纺织加工后主要用于制作衬衫、运动服、制服、工作服、袜子、帽子、窗帘以及遮阳伞等。其纺织品还有阻挡热的作用，用作夏季服装时更感凉爽。

4.2.3　可促进微循环的远红外纤维

远红外纤维又称远红外发射纤维、远红外吸收纤维。由能吸收或发射远红外线的陶瓷粉体和成纤高聚物组成的纤维。在太阳光线的光谱中，位于红色光外侧的热线称为红外线，其温度要比红色光高。根据红外线的波长，可将红外线分为近红外线（波长0.76 ～ 1.5μm）、中红外线（波长1.5 ～ 5.6μm）和远红外线（波长5.6 ～ 1000μm）。通常，有机物在远红外线波长范围内是其良好的吸收体，人体含有机物在特定波长下表现有吸热的特性。人体吸收红外线热后会促进细胞活化，起着扩张微细血管、加速血液循环和组织共鸣共振运动的作用，可促进酸的产生和造就皮下深层热反应提高温度，最终在新陈代谢作用下通过汗液而排出人体中的废料、不需要的积蓄物和有害重金属。

任何物体在一定温度下都能发射红外线，而远红外纤维一般是指比原来的纤维的远红外发射率大10%以上。远红外纤维的纺制方法一般是将有较高远红外发射率的陶瓷微粉加入到高分子聚合物（一般采用聚酯类、聚酰胺类、聚丙烯类和黏胶纤维等）中，再经纺丝加工制成纤维。很多矿物都有较高的红外发射率，如铝、镁、硅、钙、铬、镍、铁、锆、钛等的氧化物及多种碳化物、氮化物、氟化物等。很多沙、石、陶土都有较高的远红外发射率，这在人们的日常生活中经常见到，像砂锅炖肉和沙子炒的花生、栗子就特别香甜美味，桑拿浴用石头不仅产生水蒸气，而且其发出的远红外线对人体有保健作用。这类远红外陶瓷材料选用的条件应是远红外线发射率，价格低、易加工，对人体无毒、无放射性危害，其粒度直径最好在2～3μm以下，平均粒度在1μm左右。

远红外纤维的用途十分广泛，主要有以下几个方面。

① 医疗辅助用品。用作卫生敷料，可促进伤口愈合，做成护肘、护腕、护腰、护膝、护肩等可减轻关节炎的疼痛、消除疲劳。

② 睡眠系统。用作床单、枕巾、枕套、枕芯、被褥芯、被褥套、睡衣裤等可促进睡眠，提高睡眠质量。

③ 保健用品。可用作内衣裤、背心、鞋、袜、帽、围巾等，可促进人体微循环、提高人体免疫力、强身健体。

④ 冬季御寒用品。如保暖内衣裤、棉鞋、棉袜、室外帐篷等。

⑤ 装饰用品。如窗帘、地毯等可提高室内温度、抗菌除臭、防螨。但对于用远红外纤维制作的保健纺织品，在使用中如出现异常不适的现象及有出血性疾病的患者慎用。

4.2.4　在烈火中不会燃烧的阻燃纤维

自古以来，由于纺织品的易燃而引起的火灾成千上万，许多生命财产付之一炬。据报道，在城乡发生的火灾事故中，由于易燃性的纺织品如地毯、窗帘、床上用品等直接或间接引发的火灾事故占火灾总数的40%以上，造成的死亡人数占61%左右。因此，世界上一些发达国家自20世纪60年代起就相继对纺织品的阻燃性提出了要求，并广泛地制订了有关的法令法规，2006年我国公安部消防局也组织制订了强制性国家标准GB 20286—2006《公共场所用阻燃制品燃烧性能要求和标识》。这便引起了人们对于"避火神衣"的向往，在我国的神话传说中就经常出现这一类的描写。如在古典小说《西游记》中，唐僧身上的袈裟就是一件烈火不侵的宝衣。时至今日，神话已经变成了现实。五光十色、千姿百态的阻燃纺织品犹如雨后春笋般地出现在纺织品的百花园中。从宇宙飞船上耐数千摄氏度高温的纺织品，到各式各样的阻燃服装、阻燃装饰用品、阻燃地毯、阻燃人造毛

皮和多种军用防火纺织品等，真可谓五花八门，应有尽有。

（1）纤维燃烧的原理　阻燃纤维又称难燃纤维、耐燃纤维、防燃纤维。所谓阻燃是指降低材料在火焰中的可燃性，减缓火焰的蔓延速度，使它在离开火焰后能很快地自熄，不再阴燃。从纤维燃烧的机理上看，纤维的燃烧实质上是纤维受热裂解出可燃性物质并与氧气激烈反应的过程。燃烧产生的大量热量又使纤维进一步裂解。因此，燃烧就是纤维、热、氧气三个要素构成的循环过程，如图4-5所示。阻燃的基本原理就是要在热分解过程中减少可燃气体的生成，从而停止燃烧过程的循环和发展。

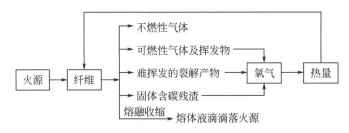

图4-5　燃烧的循环过程示意图

（2）阻止纤维燃烧的基本途径　一般而言，阻止纤维燃烧的基本途径有以下几种。

① 使阻燃剂分解出 HCl、HBr、CO_2 和 N_2 等不燃性气体，稀释了纤维分解产生的可燃性气体，起到阻燃作用。

② 在阻燃纤维中的阻燃物质熔融，形成不透性的膜将可燃物与氧气分隔开。

③ 将引起燃烧的活性自由基变成非活性的自由基继而转化为不燃性气体。

④ 阻燃剂发生脱水、相变、分解等反应，以减少形成可燃性气体，而且有一些反应是吸热反应，可降低聚合物表面和燃烧区域的温度，延缓聚合物的热裂解反应。

⑤ 聚合物发生熔融、收缩，液滴滴落火源，阻碍燃烧。

（3）赋予纤维阻燃性能的方法　在化纤生产中，一般采用以下一些方法来赋予纤维的阻燃性能。

① 提高成纤高聚物的热稳定性。可采用具有阻燃性能的成纤高聚物制取纤维，或者对纤维进行交联、氧化、环化、脱氢炭化等方法改变成纤高聚物及其纤维的分子组成结构，以达到提高纤维的热稳定性，从而抑制纤维受热时产生可燃性气体，并增加炭化程度，使纤维不易着火燃烧。利用这种方法生产的阻燃纤维品种主要有氯纶、偏氯纶、芳纶1313、芳纶1414、聚酰亚胺纤维、聚苯并咪唑纤维、聚芳砜酰胺纤维、酚醛纤维、聚丙烯腈氧化纤维、聚对苯二甲酰双脒腙金属螯合纤维、碳纤维等。

② 将阻燃剂与成纤高聚物共混纺丝。在各种化合物中，含有硼、铝、氮、磷、溴、氯、硫、锑、铋等元素的一些化合物都具有阻燃作用，其中尤以磷、溴、氯这三种元素的阻燃效果最好。采用混入一定量的添加型阻燃剂，并使阻燃剂与高聚物混合均匀后再进行纺丝。此法较简单，对纤维原有的性能影响很小，而且阻燃效果持久性好，阻燃聚丙烯纤维和阻燃黏胶纤维等品种常采用此法来生产。

③ 共聚及嵌段共聚。在成纤高聚物合成过程中，将含有磷、卤素、硫等阻燃元素的化合物（反应型阻燃剂）作为共聚单体引入到大分子链中，然后再把这种具有阻燃性的成纤高聚物采用熔纺法或干-湿法纺制成阻燃纤维。阻燃改性涤纶和阻燃改性腈纶（腈氯纶）等一般采用此法来制取。也有将需改性的高聚物单体与阻燃性单体的预聚物一起进行嵌段共聚，如采用此法将聚乙烯醇和聚氯乙烯进行嵌段共聚来制取维氯纶阻燃纤维。还可用经共聚或嵌段共聚而得到的成纤高聚物再与另一种成纤高聚物以一定比例共混后纺丝，同样可纺制阻燃性纤维。

④ 接枝改性。一般采用放射线、高能电子束或化学引发剂，使纤维（或织物）与乙烯基型的阻燃单体进行接枝共聚而获得阻燃性，其阻燃效果与接枝程度有关。由接枝共聚制得的阻燃纤维，其强度基本保持不变，但成本较高，影响到广泛采用。

⑤ 复合纺丝法。采用皮芯型复合纺丝法是一种较为理想的制取阻燃纤维的方法。一般以阻燃性的高聚物组分为芯部，普通的高聚物组分为皮层。采用此法制取的阻燃纤维不仅能较好地保持了纤维原有的外观与性能，而且纤维的阻燃效果和持久性较好。

（4）阻燃纤维的用途　目前，世界上开发的阻燃纤维品种较多，其性能和用途也不尽相同。

① 阻燃黏胶纤维具有良好的手感和耐洗涤性能，适宜于制作内衣、睡衣、床上用品、工业防护服、工作服、椅套、电热毯外包布等。

② 阻燃聚酯纤维（涤纶）具有阻燃性能好、色泽鲜艳、挺括耐穿、易洗快干等特点，适宜于制作老弱病残者和儿童的服装、军装、睡袋、工作服、床上用品以及家具布、帷幔、窗帘、汽车沙发布和地毯等装饰用布。

③ 阻燃腈纶具有耐日晒牢度好、手感柔软蓬松、颜色鲜艳美丽等特点，最适宜于制作窗帘、帷幕、沙发布、台布、床罩、童装、地毯和化工用过滤布等。

④ 阻燃锦纶具有阻燃性能良好、强力高和耐磨性好等特点，适宜于制作装饰用织物和地毯等产品。

⑤ 阻燃丙纶适用于制作阻燃地毯、壁毯、装饰用织物、床上用品、汽车及飞机上用布，也适用于阻燃过滤布、滤油毡等。

⑥ 阻燃维纶和阻燃维氯纶具有较高的阻燃性，适宜于制作各种军用防火布

（如大炮的炮衣、坦克和飞机上的罩布等）以及对阻燃性有特殊要求的产业领域。

4.2.5 弹性超过橡胶的氨纶

氨纶（PU）是聚氨基甲酸乙酯弹性纤维的我国商品名称。国际上也叫 spendex（斯潘德克斯），其主要厂商的商标名有：Lycra（莱卡）（美国杜邦公司及其所属厂），Dorlastan（德国拜尔公司）等。氨纶是合成纤维中的一种，其组成含85%以上的聚氨基甲酸酯。氨纶的分子结构式为：

$$\cdots X-O-\overset{\overset{O}{\|}}{C}-\overset{\overset{H}{|}}{N}-R-\overset{\overset{H}{|}}{N}-\overset{\overset{O}{\|}}{C}-\overset{\overset{H}{|}}{N}-R'-\overset{\overset{H}{|}}{N}-\overset{\overset{O}{\|}}{C}-\overset{\overset{H}{|}}{N}-R-\overset{\overset{H}{|}}{N}-\overset{\overset{O}{\|}}{C}-O\cdots$$

式中，R 为芳基；X 为聚酯或聚醚；R′ 为低分子烃基。

（1）氨纶的结构　氨纶是由柔性的长链段（软链段）和刚性的短链段（硬链段）交替组成的嵌段共聚物，如图4-6所示。软链段含量80%～85%，由不具有结晶性的低分子量聚酯或聚醚构成。硬链段由具结晶性并能产生横向交联的芳香族二异氰酸酯构成。在外力作用下，软链段容易变形，使纤维具有可拉伸性，而硬链段不易产生变形，并可防止横向滑移，使纤维具有回弹性。氨纶共有两个品种，一种是芳香双异氰酸酯和含有羟基的聚酯链段的镶嵌共聚物（简称聚酯型氨纶），另一种是芳香双异氰酸酯与含有羟基的聚醚链段镶嵌共聚物（简称聚醚型氨纶）。

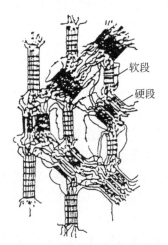

软段

硬段

图4-6　氨纶弹性纤维链段结构

（2）氨纶的性能　氨纶最突出的优点是具有像橡皮筋那样的弹性，通常有500%～800%的伸长；弹性回复性能也十分出众，在伸长200%时，回缩率为97%，在伸长50%时，回缩率超过99%。氨纶之所以具有如此高的弹性，是因为它的高分子链是由低熔点、无定形的"软"链段为母体和嵌在其中的高熔点、结晶的"硬"链段所组成。柔性链段分子链间以一定的交联形成一定的网状结构，由于分子链间相互作用力小，可以自由伸缩，造成大的伸长性能。刚性链段分子链结合力比较大，使分子链不会无限制地伸长，并造成高的回弹性。氨纶长丝的横截面大部分为狗骨形（dog-bone-shaped），也有一些长丝表面光滑或呈锯齿状。断裂强度在所有纺织纤维中是最低的，只有 0.044～0.088N/tex（聚醚型的强度要高于聚酯型）。吸湿范围较小，一般为 0.3%～1.2%（复丝吸湿率要比单丝稍高些）。耐热性视品种不同而有较大的差异，大多数纤维在 90～150℃ 范围内短时间存放，纤维不会受到损伤，安全熨烫温度为 150℃ 以下，150℃ 时纤维发黄，170℃ 时发黏。可以加温干洗与湿洗。染色性能较优，可染成各种颜色，染料对纤维亲和力强，可适应绝大多数品种的染料，并具有较好的耐化学性，耐大多数的酸碱、化学试剂、有机溶剂、干洗剂和漂白剂，但不耐氯化物，易使纤维变黄与强力降低。长期暴露在日光下强度有所下降。

（3）**氨纶的用途**　氨纶长丝的应用领域很广。氨纶裸丝主要用于拉舍尔经编机作衬纬或用纬编机编织紧身衣、运动衣、护腿袜、外科用绷带和袜口、袖口，以及用于钟表、仪表行业的小型或中型传送带等。多数用于以氨纶为芯纱的包芯纱，称为弹力包芯纱。这种纱的主要特点：一是可获得良好的手感与外观，用天然纤维组成的外包纤维吸湿性好；二是只用 1%～10% 的氨纶长丝就可生产出优质的弹力纱；三是弹性百分率控制范围从 10%～200%，能根据产品的用途，选择不同的弹性值。也有用氨纶裸丝和氨纶与其他纤维混纺纱合并加捻而成的加捻丝，主要用于各种弹性经编、纬编织物，机织物和弹性带。用来加工运动服、游泳衣、紧身衣、男女内衣、三角裤；胸罩、连衣裤、短裤、绑肚；袜类、手套；松紧带、汽车及飞机用安全带，花边饰带类；医疗保健用品、护膝、护腕、护腰、弹性绷带；弹力薄型织物、衬衫、裙料、纱巾；毛衣、线衣、针织品袖口、领口；弹力衣料主要用于各种贴身服装，如内衣、紧身衣裤、踩脚裤、运动衣、连裤袜、芭蕾舞服、体操服、游泳衣等，并进一步向休闲服和外衣领域扩展。还可采用锦纶、涤纶为外包覆纤维纺制的包芯纱织物制作坚牢、色泽鲜艳的游泳衣、滑雪服和登山服等，不仅穿着舒适，有助于竞技，而且能展现人体的曲线美，深受运动员的青睐。

4.2.6　快速而准确传递信息的光导纤维

光导纤维又称导光纤维、光学纤维，简称光纤。它是一种把光能闭合在纤维中而产生导光作用的纤维，能将光的明暗、光点的明灭变化等信号从一端传送到另一端。光导纤维是由两种或两种以上折射率不同的透明材料通过特殊复合技术

制成的复合材料。它的基本类型是由实际起着导光作用的芯材和能将光能闭合于芯材之中的皮层构成的。光导纤维有各种分类方法：按材料组成成分可分为无机（玻璃、石英）和有机（塑料）光导纤维；按结构和传输特点可分为全反射和自聚焦光导纤维；按传输模式可分为多模和单模光导纤维；按形状和柔性可分为可挠性和不可挠性光导纤维；按纤维结构可分为皮芯型和自聚集型（又称梯度型）光导纤维；按传递性可分为传光和传像光导纤维；按传递光的波长分为可见光、红外线、紫外线、激光光导纤维等。其中，全反射型光导纤维为皮芯结构，纤维的芯为折射率较大而透明的导光长丝，而外皮则是低折射率的不透明层，两者之间形成良好的光学界面，当光线以一定角度从其端面射入时，在皮芯界面会发生反射，并沿芯轴方向反复反射向前传播；自聚焦光导纤维是利用光线通过三棱镜向镜底偏折的原理，使光在纤维中像通过由多个小三棱镜组成的双凸透镜一样向中心偏折而聚焦。全反射光导纤维与自聚焦光导纤维的传输路径如图4-7所示。

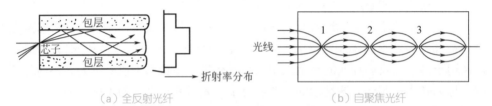

（a）全反射光纤　　　　　　　　　　　　　　　（b）自聚焦光纤

图4-7　全反射光纤与自聚焦光纤的传输路径示意图

（1）光导纤维的发展　众所周知，玻璃是一种宁折不曲的硬脆性材料，它既不耐冲击，又不能拗屈。但把玻璃抽成细丝后，它就会一反常态地变得柔软耐磨，可挠易弯，还具有不燃烧、耐腐蚀、隔热、吸声、强度大的特点。如经树脂涂层和印染处理，还可作为室内装饰用布。人们又发现，玻璃纤维的细度越细，则柔韧性越好，合股线的强力也就越高。又由于玻璃的透光性能好，还有传递光能的作用，因此，从20世纪70年代起，人们就成功地将二氧化硅玻璃纤维用于光通信技术。这是第一代光导纤维，它是用二氧化硅玻璃纤维做芯线，线外用甲基丙烯酸酯涂膜，以增强光导纤维的机械强度和防止光能散射。通信的原理是用玻璃纤维接收光信号、再传导给光调制器、并经光探测器和光接收机，通过接口件转换成电磁信号。这种光导纤维的重量只有普通电话电缆的千分之一。而且这种通信方法具有容量大、抗干扰性好、能量衰耗小等特点，但是，这种光导纤维的抽丝和对接难度大，推广应用困难多。于是，在此基础上研制成功了第二代光导纤维，它采用合成材料做芯线（聚甲基丙烯酸酯），外层涂料用聚乙烯或聚四氟乙烯。也有采用聚丙烯腈做芯线，用聚苯乙烯做涂层的光导纤维。这种光导纤维的芯线透射率高，涂层折射率低，光能损耗低于20dB，而且加工技术简单，可加工极细的光导纤维，目前应用的细度可达0.025mm以下，可方便地根据需要来加工导线的长度，这样可减少接头的损耗，而且柔软度优于玻璃纤维，便于推广应用。

（2）光导纤维的性能　采用光导纤维进行信息传递，不仅能节省大量的金属资源，而且使用寿命长、结构紧凑、体积小、性能比电缆好得多，具有容量大、抗干扰性好、能量衰耗小、传递距离远、重量轻、绝缘性能好、保密性强、成本低等特点。就容量而言，是非常惊人的，一根直径只有0.001mm的光导纤维，可以同时传递32000对电话。如果采用激光通信，一条光缆能同时接通100亿条电话线路和1000万套电视通信，可供全世界每人两部电话使用。而且光导纤维通信的频率范围广、传递的音质好、图像清晰、色彩逼真。同时，由于光导纤维通信的光能频率高，具有极好的抗干扰性，特别是使用激光光源时更为突出，把抗干扰性又提高了一步。光能在光导纤维中屏蔽传导、不易泄漏、不易被截获，具有良好的保密性。更不受空间各种频率电磁波的干扰，也不会受到风、雨、雷、电的影响，是真正的、名副其实的全天候式安全通信技术。

（3）光导纤维的用途　光导纤维的特性决定了其广阔的应用领域。由光导纤维制成的各种光导线、光导杆和光导纤维电极等，广泛地应用在工业、国防、交通、通信、医学和宇航等领域。

① 在通信领域的应用　光导纤维最广泛的应用在通信领域，即光导纤维通信。自20世纪60年代以来，由于在光源和光纤方面取得了重大的突破，使光通信技术获得异常迅速的发展。作为光源的激光方向性强、频率高，是进行光通信的理想光源；光波频带宽，与电波通信相比，能提供更多的通信通路，可满足大容量通信系统的要求。因此，光纤通信与卫星通信一并成为通信领域里最活跃的两种通信方式。

② 在医疗领域的应用　光导纤维可以用于食道、直肠、膀胱、子宫、胃等深部探查内窥镜（胃镜、血管镜等）的光学元件，用于不必切开皮肉直接插入身体内部切除癌瘤组织的外科手术激光刀，即由光导纤维将激光传递至手术部位。

③ 在照明和光能传送领域的应用　利用光导纤维进行短距离传送可以实现一个光源多点照明，光缆照明，可利用有机光纤光缆传输太阳光作为水下、地下照明。由于光导纤维柔软易弯曲变形，可做成任何形状，以及耗电少、光质稳定、光泽柔和、色彩广泛，是未来的最佳灯具，如与太阳能的利用结合起来将成为最经济实用的光源。今后的高层建筑、礼堂、宾馆、医院、娱乐场所，甚至家庭住所都可直接使用光导纤维制成的天花板或墙壁，以及彩织光导纤维字画等，也可用于道路、公共设施的路灯、广场的照明和商店橱窗的广告（广告牌、商标显示、商品照明）。此外，还可用于易燃、易爆、潮湿和腐蚀性强的环境中以及不宜架设输电线和电气照明的地方作为安全光源。

④ 在国防军事方面的应用　可以利用光导纤维来制成纤维光学潜望镜，装备在潜艇、坦克和飞机上，用于侦察复杂地形或深层屏蔽的敌情。

⑤ 在工业方面的应用　可传输激光进行机械加工；制成各种传感器用于测量压力、温度、流量、位移、光泽、颜色、产品缺陷等；也可用于能量传输；还可用于工厂自动化、办公自动化、机器内及机器间的信号传送、光电开关、光敏元件等。

⑥ 在其他方面的应用　光导纤维还可用于火车站、机场、广场、证券交易场所等大型显示屏幕；短距离通信和数据传输；将光电池纤维布与光导纤维布巧妙地结合在一起制成夜间放光的夜行衣，不仅为夜间行人起照明作用，还可提高司机的观察距离，能够有效地减少交通事故的发生。

4.2.7　具有变色功能的热敏和光敏纤维

具有变色功能的纤维称为变色纤维，当它受到光、热、气、液或辐射等外界刺激后，具有能自动显色、消色或呈现有色变化的功能。变色纤维的品种有光敏变色纤维、热敏变色纤维、辐射变色纤维、生化变色纤维等数种，其中较为广泛开发应用的是具有可逆变色功能的光敏变色纤维和热敏变色纤维。

（1）光敏变色纤维　光敏变色又称光致变色，是指某些物质在一定波长光的照射下会发生变色，而在另一种波长的光或热的作用下又会可逆地变化到原来颜色的现象。具有光敏变色功能的纤维称为光敏变色纤维或光致变色纤维。多数光敏变色纤维能够在停止光照射后回复原来颜色。光敏变色纤维是将具有光敏变色性能的光学物质通过共混、接枝、复合等方式或用后整理的方法加入到纤维中或纤维表面而制得。在纤维材料领域应用的光敏变色体主要是有机化合物，根据光敏变色机理的不同，可将它们大致分为四类：分子结构的异构化（顺−反异构化，互变异构化，原子价异构化）；分子的离子裂解；分子的自由基解离；氧化还原反应。另外，在某些情况下，也有因激发态的跃迁而产生光敏变色现象的。

由于光敏变色纤维的颜色能随外界环境变化而发生可逆变化，因此可使服装服饰的色彩富于变化，不但可满足当代消费者追求新颖的消费心理，而且可使人类与环境的关系更加协调。采用光敏变色纤维可制成各种光敏变色绣花丝线、针织纱、机织纱等，用于制作游泳衣、儿童服、滑雪服、夹克衫、短上衣、连衣裙、T恤衫、安全服、防伪制品、帽子、床罩、灯罩、窗帘、装饰品及趣味玩具等。在军事上，光敏变色纤维可作为伪装隐蔽色材料用于军需装备、军服（如作战服装等），以达到军事伪装目的。

（2）热敏变色纤维　热敏变色又称热致变色，是指物质受热或冷却时所发生的颜色变化现象。当这种颜色转变具有可逆性时，则为可逆热敏变色。所谓热敏变色纤维，通常就是指具有可逆热敏变色功能的纤维，又称热敏变色纤维。热敏变色纤维主要是将热敏化合物（如含钛、铬、锆等金属的化合物）通过共聚、共混、交联及涂层等方法引入到纤维中或纤维表面而制成，热敏变色材料通常是由变色物质加上其他辅助成分组成的特种功能材料，该材料具有颜色随温度变化而变化的特性。所谓可逆热敏变色材料就是加热到某一温度范围时，材料颜色发生变化，呈现出一种新的颜色，而冷却后又能恢复到原来的颜色，即这种材料具有颜色记忆功能，可以反复使用。可逆热敏变色材料按组成和性质可分为三大类：无机材料类、液晶类和有机材料类。总体上分属无机物和有机物。由于这些材料的性质不同，决定了它们具有各自的特点及其不同的变色机理。国外开发的热敏变色纤维可在 -40 ～ 80℃之间改变8种颜色。

热敏变色纤维可用于制作热敏变色滑雪服、游泳衣等运动服装，以及儿童服装、日常穿着的变色服装，它不仅具有新颖性，而且可提高某些场合下的可视性，并可由于颜色的变化而调节服装面料对太阳能的吸收特性，从而调节温度。可以把微胶囊化的热敏变色液晶在黑色织物上印制成各种图案，当温度变化时，黑色织物上就会呈现出红、绿、蓝等各种鲜艳的彩色图案，用于制作别具特色的变色服装。采用热敏变色纤维加工成的织物用于制作变色灯罩、窗帘等，可调节光线的明暗度。热敏变色纤维用作某些仪表仪器、设备、管道等的表面或外包材料，当温度变化时较易发现，可起到安全标志的作用。具有特定变色温度的纤维可用作乳腺癌、甲状腺癌等部位皮肤的贴敷材料，或用作受伤部位的贴敷或包扎材料，较小的温差即可由显示的不同色彩反映出来，以利于诊断和治疗。热敏变色纤维还可用于变色玩具、防伪标识、测温元件及军事伪装等方面。

（3）其他变色纤维　除了光敏和热敏变色纤维外，近年来开发的还有气敏变色、辐射变色和生化变色等变色纤维。

① 气敏变色纤维　在常规纤维上分别沉积氧化钨层和催化剂层可制得气敏变色纤维，其变色机理基于氧化还原反应和氧化钨的变价特性，在含有微量氢气的惰性气体环境下即可显色，而当遇到氧气或空气时则褪色。日本一家公司开发的气敏变色纤维具有遇到氨系气体时变成粉红色或紫色的特性，可及时检测到氨的存在。

② 辐射变色纤维　将某些吸收辐射波后会改变颜色的化合物（如某些可产生荧光的物质）加入到纤维中而制得辐射变色纤维。当一些看不见的辐射波照射到纤维上时，即改变了纤维原有的颜色。用这类纤维制成的纺织品可用来制作防伪标记，或者在特种场合起微波显示和报警作用。

③ 生化变色纤维　将某些带羟基、氨基的纤维与乙酰胆碱酯酶等反应后可得到生化变色纤维，当其接触到一些有毒、有害物质后会起变色反应。用这类纤

维制成的试片，可用于检验蔬菜、水果中的残留农药量，也可用于某些化工厂或用于对有毒气体、液体的检验。

4.2.8　可对抗无形杀手的防电磁辐射纤维

所谓电磁辐射，是指电磁波谱中的微波段、射波段和工频段的电磁辐射。这种辐射为非电离辐射，对人体的危害是潜在的，是通过累积效应而显现的。电磁污染已成为继空气、水、噪声污染之后的第四大污染源，从而引起人们普遍的关注。从高压输电到大量工频电器；从广播、电视到短波通信；从微波通信、微波加工到微波医疗等都存在着许多电磁干扰问题，即使是计算机、传真机、寻呼机、电冰箱、电视机、移动电话、电子游戏机等日用家电也同样会给人们带来意想不到的危害。几种常见家用电器的电磁辐射检测数据见表4-5。有专家认为，当电磁辐射强度达到2×10^{-7}T时，就有可能会对人体造成危害。对于长期工作在电磁辐射环境中的人员，其累积效应将会造成永久性的疾病。因此，对于电磁辐射强度较大的场所必须采取有效的措施进行预防。一般来说，对电磁辐射的防护可采用时间、距离和屏蔽三种方式，即与电磁辐射波接触的时间越少越好，与波源距离越远越好，若不得不接触的话，则应采取屏蔽措施，即穿着具屏蔽功能的防护服或防电磁辐射的纺织制品。这类纺织品的制造方法大致可分为两类：一类是采用后整理的方法使纺织品具有屏蔽功能；另一类是采用具有屏蔽电磁辐射性能的纤维制成纺织品。其中，后一种方法应用较多，一般将这类纺织品和纤维称为吸波材料。

表4-5　几种家用电器电磁辐射检测数据　　　　　　　单位：10^{-7}T

计算机	100～200	吹风机	70	音响	20
微波炉	200	复印机	40	电冰箱	20
无线电话	200	洗衣机	30	VCD	10
吸尘器	200	电饭锅	40	录像机	6
电热毯	100	空调	20	电熨斗	3
电动剃须刀	100	电视	20	传真机	2

吸波材料可分为导电型和导磁型两类。导电型吸波材料是指该材料在受到外界磁场感应时，在导体内产生感应电流，该感应电流又产生与外界磁场方向相反的磁场，从而与外界磁场相抵消，从而达到屏蔽效果；导磁型吸波材料则是通过磁滞损耗和铁磁共振损耗而大量吸收电磁波的能量，并将电磁能转化为热能。

随着科学技术的快速发展及人们的生活水平不断提高，各种各样的电器走进普通百姓家，因此预防电磁辐射已成为人们普遍关心的问题。目前，具有屏蔽电磁辐射功能的纤维不断被开发与应用，主要有以下六大类。

（1）金属纤维　这是最早被用作屏蔽材料的纺织纤维，主要有铜、银、不锈钢、镍等纤维。这类纤维具有很好的导电性，而且可以做得较细、较柔软，并具有很好的可纺性，也可与其他纤维混纺、并捻、交织制成屏蔽材料。它虽有较好的耐久导电功能，但大多数的金属纤维的手感和染色性能较差，价格偏高。

（2）含碳纤维　该类纤维是在纺丝或聚合时将碳微粒加到纤维中而制成。此类纤维手感柔软，可纺性好，可与大多数纤维混纺、交织，但最适宜生产深色织物。

（3）表面涂层纤维　此类纤维是采用电镀或化学镀的方法在普通纤维上镀一层导电物质，如银、铜、铝、镍等金属，使其具有导电性能。此类纤维兼具金属纤维与普通纤维的特点。既有较好的导电及屏蔽电磁辐射的功能，又可织成各种用途的纺织品。

（4）涂层纤维　该类纤维是将金属盐（如硫化铜等）涂在普通纤维表面，使其具有导电性能。

（5）导电聚合物纤维　此类纤维是本身具有导电性能的纤维，这类聚合物包括聚乙炔、聚吡咯、聚苯胺及聚噻吩等。其原理是利用 π 电子的线形或平面形构型将高分子电荷转移给铬合物的作用而设计导电结构。

（6）嫁接导电聚合物纤维　该类纤维是将纤维浸在具有导电性能的聚合物单体中，使单体在适当的条件下发生聚合反应，并产生具有中度稳定性的阳离子基团，在导电聚合物嫁接到纤维上的过程中，阳离子基团被吸附到纤维表面和间隙中，在进一步的基团偶合反应中，这些阳离子形成一层稳定的、相互黏附的、高度结合的导电薄层。

防电磁辐射纤维多数采用混纺、交织、合股等夹在织物中，可做成微波防护服、孕妇服和微波屏蔽材料等。

4.2.9　具有山野情调的负离子纤维

当今地球的生态环境日益恶化，人口膨胀，污染严重，自然灾害频发，与此同时，由于生活环境的不良引起的各种综合病症增多，人们的健康受到严重的威胁，其中原因之一就是空气中的负离子较少所致。空气中的负离子多为氧离子和水化羟基离子等，负离子对人体的健康是非常有益的，"山水"好的地方负离子就多，居住在这些地方的人们也多健康长寿。一般而言，负离子对人体的影响主要表现在以下几个方面：

① 影响细胞的电位，能促进细胞的新陈代谢，增加机体的免疫功能；
② 能增加细胞的渗透性，增加吸氧量，改善肺功能；
③ 能调整血液的酸碱度，使其呈弱碱性，并具有表面活性剂的作用，使血

管中胆固醇分散、减轻絮凝状，使血液流畅；

④ 呼吸富有负离子的空气，具有安定神经、改善睡眠质量、减轻或消除疲劳的功效；

⑤ 具有消炎止痛的功效，对某些疾病有辅助治疗的作用。

负离子含量与人体健康的关系见表4-6。

表4-6　负离子含量与人体健康的关系

地　区	负离子含量/（个/cm^3）	与人体健康关系的程度
森林瀑布区	$10^5 \sim (5 \times 10^5)$	具有自然痊愈力
高山海边	$(5 \times 10^4) \sim 10^5$	有杀菌作用，减少疾病传染
郊外田野	$(3 \times 10^4) \sim (5 \sim 10^4)$	增强人体免疫力及抗菌力
都市公园	$1000 \sim 2000$	维持健康基本需要
街道绿化区	$100 \sim 200$	诱发生理障碍边缘
都市住宅封闭区	$40 \sim 50$	诱发生理障碍，加剧病情
室内冷暖空调房间（长时间后）	$1 \sim 25$	引发空调病

由表4-6可看出，不同地区的负离子含有量有很大的差别，因而对人体健康产生不同的影响。空气中的负离子主要是空气中的分子通过机械、光、静电、化学或生物能作用电离而成。如瀑布使水分子与空气摩擦而产生大量负离子；田野中阳光、宇宙射线、岩石、土壤中的射线可造成电离；雷雨等电场也可使气体电离产生负离子；植物的光合作用、海洋中的藻类同样能提供能量，增加空气中的负离子。近代，人们发现电气石也会产生负离子 $[(H_3O_2)]^-$。此外，一些无机氧化物复合粉体也可在空气中诱发负离子，有的稀土复合盐也具有导致空气中分子电离的功能。因此，将这类物质粉碎成微米或纳米级后，在纺丝时加到聚合物中，即可制得产生负离子的纤维。

负离子纤维又名电气石纤维，属于功能性纤维中的保健型纤维。在一定的温度、湿度、光照及运动状态下，能比普通纤维发射更多的对人体健康有益的负离子。产生负离子的机理是在纤维中添加一些能激发空气中产生负离子的矿物微粉（也有的加入一些带有放射性的稀土元素）。用这些矿石晶体结构的不对称性，导致两个高电荷的原子在结晶格架上排列错位，使其在机械力的作用和晶体的温度变化条件下产生热电效应和压电效应。这种晶体间的高压电势差，可使邻近空气发生电离、脱离原子核束缚的电子附着于邻近的水和氧气分子后形成负离子。可释放激发负离子的矿石较多，如电气石、奇冰石、蛋白石、奇才石等。

负离子纤维与人体健康关系密切，越来越被人们关注，主要用于保健类产品的开发：

① 用于家纺产品，如床上用品，地毯、沙发套、窗帘等；

② 用于服装和玩具，如内衣、外衣、睡衣、毛绒类玩具等；

③ 用于交通工具，如汽车、轮船、火车装饰材料等；

④ 用于产业领域，如空调过滤器、医疗保健产品等。

4.2.10　冷暖皆宜的蓄热调温纤维

每到严寒的冬季，大雪纷飞、北风呼啸的时候，人们不得不穿上臃肿的冬装来御寒，既不美观，也不方便。有没有一种能蓄热调温的服装呢？答案是肯定的，宇航服就具有蓄热调温的功效。

所谓蓄热调温纤维，是指具有温度调节功能的纤维，当外界环境变化时它具有升温保暖或降温凉爽的作用，或者兼具升降温作用，可在一定程度上保持温度基本恒定。蓄热调温纤维又称阳光纤维、吸能纤维，它可将太阳能或红外线转变为热能并储存于纤维中。这种纤维一般采用将陶瓷微粉混入腈纶、涤纶或锦纶等中而制得。根据所用陶瓷微粉种类的不同，其蓄热调温机理有两种：一是将阳光转换为远红外线，相应的纤维称为阳光纤维；二是低温（接近体温）下辐射远红外线，相应的纤维称为远红外纤维。以上是单向温度调节纤维，其蓄热调温原理如图4-8所示。这类纤维依其调温机理不同又可分为多种类型，除阳光纤维和远红外纤维外，还有电热纤维、化学反应放热纤维、吸湿放热纤维、紫外线和热线屏蔽纤维等。

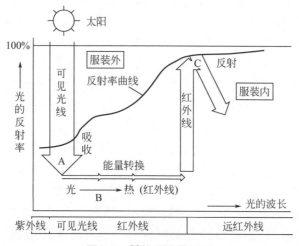

图4-8　蓄热调温原理图

双向温度调节纤维又称温控纤维、调温纤维、相变蓄热纤维、蓄热调温纤

维。可根据外界环境温度的变化而自动吸热或放热，从而能够自动双向调节自身温度。当外界环境温度发生变化时，纤维中的相变物质也发生相变，并伴随吸热或放热现象，这种现象是可逆多次进行，因而可保持纤维温度相对恒定。相变种类有气、液、固三态变化，以及结晶、晶型转变、晶体熔融等。蓄热原理是在普通纤维中加入相变物质，这种相变材料（PCM）可分为无机 PCM 和有机 PCM 两大类。用于纺织纤维的无机 PCM 主要是结晶水合盐，常用的有 $Na_2SO_4 \cdot 10H_2O$、$Na_2HPO_4 \cdot 12H_2O$、$CaCl_2 \cdot 6H_2O$、$SrCl_2 \cdot 6H_2O$ 等，它们的相变温度在 35℃ 以下，这类材料价格低、相变热大、体积蓄热密度大、热导率也较有机 PCM 大；缺点是过冷度大，易析出分离。常用有机 PCM 为石蜡烃、有机酯、多元醇等，如含有 12～24 个碳原子的直链烷烃，其相变温度为 18～40℃。有机 PCM 的优点是潜热大，一般不过冷、不析出，性能稳定，但热导率小，通常采用添加金属粉末、石墨粉的方法强化导热。其中多元醇是固－固相变材料，是通过晶格变化而吸放热，不会因变为液态而渗出。多元醇中聚乙二醇是应用较多的材料之一。目前已有将无机 PCM 与有机 PCM 复合的方法使其优势互补。蓄热纤维制法有浸渍法：将中空纤维浸渍于相变材料（如无机盐）溶液中，使纤维中空部分充满相变材料，经干燥后再利用特殊技术将纤维两端密封，可制得相变纤维；复合纺丝法：将聚合物和相变材料熔体或溶液按一定比例采用复合纺丝方法直接制成皮芯型复合相变纤维；微胶囊法：将正二十一烷和正十八烷双组分相变材料包覆于微胶囊中，在聚合物纺丝过程中将相变微胶囊加入，用该法加工的相变纤维分散均匀、调温性能显著。

蓄热调温纤维的用途与其他纺织纤维相同，既可常规纺织加工（如纺纱、针织、机织等），也可经非常规纺织方法加工（如非织造、层压等方法）制成各种厚度和结构的制品。虽然蓄热调温纤维的加工与常规纤维没有明显的区别，但其制品与常规纤维制品却有明显的差异，即它有随环境温度变化而在一定温度范围内自动双向调节温度的作用。它尤其适合用于加工各类自动调温服装，如 T 恤衫、衬衣、连衣裙、内衣裤、睡衣、袜和帽等日常民用服装；手术衣、烧烫伤病员服、老弱病人服和儿童服等医疗保健服装；滑雪衫、滑雪靴、手套、游泳衣、体操服和极地探险服等运动服；消防服、炼钢服、潜水服、军服和宇航服等职业服装内衬等。此外，它还适用于制作膝盖护垫、医疗绷带、头盔内衬等局部保护或医疗用品；被褥、枕芯、床单等床上用品；窗帘、沙发套、靠垫等室内装饰品；车顶、座椅等部位的汽车内装饰织物和野营帐篷等。也可用作动植物、精密仪器等的保护材料，使其免受环境温度剧烈变化的影响；自动调温房屋的建筑材料，使其在冬夏均保持适宜的工作温度，以及其他贮热节能和温度调控材料。

4.2.11 可替代金属丝的有机导电纤维

在人们的日常生活中常常会遇到这样的烦恼：当你晚上睡觉前脱衣时，常会发生"噼里啪啦"的响声，并伴随着电火花；当你下班回家用钥匙开门时有触电感等。这些现象的发生都是衣服上积聚的静电放电现象。更有甚者，当衣服之间摩擦产生的静电压升到某一数值时，如果环境中可燃性气体浓度超过爆炸下限，或飘浮细微的尘埃，或氧气浓度很高（如在医院手术室进行乙醚麻醉的手术时），会发生爆炸。静电也会造成很多麻烦和损失，如纺织品的吸尘和复印机、传真机的纸被卡住。在电子设备的加工包装时，由于发生静电振荡，破坏线路，每年造成上百亿美元的损失。由于集成电路块的微型化，损失更大。消除静电的方法，主要是提高纤维的导电度，一般要求达到半导体的水平（$10^{-7} \sim 10^{-3} \Omega \cdot cm$）。

导电纤维正是为了解决上述问题而出现的。所谓导电纤维是指在标准状态（温度为20℃，相对湿度为65%）下，质量比电阻在 $10^8 \Omega \cdot g/cm^2$ 以下的纤维。而在同样条件下，涤纶的质量比电阻为 $10^{17} \Omega \cdot g/cm^2$。其导电原理是纤维内部含有自由电子的移动，而不是依靠吸湿和离子的转移，即使在低的湿度条件下也不会改变导电性能。几种典型导电纤维的种类、性能、制法及特点见表4-7。

导电纤维品种较多，大致可以分为三类。

① 本身具有导电性，如金属纤维和碳纤维等。

② 有机导电纤维，按导电成分在纤维中的分布状态可分为三种：

a.均匀型，导电成分均匀地分布在纤维内；

b.被覆型，导电成分通过涂、镀等方法被覆于纤维表面，如将导电金属镀覆在纤维表面；

c.复合型，导电组分和非导电组分通过复合纺丝方法制取导电纤维。有机导电纤维以普通合成纤维为基体，在纤维中添加炭黑、石墨、金属或金属氧化物等导电性微粒或微细纤维制得。

③ 合成具有导电性能的石墨纤维。目前尚未工业化，是在碳纤维的表面上沉积石墨再用硝酸处理而制得。

在抗静电织物中所使用的导电纤维应具备以下特性：

① 应有优良的消除静电的能力；

② 具有稳定的物理性质和化学性质；

③ 有较好的抱合性能，容易与一般纺织纤维混纺和交织，不影响织物的柔软性和外观。

导电纤维消除静电作用的机理可分两种情况来说明。不接地的导电纤维消除静电的过程：含有导电纤维的织物因与其他物体摩擦而带上静电，织物（带电体）中所产生的电荷向导电纤维汇集，从而导电纤维中诱导了与织物上电荷符号

表4-7　几种典型导电纤维的种类、性能、制法及特点

导电纤维种类		电阻率/Ω·cm	制造方法	性能特点
金属纤维（不锈钢、铜、镍、铝等）		$10^{-4} \sim 10^{-5}$	拉伸法、切削法、结晶析出法等	导电性好，耐热、阻燃，可纺性差、染色难、价格高
碳素导电纤维		$10^{-3} \sim 10^{-4}$	黏胶纤维、腈纶、沥青碳化法	高强、耐热、耐化学品，韧性、热收缩性差、染色难、价格高
有机导电纤维	加碘聚乙炔等导电聚合物	10^{-4}	溶剂法或干法纺丝	难熔、溶，不易纺丝，工艺复杂，成本高
	表面镀层纤维	10^{-4}	纤维表面用化学镀或真空镀金属	导电性好，耐久性、可纺性、染色性差
	表面涂覆纤维	$10^{-2} \sim 10^{-3}$	炭黑或金属粉末加黏合剂，涂覆纤维表面后固化	导电性好，耐久性、染色性差，产量低，成本略高
	络合导电纤维	$10^{7} \sim 10^{8}$	在铜盐溶液中，腈纶上的氰基与铜离子络合生成铜的硫化物	工艺复杂，可纺性好，导电性略差
	吸附苯胺纤维	1.7×10^{-2}	化学纤维经氧化剂处理后吸附苯胺单体，形成聚苯胺导电层	可纺性、染色性好
	炭黑复合导电纤维	10^{5}	用复合法，中间为35%炭黑的PA芯，皮为含聚乙二醇等亲水物质；或海岛法	可纺性好，色泽较黑
	白色复合导电纤维	$10^{8} \sim 10^{10}$	以铜、银、镍、镉等金属硫化物、碘化物、氧化物粉为添加物，复合纺丝	可纺性、可染性好，导电性略差
	丙烯腈接枝聚酰胺纤维	$10^{3} \sim 10^{4}$	将带有—CN基团的丙烯腈与聚酰胺接枝改性，用金属络合处理法使纤维表面形成导电层	可纺性、导电性好

相反的电荷，同时在导电纤维附近诱发产生强电场，使其周围的空气受到电场的作用而产生电离，最后，电晕放电所产生的正、负离子中，与织物所带电荷符号相反的离子向织物移动，与织物所带电荷中和，从而消除静电。而接地导电纤维消除静电的机理是在电晕放电的同时，诱导电荷汇集在导电纤维的周围并泄漏进入大地。当带电物体与接地的导电纤维接近时，在导电纤维的周围产生了正、负离子，其中与带电物体所带的电荷符号相反的离子移向带电物体而中和，而与带电物体所带电荷符号相同的离子经导电纤维泄漏入大地。

导电纤维的制取，一般是以普通合成纤维为基体，通过混熔（采用导电材料粉末如石墨或铜、银等金属粉末分散到熔融的合成纤维母体中纺制）、蒸镀（将金属涂在合成纤维母体上再经裂膜法纺制)、电镀(把导电金属镀到纤维上,也有将碘化铜之类的金属化合物吸收在纤维之内的)、复合纺丝等方法,在纤维中添加炭黑、石墨、金属或金属氧化物等导电性微粒或微纤维而制得。

导电纤维具有导电、抗静电、电热、反射和吸收电磁波、传感等多种功能,同时具有质轻、富有弹性、可挠曲性好、不易沾附尘埃、可洗、便于加工等优点。如在普通合成纤维中混入0.5%～3.0%的导电纤维后,便具有良好的抗静电性能。

导电纤维一般用于防止静电的场合。其制品可用于制作静电感应屏蔽、电磁波屏蔽和发热元件,采用混有导电纤维的织物可用作无菌工作服、无尘服、抗静电工作服、防爆作业服、地毯、带电作业服、毛毯、过滤袋、消电刷、人工草坪等。

4.2.12 对形状具有记忆功能的形状记忆纤维

形状记忆纤维属于智能纤维的一种,是一种具有记忆纤维初始形状的功能。该纤维是能对外界刺激(如热、光、电、磁、化学、机械、湿度等)发生预定响应的一种材料。其纤维内部的一部分分子结构在外界刺激下将使纤维恢复到固定形态。这种纤维的分子结构中一般具有两相或多相结构,即无定形的硬段区及能可逆固化与软化的软段区(结晶区)。在通常温度下,当有外力作用时,纤维的形状随外力改变,当温度升到软段的结晶态熔点或高弹态时,软段的微观布朗运动加剧而易产生变形,但硬段仍处于玻璃态或结晶态,阻止分子链产生滑移,抵抗形变,从而产生回弹性,即记忆性,而当温度下降到其玻璃态时,形变被冻结固定下来,纤维又恢复到原来的形状。

这类具有形状记忆功能的智能纤维,主要可分为形状记忆合金纤维、形状记忆陶瓷纤维、形状记忆聚合物纤维和形状记忆凝胶纤维等。

(1)形状记忆合金纤维 具有一定形状的合金固体材料,在某一低温状态下经过塑性变形后,通过加热到这种材料固有的某一临界温度以上时,材料又恢复到初始形状的现象,称为形状记忆效应。具有这种形状记忆效应的合金称为形状记忆合金,由这种特性的合金加工而成的具有形状记忆效应的纤维材料称为形状记忆合金纤维。例如,在高温时将处理成一定形状的钛-镍(Ti-Ni)合金纤维急冷下来,在低温相状态下经塑性变形成另一种形状,然后加热到高温相成为稳定状态的温度时通过马氏体逆相变会恢复到低温塑性变形前的形状。大部分合金记忆材料是通过马氏体相变而呈现形状记忆效应。马氏体相变具有可逆性,将马氏体向高温相(奥氏体)的转变称为逆转变。形状记忆效应是热弹性马氏体相变产生的低温相在加热时向高温相进行可逆转变的结果。据报道,形状记忆合金多达数十种,根据合金的组成和相变特征,只有钛-镍系形状记忆合金、铜基系形状记忆合金和铁基系形状记忆合金这三大系列才真正具有较完全形状记忆效应。

其中，钛－镍形状记忆合金是目前所有形状记忆合金中研究得最全面，而且记忆性能最好、最具工业实用价值的合金材料。它具有优良的力学性能，抗疲劳、耐磨损、抗腐蚀，形状记忆恢复率高，生物相容性好，热加工成形性能也相当好。目前作为生物医学材料使用的形状记忆合金主要是 Ti-Ni 合金。

形状记忆合金纤维具有形状记忆、超弹性和减震三大功能，广泛应用于温控驱动件、温度开关、机器人、医学、饰品与玩具等方面。在工业上，利用形状记忆合金纤维的一次形状恢复，可用于制造宇宙飞行器，如人造卫星的天线、火灾报警器等；利用其反复形状恢复，可用于温度传感器、调节室内温度的恒温器、温室窗开闭器、热电继电器的控制元件、机械手、机器人等。在医学上，由于它的强度高、耐腐蚀、抗疲劳、无毒副作用、生物相容性好，既能满足生物力学功能要求，又能满足化学和生物上要求，具有良好的生物化学稳定性，因而在制作牙齿矫形丝（超弹性牙齿矫形丝、热激活牙齿矫形丝和摇椅型牙齿矫形丝）、人造关节、血管和腔道扩张支架等方面得到了广泛的医学应用。在服装上，可用于防烫伤服装中。

（2）形状记忆陶瓷纤维　陶瓷材料具有许多优良的物理性能，但不能在室温下进行塑性加工，性质硬脆，因而限制了它的许多应用。近来已发现一些陶瓷材料也具有形状记忆效应，如 ZrO_2 陶瓷及 $BaTiO_3$、$KNbO_3$ 和 $PbTiO_3$ 等钙钛石类氧化物等，目前广泛研究开发的形状记忆陶瓷是以氧化锆为主要成分的陶瓷材料，其形状记忆受陶瓷中 ZrO_2 的含量以及 Y_2O_3、CaO、MgO 等添加剂的影响，调整化学成分，可以控制操作温度。形状记忆陶瓷纤维是将形状记忆陶瓷通过熔融纺丝或溶胶凝胶工艺等加工而成的纤维。例如，通过溶胶凝胶工艺制得 PLZT 陶瓷纤维，用该纤维加工成一个 PLZT 螺旋丝并加热至 200℃（此温度远高于机械加载恢复的转变温度 T_f），然后急速将丝冷却至 38℃（低于 T_f），经过脆化的 PLZT 螺旋丝卸载后，变形量达 30%。若将该丝再加热至 180℃（高于 T_f），它能恢复原来的形状，显示出形状记忆效应。形状记忆陶瓷纤维可用于能量储存执行元件和特种功能材料。

（3）形状记忆聚合物纤维　形状记忆聚合物是在一定条件下发生形变获得初始形状后，还可再次加工成形得到二次形状，通过加热等外部刺激手段的处理又可使其发生形状回复，从而"记忆"初始形状。根据形状回复原理，形状记忆聚合物可分为热致形状记忆聚合物、光致形状记忆聚合物等。一般而言，凡是具有固定相和软化－硬化可逆相结构的聚合物都可作为形状记忆聚合物。它可以是单组分聚合物，也可以是软化温度不同、相容性好的两种组分嵌段或接枝共聚物或共混物。

所谓形状记忆聚合物纤维，就是将一些可以保持形状记忆功能的形状记忆聚合物加工而成的纤维。目前已开发成功的具有形状记忆功能的聚合物有聚降冰片烯、苯乙烯-丁二烯共聚物、线型聚氨酯、反式聚异戊二烯（TPI）、交联聚乙烯、聚己内酯、聚酰胺、聚酯醚、聚酯系聚合物合金等。

与形状记忆合金纤维相比，形状记忆聚合物纤维不仅具有变形量大、赋型容易、形状响应温度便于调整以及保温、绝缘性好等优点，而且具有不腐蚀、易着色、可印刷、质轻、价廉等特点，因而其应用范围较为广泛。热致形状记忆聚合物纤维可用于日常服装服饰方面的衬衫领、领带、人造花、头套、胸罩，医疗卫生方面的血管扩张元件、绷带、卫生巾、尿布，文体娱乐方面的运动服、运动用品、教具、玩具，机械制造方面的衬里材料、缓冲材料，土木建筑方面的密封材料，以及印刷包装材料、商品识伪、火灾报警装置等；光致形状记忆纤维可用于光能转换、光控开关、光学传感及光响应药物释放体系等方面。

（4）形状记忆凝胶纤维 形状记忆凝胶纤维是由智能高分子凝胶构成的凝胶纤维，当这种纤维受到不同外界刺激时，可发生可逆的收缩和溶胀，表现出纤维长度的可逆变化。也就是说，具有一定初始长度形状的这种纤维，当受到某一外界环境条件刺激后，可发生收缩或伸长，然后当再次受到另一环境条件刺激后，会发生逆向的长度变化，形状回复，即这种纤维具有形状记忆功能。

形状记忆凝胶纤维可采用共聚、共混、交联、氧化-皂化等多种方法制取。例如，将高浓度（10%～15%）的聚乙烯醇（PVA）溶液与相对分子质量约为170000的聚丙烯酸酯类树脂混合，在-25～-45℃冷冻，然后熔化，重复数次，甚至PVA交联成为橡胶状固体。由这种固体加工成的凝胶纤维能根据溶液的pH值的变化而迅速溶胀和收缩，溶胀长度变化可达80%，而收缩响应时间不到2s。形状记忆凝胶纤维的应用领域十分广泛，如光、热、pH值等传感器，人工肌肉等驱动器，稀浆脱水等选择分离，反馈控制生物催化剂等生物催化，温敏反应"开"和"关"的催化系统等智能催化剂，细胞脱附等生物技术，热适应性织物和可逆收缩织物等智能织物，能量转化的新型热机等领域。

4.2.13　在阳光照耀下能除去有毒有害物质的光降解纤维

光降解纤维，又称为光催化纤维、光触媒纤维。这种纤维在日光特别是在紫外线照射下，可自行除去有毒有害的烟尘、气体及抑制、杀灭细菌等，不仅能对一般臭味可吸附分解，而且对一些有害的挥发性有机物（如甲醛、苯、甲苯、二甲苯等）也有消除的功能。

光降解纤维的制取方法主要是在纤维中加入二氧化钛微粉，微粉经超细、分散、修饰处理后以共混或共聚方式加入到聚合物中，经纺丝制得。而这种二氧化钛最好是锐钛矿（A type）型，粒径达到纳米级。光降解的原理是当TiO_2吸收紫

外线后，将产生一组带正、负电荷的空穴与电子。空穴具有较强的氧化能力，而电子具有超强的还原能力。它们与附近的水汽（H_2O）反应后，便形成了活性氧类的超氧化物和羟基原子团，这些氧化能力极强的自由基可以分解周围的有机物及部分无机物。如可破坏细胞的细胞膜、细胞壁及细胞内的成分，分解甲醛、氨、苯等有害气体，并降解成无毒无害的 CO_2 和 H_2O。

光降解纤维除采用纺丝制取外，也可用后整理的方式将二氧化钛涂覆在纤维或织物表面制得光降解织物。光降解纤维的用途广泛，可用于空调过滤系统，起到抑菌除臭作用。由光降解纤维制成的窗帘在日光照射下可消除室内有害气体。还可制成床上用品、沙发、服装、袜子、交通工具的装饰品等。在污水处理中也可起到净化作用。

4.2.14　能治病防病的药物纤维

药物纤维又称治病防病纤维。这种纤维除本身具有的常规性能外，还有治病、防病及保健功能，如芳香、消炎、止痛、止血、止痒、麻醉、抗菌除臭、减肥、避孕、活血化瘀、安神镇静、防心脏病、防胃病等。这类纤维包括本身具有药物功能的纤维（如明胶纤维、海藻酸钙纤维等）外，更多的是在普通纤维中加入某些药物后制成的纤维。其纺丝方法有共混、浸药、接枝及复合纺丝法，将药物掺加到芯层，切成短纤维后，药物可从纤维两端逐渐释放或将药物做成微胶囊加入到纤维中。将药物轧入聚合物薄膜后再进行分切膜裂成纤维状；也可用多孔纤维浸泡药液，达到吸收保存药物的效果。

药物纤维的用途主要在以下几个方面。

① 卫生敷料　将止血、止痛、麻醉类药物加入到纤维中后可制作创伤敷料、止血纱布及麻醉药剂，可缓解病痛，促进伤口愈合。

② 透皮吸收药物织物　如将消炎、止痛、止痒、麻醉、硝酸甘油、维生素C等药物加入到纤维中织制成织物后，可通过人体皮肤吸收、促进疗效。这类织物可用于制作内衣裤、背心、护腰、护关节、枕巾及鞋袜等。

③ 药物载体　如胃药纤维，口服后不仅药物散发面大，而且在胃里停留时间长，延长药物被吸收的时间，增加疗效。

④ 体内植入　如药物缝合线，可在手术缝合线内加入抗感染、止痛、止血、麻醉、抗菌、防生物排异及促进愈合等药物，使用这种手术缝合线，可提高手术质量，并促进伤口愈合。并且某些避孕药、激素类药物都可载入中空纤维内部，植入人体内可起到缓释作用。

⑤ 智能药物　将药物植于纤维内部，当外界条件改变时，药物将释放，起到治疗作用。如体温升高、湿度增加、出血后药物被释放，可用于重症病人或战

场士兵急救治疗。

⑥ 美容面膜　将药物浸入纯黏胶纤维，经水刺制成非织造布浸药后，可作美容面膜。

4.2.15　功能奇异的中空纤维

中空纤维又称空心纤维。它是一种具有分离功能的高分子膜，是由高聚物纺丝溶液经特殊截面的喷丝孔挤出而成，是一种贯通纤维轴向具有管状空腔的化学纤维。在纤维壁上布满有很多微孔，这些微孔相互连通构成网络组织。因而形成具有一定微孔直径和反渗透性的中空纤维分离膜，利用膜表面的微孔结构对物质进行选择性的分离，在常温下以压力为推力，使溶剂中的水和小分子物质透过，而大分子及胶体物被截留，从而实现大小分子间的分离、浓缩或净化的目的。

根据中空纤维的不同作用，可分为两大类。

① 普通絮片用　对这一类纤维的中空度要求不高，主要是追求质轻而保暖，纤维材质为涤纶或腈纶。其中涤纶的弹性模量较高，为了提高其回弹性，通常制成偏芯的中空纤维，经热处理后可获得永久性的三维卷曲，以提高保暖性和穿着舒适感，三维卷曲涤纶常用于非织造布制造喷胶棉。腈纶俗称人造羊毛，本身具有较好的保暖性。

② 分离膜用　纤维的中空度和截面圆整度要求较高，对膜壁微孔及其分布也有一定要求，而且有些纤维表面还要涂一层或两层不同的超薄分离层，以提高分离效果和选择性等。根据中空纤维分离膜所选用的材质、膜微孔的大小、膜结构和分离原理，可分为五大类。

a.　中空纤维微滤膜　中空纤维微滤膜又称精密过滤膜，是指具有过滤超微粒子等的中空纤维分离膜。分离的粒径范围为25 ～ 10000nm，一般为200nm左右。其分离器是靠压力差驱动，可精密过滤水或溶液中的超微粒子。操作压力可减压至2Pa。分离的对象为悬浊物、超微粒子和细菌，透过物质为水或溶液。纤维的制取是将聚乙烯等熔纺制成多微孔中空丝。用途由中空纤维分离膜微孔而定，如图4-9所示。孔径为3.0 ～ 8.0μm者，可用于过滤溶剂、试剂、润滑油及检测液中的微粒子和细胞，除去淡水中的小球藻和蓝色藻类等；孔径为0.8 ～ 1.0μm者，可用于除去液体中的酵母和霉菌类，用于血清的过滤，细菌的去除、酵母和霉菌类的定量检测等；微孔为0.4 ～ 0.6μm者，可用于一般过滤、细菌的过滤捕集、微粒子和细菌的测定、空气中石棉纤维的捕集；孔径为0.2μm者，可完全捕集过滤细菌，进行细菌的定量测定及血浆的交换分离；孔径为0.08 ～ 0.10μm者，可过滤病毒和作为超纯水的终端过滤；孔径为0.03 ～ 0.05μm者，可用于细菌、病毒和蛋白质的过滤。

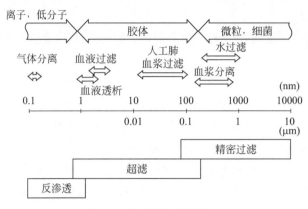

图4-9 分离膜的孔径尺寸

b. 中空纤维超滤膜 是指具有超过滤功能的中空纤维分离膜。可分离相对分子质量为1000～300000的胶体和高分子化合物，透过物质为水和盐，分离元件的驱动力为压力差，操作压力为减压至10Pa。主要用途是分离溶液中的蛋白质、酶、乳液、细菌和超微粒子，具体应用于各种制造过程中的原料用水乳胶、陶瓷、玻璃和硅等研磨加工时的废水处理，胶乳以及各种有机乳液的浓缩和油水分离，包括含切削油的废水浓缩、纤维加工过程中的油剂回收、蛋白质和酶的浓缩回收、无菌水的制造生产、某些涂料的回收、高浓度活性污泥的过滤，以及家庭用净水器和小型携带式水处理器（聚乙烯中空纤维膜）等。

c. 中空纤维透析膜 这是一种具有透析功能的中空纤维分离膜。材质有醋酸纤维素、乙烯-醋酸乙烯共聚体、氯乙烯-丙烯腈共聚体、聚甲基丙烯酸甲酯，以及纤维素铜氨溶液和黏胶等。可分离溶液中的盐类和低分子物，对一般透析来说，透过的物质为离子和低分子有机物，而对药物释放来说为低分子有机物。用作血浆分离用中空纤维分离器的有PLASMAFLO（二醋酸纤维素）、PLASMACURE（聚乙烯醇）、PLASMAXPS（聚甲基丙烯酸甲酯）、JP-50（二醋酸纤维素系聚合物合金）、PLASMA SEPARATOR（聚乙烯）等，这些膜具有血浆分离能力高、使用过程稳定、溶质透过率高、血小板等血细胞成分不能透过、不会发生溶血现象、血液适应性好、溶出物少而安全等特点。XM-50膜主要用于人工脾，可截留相对分子质量为$5×10^4$的物质，内分泌细胞可靠该中空纤维膜与生物体隔离，而且淋巴细胞也不会受到相对分子质量为$16×10^4$的抗体的攻击。纤维的制取可用中空或C型喷丝板通过干-湿纺成纤，中空喷丝板孔中部可通过空气或不同组成的凝固液，以满足不同膜微孔和结构要求的透析膜，制成系列产品。中空纤维透析膜的主要用途是制造人工肾、人造肝，以及胸部或腹水透析、血浆分离等。它可从肾功能不全的病人血液中除去尿素、尿酸及肌酐等有害物质，同时还可治愈多种疑难病症，如多发性骨髓肿、关节炎、全身性红斑狼疮、紫斑病及药物中毒等病症。

d. 中空纤维反渗透膜 这是一种具有反渗透功能的中空纤维分离膜，可在溶液中分离出无机盐、糖类、氨基酸等，透过物质是水。反渗透器的驱动力为压力差，操作压力为 $10 \sim 100Pa$。三醋酸纤维素系的耐氯和氧化剂的性能优良，无活性，胶体难以附着，可长期稳定运转。芳族聚酰胺分离效率高，但耐氯性稍差，可采用与费立嗪系化合物共聚而使其耐氯性提高6倍，而且耐热和耐酸碱性也有所提高。中空纤维反渗透膜的制取是将所选聚合物先溶于适当的溶剂中，采用中空喷丝板进行干-湿纺，制成中空纤维非对称膜，随后再将数十万至数千万根纤维在湿态下集束，并在开口端用环氧树脂黏合剂封头，装入圆柱形的壳体内，即为分离元件。图4-10所示为中空纤维反渗透膜组件，主要用于海水和苦咸水的淡化、超纯水的制备，丙烯酸涂料的回收、氨基酸及某些有机物水溶液和相对分子质量小于350的糖类溶液的浓缩或回收等。

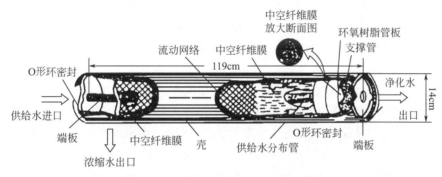

图4-10 中空纤维反渗透膜装置示意图

e. 中空纤维气体分离膜 这是一种具有混合气体分离功能的中空纤维分离膜。分离元件的驱动力为压力差，操作压力为 $0.098 \sim 9.8MPa$，利用透过率差来实现混合气体的分离，透过物质为气体或蒸汽。中空纤维分离膜的制取主要是采用中空喷丝板通过干-湿纺或熔纺成纤。其中，聚酰亚胺和芳酰胺可直接制得非对称膜，而聚砜等纺成多微孔中空丝后，还要涂覆一层超薄的有机硅类分离膜，而聚丙烯中空纤维则无需涂膜。气体分离膜的主要用途是空气中的氧氮分离，天然气浓缩回收氢气，甲烷或二氧化碳的回收或提纯，合成氨尾气中氢气的回收，乙醇脱水，乙烷、甲烷和乙烯混合气的分离，氧化合成醇时 H_2 与 CO_2 比例的调节，水蒸气的分离，硫化氢和碳酸气的分离，以及人工肺等。此外，还有一种专门用于医疗方面的中空纤维膜，类似于植物纤维的中空纤维微管。其结构可为均相、不对称和微孔膜，根据需清除物质的分子量大小及应用方法而选用。这种纤维膜的特点是效率高，而且可自支撑。效率高的原因是由于它堆积密度高及与血液接触面积大，

这种纤维膜（如图4-11所示）主要用于血液透析、过滤、分离及血气分离和交换。

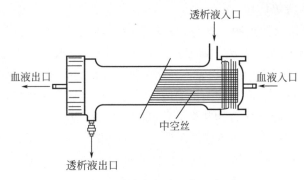

图4-11　中空纤维人工肾示意图

4.2.16　可供粘接用的低熔点纤维

低熔点纤维就是熔点较低的纤维，又因其主要是作粘接剂，又名热黏合纤维、易熔纤维、黏结性纤维、纤维状黏合剂。指在非织造布等纤维网中起黏合作用的水溶性或低熔点的化学纤维。低熔点纤维的熔点一般在90～180℃左右。熔点最低的是聚乙烯（PE），熔点为125～141℃，其他低熔点纤维多数为改性聚合物，如改性聚酰胺、改性聚酯等。最早研制的低熔点纤维为双组分皮芯型复合纤维，如PE/PP、PE/PET以及共聚PET/PET等。目前，常用的低熔点纤维品种较多，现将常见的几种低熔点纤维列于表4-8中。当将掺有低熔点纤维的化纤

表4-8　低熔点纤维的质量标准

项目 纤维名称	线密度 /dtex	熔点 /℃	结构组成
PET	2.2	110	单一全熔
PE	6.6	130	单一全熔
PET/PET	1.7 ~ 16.5	110 ~ 220	皮芯，并列
PET/PE	2.2 ~ 4.4	130 ~ 140	皮芯
PET/N	1.7 ~ 6.6	190	皮芯
PP/PO	1.7 ~ 8.8	96 ~ 134	皮芯
PET/PO	2.2 ~ 6.6	96 ~ 167	皮芯
PP/PE	0.99 ~ 71.5	110 ~ 130	偏芯
PP/PP	2.2	140	皮芯
N/N	1.7 ~ 6.6	140 ~ 220	皮芯

注：1. 短纤维5～128mm，也可加工成长丝。颜色有透明、消光、原液染色等。

2. PET—涤纶；PE—聚乙烯；PP—丙纶；N—锦纶；PO—环氧乙烷。

网加热到低熔点纤维的熔点时，低熔点纤维熔化并集合在不熔基体纤维的交叉点上，经加压等处理后，不熔的基体纤维便被黏合在一起；冷却后，熔化组分凝固，非织造布加工完成。

（1）**低熔点纤维分类**　低熔点纤维一般可分为三种类型。

① 黏合剂纤维　通常指未经拉伸等加工的无定形聚酯初生丝，在掺和成网后，提高温度使达到约100℃时，该纤维表面软化，成为具有黏性的黏合剂，使纤维网固着，即得非织造布成品。

② 皮芯型复合纤维　芯层为高熔点，皮层为低熔点，如ES纤维（由聚丙烯为芯层、聚乙烯为皮层形成的复合纤维），在成网后将网的温度提升到约140～150℃，便能使交络点热熔而黏合，再行冷却，即得非织造布成品。

③ 热熔性黏合纤维　如维素，系氯乙烯−醋酸乙烯共聚纤维，软化点为45～70℃，能为聚酯纤维的非织造布等起热黏合作用。

（2）**低熔点纤维的性能**　低熔点纤维具有热熔胶的性能，即在较低或特定的温度下，通过热压、热风、热水达到自身或与其他纤维牢固黏合。在黏合固化时无毒、无味、不污染环境。同时要求有较低的玻璃化温度、较快的结晶速度、较低的分子取向度、收缩率小。黏合后有一定强度，且硬度、蓬松性、柔软性可根据用途不同而调整。

（3）**低熔点纤维的用途**　低熔点纤维的用途很广，主要应用于非织造布的黏合，可用于制造垫子、保暖絮片、衬布、医用卫生材料；在服装和产业用纺织品方面也有广泛的用途，如碳纤维、玄武岩纤维、玻璃纤维单向布的固定、各种滤布、滤芯以及汽车内饰的黏合带等；用作缝纫线可封闭针眼、防羽绒钻出，防寒服、羽绒被的绗缝用；用于针织服装的收边可防毛圈散开；用于高档服装贴角边衬、裤脚黏结，不见针眼的缝接；用于绳、带、线固定捻度，防花线散开。

4.2.17　能溶于热水的水溶性聚乙烯醇纤维

水溶性纤维是指一种能在水中溶解或遇水缓慢水解成水溶性分子（或化合物）的纤维，属于功能性合成纤维，较有代表的是水溶性聚乙烯醇（PVA）纤维，商品名为水溶性维纶，此外还有海藻纤维、羧甲基纤维素纤维等，现将各种水溶性纤维性能比较列于表4-9。

由表4-9可知，从纤维的原料、性能、制造方法以及生产成本等各方面进行综合比较，在这些水溶性纤维中，最有发展前景、应用最广、生产量最高的要数水溶性聚乙烯醇纤维。其他品种发展较少，其性能和成本无法与水溶性聚乙烯醇纤维相比较。

表4-9 各种水溶性纤维的性能

项目 原料	类型	溶解温度/℃	干强/（cN/dtex）	干伸/%
PVA	SOLRON-SH	90	3.5	12
	SOLRON-SL	55	2.6	20
	SOLRON-SS	< 20	1.8	35
海藻酸	钙盐	< 20	0.97	14
纤维素	氰乙基化	30	0.44	15
聚氧化乙烯	相对分子质量 4×10^5	< 20	0.26	70

（1）水溶性聚乙烯醇纤维的性能与特点 PVA的化学分子式为（C_2H_3OH）$_n$，因其大分子主链上有许多亲水性的羟基，因而导致纤维具有优良的水溶性和高亲水吸湿性。水溶性聚乙烯醇纤维的公定回潮率为5%，在合成纤维中是最高的。

① 水溶性 PVA是一种水溶性高分子物，其水溶性取决于它的化学组成和结构。也就是说，PVA纤维的水溶性除和原料PVA的性质密切相关外，在制造加工过程中所采用的加工工艺及其形成的结构，也具有决定性的影响。在水溶性聚乙烯醇纤维的生产过程中，主要靠控制湿热拉伸、预热、干热拉伸、热定型工序的成型、拉伸和热处理条件来调整水溶性聚乙烯醇纤维的水溶温度。其中，降低干热拉伸倍数，可使纤维的结晶度降低，从而降低纤维的水溶温度。聚合度不同的纤维，其性能也会产生一定的差异。一般而言，聚合度低，纤维的强度也会相应降低。

水溶性聚乙烯醇纤维的溶解过程可分为两个基本步骤：第一步为膨润收缩，将水溶性纤维或其织物放在一定温度的热水中，随着水温的增高，纤维逐步吸水膨润，随之产生收缩；第二步为溶解分散，当水温继续升高，纤维达到最大收缩率时，纤维就被溶断成胶状片段，进一步升高水温或延长处理时间，则PVA就以分子形式溶解分散而成为均匀的溶液。由此可见，标志水溶性纤维溶解过程的主要参数是溶解温度、溶解收缩率和溶解时间。

② 物理力学性能 水溶性纤维除用作高吸湿卫生用品外，通常都不作为结构材料而保留在最终成品中，它们总是在加工过程的某一阶段为了取得某种效果而被溶去。因此对其物理力学性能没有较高的要求，但应满足纺织加工的要求，必须具有一定的强伸度。

③ 高吸湿性 由于在PVA分子链上有许多具有亲水性的羟基，因此具有很高的吸湿性。吸湿后的纤维，其物性会发生变化，空气湿度对水溶性纤维的物理性能有较大影响，尤其是溶解温度较低的水溶性纤维，其影响更为明显。有时人体上的汗液也对其产生作用，使织物有黏湿的感觉。因此，对水溶性纤维而言，

应特别注意其溶解温度及因其湿度而引起的物性变化，可通过原料的选择和采用合适的加工工艺来提高水溶性纤维的尺寸稳定性。

④ 环保性能　水溶性聚乙烯醇纤维不仅具有理想的水溶温度、强度及良好的耐酸、耐碱和耐干热性能，而且溶于水后无味、无毒、水溶液呈无色透明状，能在较短的时间自然分解，对环境不会产生任何污染，是名副其实的绿色环保产品。

（2）水溶性聚乙烯醇纤维的用途　水溶性聚乙烯醇纤维主要在工业、农业、国防、医疗等领域获得应用。在工业方面如造纸、非织造布、纺制（棉伴纺、毛纤维）高支棉纱、毛纱（用手织制高档轻薄棉、毛织物），纺制无捻棉纱等领域；在农业方面如用于育秧等；在国防领域用于水上布雷及制作降落伞等；在医疗领域可用于制作特种工作服等。

4.2.18　环境保护神——离子交换纤维

离子交换纤维主要是指具有离子交换、吸附、配位螯合、反应性催化等功能的纤维。它是由一种具有离子交换性基团的高分子聚合物制成，属于具有离子交换功能的特种纤维。和其他离子交换材料一样，它本身带有活动离子，当和溶液接触时，则活动离子可与溶液中相同符号的离子进行交换，故又称化学吸附纤维。离子交换纤维多为高分子合成纤维，其大分子长链上带有相应的可用作离子交换用的官能团，即本身含有固定离子及和固定离子符号相反的活动离子。按其交换离子的种类，可分为强酸性阳离子交换纤维、弱酸性阳离子交换纤维、强碱性阴离子交换纤维、弱碱性阴离子交换纤维、阴阳两性型离子交换纤维。以常用维纶、腈纶、氯纶、丙纶等合成纤维为基体，经大分子化学转换或接枝、活性单体聚合成纤、聚合物混合成纤等。其交换基团有强酸、弱酸、强碱、弱碱、两性、氧化还原、螯合等。

（1）离子交换纤维或其他离子交换剂的工作原理　当水通过阴、阳离子交换纤维（或离子交换剂）处理时，含有可交换性的活性基团中的H^+或OH^-等易被阳离子（如Ca^{2+}、Mg^{2+}）杂质或阴离子（如Cl^-）杂质置换，固定在树脂上，离子交换树脂中的H^+和OH^-互相结合生成水，使气体或液体中的杂质离子大大减少，从而达到纯化之目的。因此，制取离子交换纤维的关键是要在一般纤维高聚物的分子链中引进具有离子交换性的活性基团，如酸性基团—SO_3H、—$COOH$以及碱性基团—NH_2、—$CH_2N(CH_3)_3$等。一般是先制取聚合物，然后经化学反应或接枝改性等措施引进离子交换基团。通常可采用以下方法：

① 将离子交换基团以置换的方法引入到纤维的分子链上；

② 将具有离子交换能力的单体接枝共聚到纤维或织物上；

③ 采用含有离子交换基团的聚合物纺制成纤维或与其他聚合物一起制成复

合纤维。

（2）离子交换纤维的性能　离子交换纤维的强度为0.07～0.26N/tex，延伸度为10%～60%，耐酸、碱和有机溶剂性好，在水中不膨润，具有挠曲性及一定的湿强度。纤维比表面积相对较大，离子交换的效率、吸附能力、净化率都较高，洗脱速度快，其吸附速度比颗粒状离子交换剂要高10～100倍，尤其是在开始阶段的吸附速率较高，具有较好的化学稳定性。它的强度虽低于一般的化学纤维强度，但仍可满足纺织加工和使用上的要求。它的强度主要取决于聚合条件、化学活性基团的数量和体型网状结构的密度。

（3）离子交换纤维的用途　由于离子交换纤维具有较大的比表面积，更有利的吸附和再生空间，因而离子交换效率高、用量少、交换速率很高，且有与常规离子交换相似的选择性和离子交换容量，而且可以将离子交换纤维加工成织物，因而可进一步扩大其应用范围，如用它可吸附一些特殊的气体，使其在废气的处理上发挥更大的作用。加之它还具有抗渗透冲击性好、可控制处理压力以及洗脱速度快等特点，因而得到了广泛的应用。

① 用于净化、分离气体　用离子交换纤维加工成的织物，具有透气性和有毒物质不透过性好的特点，净化空气中的有害气体（如吸附气体中的二氧化碳、二氧化硫、氯化氢、氨气等），可用作防毒面罩、呼吸面具、通风过滤材料、气体分离设备的遮盖材料等。

② 用于净化水溶液　由于离子交换纤维的比表面积大，交换和洗脱速度快，因此非常适应于水溶液中微量的物质或有毒物质的净化，可使水溶液得到深度净化。经过使用的纤维还可进行再生，重复使用。可用于制备超纯水、海水淡化、工业废水的净化（如电镀废水、炼钢厂的废酸、造纸厂的纸浆黑液，纺织厂的废氢氧化钠和城市生活污水等），从海水提取或净化矿坑水中的微量铀，从废液或稀土中提取贵重金属放射性物质等。

③ 用于冶金行业提取贵重金属　冶金行业主要采用由纤维素纤维变性制得的阳离子交换纤维、聚丙烯腈阴离子交换纤维和活性炭纤维，在废液中回收包括镉、钴、铜、汞、铅、锌和金、银等元素在内的多种贵重金属。多孔性聚丙烯腈离子交换纤维、聚四氟乙烯纤维等可以回收钴、铀等放射性元素。

④ 在纺织行业中的应用　可用于化学反应中的高分子催化剂，制造抗菌、除臭纺织品，吸湿放热服装，防辐射用品等。

⑤ 在生化工程中的应用　可用来提取大分子量胰岛素、血清蛋白柠檬酸，谷氨酸等，也可用于过滤动物体内的胆红素、胆质酸等。

⑥ 其他用途　在食品工业中可进行脱色、去味、吸附农药残留物，在农业上可用于含多种营养成分的无土栽培。另外，还可净化空气中的有害气体，如吸

附气体中的二氧化碳、二氧化硫、氯化氢、氨气等。离子交换纤维还可用于海水提铀、铀矿的探测、原子能反应堆含放射性循环水的处理、香烟过滤嘴；超细离子交换纤维还可用作酶的固定载体。由它还可衍生出杀菌纤维、导电纤维和抗静电纤维等。

4.2.19 提高人们健康水平的医用保健纤维

所谓医用保健纤维，是指能保护人体不受微生物侵害或具有某种保健疗效的纤维。在使用时，它直接与人体组织接触，不仅要满足医疗用品的一般性能要求，而且还要满足下列一些特殊要求。

① 对人体安全可靠。应具有特定的化学性能和生物性能，前者包括吸水性、溶出性、吸附性、缓释性、生物降解性、耐药性、耐氧化性等，后者包括毒性、消炎性、凝血性、抗原性、过敏性、溶血性、致癌性等。无论所有医用纺织品是皮肤接触型，还是血液接触型，或是体内植入型，都涉及对人体的安全与可靠。如材料选用不当或材料出现问题，有可能因其性能的影响而形成诸如感染坏死、慢性炎症、形成血栓、缓释毒性、诱发癌症、皮肤过敏、循环障碍、神经麻痹等人体局部反应。因此，要求化学纤维呈惰性，纤维的强度和弹性等物理机械性能不会因血液和生理液的影响而改变。

② 耐消毒性良好。对医用纺织品要求无毒性且也不会产生毒性，而且都要进行消毒灭菌，以杜绝感染，这就要求能经受消毒而不会发生物理性能变化和化学变性。

③ 耐热性能和耐药品性能优良。要求医用保健纤维不产生异物反应，不破坏邻近组织，不引起过敏反应或干扰机体的免疫机能。

④ 医疗功能性好。包括三个层次：一是有效性，在医疗应用中必须具有特定的功效，这种功效包括吸水、吸血、吸药、吸脓等吸液性能；止血、止痛、防感染和具体疗效等医药性能；缝合、包覆、固定、隔离等机械性能；通透、分离、吸附、输送等选择性能。二是方便性，在有效性的基础上，要求加工容易、使用方便，尽量减少患者的麻烦和痛苦，如绷带的防水性、防滑性、自粘性、弹性和可固化性等；纱布的药效性、不粘性和可开合性等；缝合线的光滑性、易拆除性和生物吸收性等。三是舒适性，使用后使患者感到舒适，如蓬松、纤细、柔软的接触感觉；透湿、透气、干爽的不闷感觉以及抗菌、消臭和防污等卫生性能。

用于人体医疗、保健的医用保健纤维是一类高科技含量的纤维，对纤维原料的选择和纤维的制取都有一套严格的要求。纤维的制取一般有三种方法。

① 药物与纤维进行化学结合，即纤维的化学改性法。通常是采取在聚合时或纺丝后使药物与纤维聚合物化学结合的方法。

② 将药物固定在纤维的微细结构内，即纤维的物理改性法。一般是将药物与高聚物进行混合纺丝，使药物分散而固定在纤维的细微结构内。

③ 在形成纤维后的加工过程中，将药物通过某种媒介附着于纤维上。其中以化学改性法最为重要，例如通过聚合物的转化或接枝共聚，赋予纤维某种医用功能，由此而获得的性能具有效用持久和稳定的特点。采用的纤维和药物均应无毒并含有反应性基团。

医用保健纤维的品种很多，主要有以下几种。

(1) 抗菌防臭纤维　在人们的生活环境中，细菌无处不在。人体皮肤及衣物都是细菌滋生繁衍的场所。这些细菌以汗水等人体排泄物为营养源，不断进行繁殖，同时排放出臭味很浓的氨气。所谓抗菌防臭纤维（又称抗微生物纤维）是指对微生物具有灭杀或抑制其生长作用的纤维。它不仅能抑制致病的细菌和霉菌，而且还能防止因细菌分解人体的分泌物而产生的臭气。通常是将普通的合成纤维（如涤纶、腈纶、锦纶、丙纶等）进行改性而成，即在纤维成纤或纤维加工过程中进行抗微生物处理。它可以对纤维表面进行抗菌剂的处理（如腈纶在纤维成形后，在初生丝干燥前将其浸渍于硝酸汞浸液中，再经过后加工制成），也可以将抗菌剂与聚合物共混纺丝（如锦纶在熔融纺丝时，加入脂肪族的有机镉盐制成半永久性抗菌锦纶等），使纤维内部含有抗菌剂。因为抗菌剂具有杀灭微生物的效果，同时也带有一定的毒性，因此必须在安全范围内使用，其毒性检验数据必须得到医学卫生部门的认可。对于婴幼儿使用的纺织制品，为了确保安全起见，一般不得进行抗菌防臭处理。

抗菌剂的种类很多，主要有：有机硅季铵盐；芳族卤化物；烷基胺系；酚醚系和无机物系。近年来，在聚合物中添加以天然物质为载体的无机杀菌剂微粉，已成为制造抗菌防臭纤维的主要方法。目前广泛采用抗菌沸石作为无机杀菌添加剂。沸石的化学分子式为$xM_{2/n}^{2+}O \cdot Al_2O_3 \cdot ySiO_2 \cdot 3H_2O$，式中 M 为金属离子，$n$ 为其原子价。具有杀菌效力的金属离子有 Ag^+、Cu^+、Zn^{2+} 等。采用银、铜、锌的盐类水溶液与沸石进行离子交换，使沸石中的 M^{n+} 被 Ag^+、Cu^+ 或 Zn^{2+} 所取代，即成为抗菌沸石。由于沸石极易吸附水分，故抗菌沸石微粉在添加之前应先进行干燥，并在高温真空下除去结晶水，以防止在与聚合物共混及纺丝中产生聚合物水解现象。在使用时，抗菌沸石中的 Ag^+、Cu^+ 或 Zn^{2+} 以一定的速度溶出，慢慢地迁移到纤维表面，并进入与纺织品接触的细菌的细胞内，与细菌繁殖所必需的酶结合而使之失去活性。沸石本身是一种无毒物质，对人体是安全的，但对肺炎杆菌、葡萄球菌、绿脓杆菌、枯草杆菌等多种细菌及霉菌具有杀灭的功效。尤其是对金黄葡萄球菌（MRSA）具有良好的抑菌作用，但 MRSA 易产生耐药性，是医院内引起病人交叉感染的元凶。抗菌沸石所具有的特性决定了其使用的场合，如它具有较好的耐热性，故常用于聚酯、聚酰胺等熔体纺丝聚合物。同时又具有耐有机溶剂性，故也可用于溶液纺丝的聚丙烯腈。经过特殊处理制得的壳聚糖也是一种较为理想的添加型抗菌剂，属于安全性的天然物质，对MRSA具有较强的抑菌性。

抗菌防臭纤维的制造是先将抗菌沸石或壳聚糖微粉分散于纺丝溶剂中，再以一定比例加入到纺丝原液中进行纺丝，经凝固、拉伸、水洗、干燥等工序成丝。其纺织制品主要用于：

① 医疗，无菌手术室、手术帽、无菌病房床上用品、新生儿室用品、特别病房用品、病员服、无菌工作服等；

② 服装，内衣裤、运动衫裤、鞋垫、鞋衬、袜及军服等；

③ 药品，注射液、片剂制造及医疗器具制造等；

④ 食品，肉食加工、乳制品加工等；

⑤ 农畜牧业，无菌栽培、农药、酵母制剂等；

⑥ 室内装饰，窗帘、地毯、椅罩、沙发布、台布、壁布、屏风等；

⑦ 日用杂品，寝具、被褥、毛巾、手帕、浴巾、抹布、布玩具等。

（2）止血纤维　又称止血剂，是指与出血创面接触时具有优良的黏附性和凝血功能的纤维，在出血时能加速血液的凝固作用。止血机理是其优良的黏附性与柔软性，能紧密地与出血面黏结，既能将出血创面的毛细管末端黏结而封闭，又能使血液迅速渗入多孔的纤维内部，促进血小板起凝血作用，达到止血的目的。

止血纤维主要品种有四类：第一类是由人工合成的新型优质止血剂，即羧甲基纤维素止血纤维，以羧甲基纤维素钠与非离子型表面活性剂（如硬脂酸山梨醇），在酸性条件（pH值为3～7）下制成，再将其涂覆于消毒纸上，干燥后即成。纤维的基本性能是：线密度1.67～2.22dtex，断裂强度13.25～22.08cN/dtex，伸长率15%～25%，初始模量442～512cN/dtex，密度1.50～1.52g/cm³。该纤维无毒，不含有危害人体生理机能的毒素，并经严格的消毒。具有吸收性，羧甲基纤维素本身具有优良的可溶性，如将该纤维包扎在人体或动物的伤口处或放入肌肉内，能逐渐与肌肉和血液分子相互渗透和扩散，溶解于人体的组织液中，最终被人体所吸收。第二类是聚乙烯醇止血纤维，它是以聚乙烯醇为基质，常采用湿法纺丝，在纺丝过程中将具有止血作用的药物引入纤维内。可以制成止血条、止血带等，广泛应用于一般的紧急外伤处理，使用非常方便。第三类是聚羟基乙酸高分子毡。其制造方法是把特性黏度为1.05的聚羟基乙酸抽成2.2dtex细丝，并切成38mm的短纤维，用蒸汽喷散，自由落下，粘成一种毛毡状材料，也可把这种材料制成海绵状物质，称为高分子止血海绵。第四类是海藻纤维，也称碱溶纤维或藻蛋白纤维、藻朊酸纤维。它是由海藻中提取的藻酸制成的纤维，通常采用

湿法纺丝，用于吸收止血敷料。由于其优良的黏附性和柔软性，并能紧密地与出血面黏结，使出血创面的毛细管末端黏结而封闭；又因血液容易进入多孔的纤维结构的空隙中，促使血液里的血小板凝结，从而达到止血的目的。

止血纤维除具有优良的黏附性和凝血作用外，还应具有以下性能：

① 无毒性，不仅纤维本身不能含有任何有害人体生理机能的毒素，而且还要经过严格的消毒；

② 吸收性好，要求纤维本身具有优良的可溶性，能逐渐与肌肉和血液分子相互渗透和扩散，最后被肌肉吸收。

（3）活血保健纤维　是指对人体具有改善微循环、促进血液循环和新陈代谢作用的纤维。通过改善人体的微循环，最终达到防病治病、强身健体的功效。现代医学证明，人体的高血压、糖尿病、心脑血管等疾病，甚至疲劳乃至肌肤的美容都是与人体的血液微循环分不开的。在正常情况下，微循环血流量总是与人体组织、器官的代谢水平相适应的，从而保证了人体内各器官生理机能的正常运行。当微循环发生障碍时，就会导致血流量不足，最终造成人体组织器官的功能不全或衰退，从而诱发多种疾病。近年来，我国开发成功的微元生化纤维，是一种具有活性保健功能的纤维。其制取方法是在化学纤维制造过程中，将具有特种性能的含多种天然矿物元素的超细微粒均匀地分布在化学纤维中，然后再将这种纤维与棉纤维等混纺成纱，进而做成集保暖、美观及保健于一体的高科技产品。微元生化纤维是在涤纶、锦纶、丙纶等纺丝时加入以锆、硅、铯的氧化物及微量的钠、铁等元素为主的微粒于纤维中制成的。

（4）防风湿纤维　是指某些能产生较大负电荷，并因此能减轻风湿病患者病情或病痛的纤维。它具有低导热和能产生高电位差的特点。氯纶和氯化聚乙烯纤维等属于这一类纤维，具有保暖性好、吸湿性差、易积聚电荷等特性。采用湿法或干法纺丝制取。用这种纤维加工制成的内衣，能在关节处因摩擦而产生大量负电荷，产生一定强度的电场。这种电场可作用至关节的深处，激发人体的生物电流，促进血液循环，从而达到防病和镇痛的效果。

（5）抗炎症纤维　这种纤维具有干扰炎症反应机理的功能，能抑制和灭杀伤口的细菌，因而有消炎的作用。

（6）麻醉纤维　这种纤维具有麻醉药物的功能，能有效地降低机体的疼痛感。

（7）抗凝血纤维　这种纤维具有很高的抗凝血性，可用于预防静脉手术时形成血栓，也可用来制造人工血管。属于这类纤维的有聚磷腈抗凝血纤维、富陶纶抗凝血纤维和大可纶抗凝血纤维等。

（8）免疫抑制纤维　在外科手术时，包括皮肤移植和内脏器官移植等，用于解决组织免疫反应。

（9）抗肿瘤纤维　这种纤维具有抗肿瘤作用或延长局部的抗肿瘤作用，可防止或阻缓病人手术后发生肿瘤转移。

（10）抗烫伤纤维　把这种纤维覆盖于烫伤表面时，能促进创伤面的修复，有助于病人的早日康复。

（11）含酶纤维　这种纤维常用于治疗某些危重疾病。它是将一定种类的酶引入并固定在纤维中的纤维。

4.3 高性能纤维

所谓高性能纤维，是指具有高强度、高模量、耐高温、耐腐蚀、难燃及突出的化学稳定性的纤维。它是20世纪60年代初发展起来的，是近年来高分子纤维材料领域发展迅速的一类特种纤维。碳纤维、芳香族聚酰胺纤维、芳香族聚酯纤维、超高强聚乙烯纤维、聚苯并咪唑纤维、聚四氟乙烯纤维以及碳化硅纤维、氧化铝纤维、硼纤维等都属于高性能纤维范围。其强度一般能达到16 ～ 18cN/dtex或更高，模量能达到440cN/dtex以上，既具高强度、高模量而又质轻。它们被称为是继第一代锦纶、涤纶和腈纶及第二代改性纤维（包括差别化纤维）之后的第三代合成纤维。高性能纤维包括有机和无机高性能纤维两大类。常见的高性能纤维分类如图4-12所示。

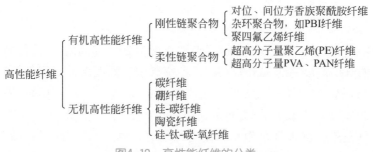

图4-12　高性能纤维的分类

高性能纤维应用领域十分广泛，主要应用在有特殊要求的工业和技术领域，在宇宙开发、海洋开发、情报信息、能源交通、土木建筑、军事装备、化工和机械等诸多方面用于制作复合结构材料、帘子线、高强力缆绳、防弹衣、汽车、飞机和宇航飞行器等用的构件。

4.3.1 轻、强、滑、柔的碳纤维

碳纤维发明至今已有133年的历史，1879年，爱迪生将棉纱进行炭化，制得了第一批碳纤维。进入20世纪50年代，由于宇航和军事工业的飞速发展，更加

促进了碳纤维的研究与开发，随后相继研究成功黏胶人造丝基碳纤维、聚丙烯腈基碳纤维和沥青基碳纤维三大类碳纤维。近年来也有以低分子碳氢化合物通过热裂解得到的气相沉积须晶状碳纤维。

碳纤维是指含碳量在90%以上的高强度、高模量、耐高温纤维，是一种既具有碳素材料的结构特性，同时又有纤维形态特征的纤维新材料。

（1）碳纤维的结构　碳纤维很细，直径只有6～8μm。它是一种多晶体，由许多微晶体堆砌而成，微晶体的厚度为4～10nm，长度为10～25nm，它由约12～30个层面组成。结构类似石墨，但又不如石墨那样排列规整。碳纤维轴向的结合力较石墨强，故其在轴向的强度和模量均比石墨高得多，而径向强度和模量与石墨相似，相对较低，因此，碳纤维应避免径向受力。它的延伸较低，是一种典型的脆性材料，故打结强度低。

（2）碳纤维的性能　根据不同的使用要求，采用不同的炭化温度，碳纤维可分为三种类型：

① 普通型碳纤维，它是指在900～1200℃下炭化得到的碳纤维，其强度和弹性模量都较低，一般强度为1.98N/tex，模量为235N/tex；

② 高强度型碳纤维，它是指在1300～1700℃下炭化得到的碳纤维，它的强度很高，超过了芳纶1414，可达到2.84N/tex，模量约为166N/tex；

③ 高模量型碳纤维，又称石墨纤维，它是指在炭化后再经2500℃以上高温石墨化处理所得到的碳纤维。它具有较高的强度，约为2.17N/tex，模量很高，可高达327N/tex。

碳纤维具有极佳的耐热性和耐高温性（可耐2000℃高温），热膨胀系数几乎为零。它的升华温度高达3650℃左右，在空气中当温度高于400℃时即发生明显的氧化，所以碳纤维在空气中的使用温度不能太高，一般在360℃以下。但在隔绝氧的情况下，其使用温度可大大提高，一般可达1500～2000℃，碳纤维还具有自润滑性，其摩擦系数小，耐磨性能好，耐冲击性强。碳纤维还具有很强的耐腐蚀性（比玻璃纤维更好），除强氧化剂以外，一般的酸、碱对它不起作用。碳纤维的密度为1.7～2.0g/cm³，虽比一般纤维大，但远比一般金属轻。如用金属和碳纤维制成的复合材料，可提高其耐磨性，增强其抗冲击性和耐疲劳强度，制成的机械零件，不仅强度高，而且可减轻重量25%～50%。通常，它的密度取决于炭化处理温度和所用原丝的性质。碳纤维虽然具有许多优良的性能，但质脆、易折断，接触皮肤时还有刺痛感，一般不单独使用，而是将其作为增强材料加入到树脂、金属、橡胶或陶瓷等基体中，通过它们各自优点互相补充而获得增强作用，用作复合材料的骨架材料，另外作为绝缘材料也有其独特的用途。

（3）碳纤维的用途　碳纤维不仅质轻、耐高温（与陶瓷等复合，能耐几千度高温），而且具有很高的抗拉强度和弹性模量，现已广泛应用于宇航、航空、军事、机电、化工、土建、冶金、运输、医疗和体育运动器材等领域。

① 宇航　碳纤维复合材料是制造宇宙飞船、航天飞行器、运载火箭等固体发动机壳体、卫星壳体、卫星支架和连接支架等的重要结构材料。如航天飞行器，每减轻1kg重量，可使运载火箭减轻500kg。由于碳纤维/碳复合材料有优良的耐烧蚀性能，当飞船返回大气层时，以8km/s的速度下降，尽管这时飞船表面温度高达3000℃，但仅有少量表面的复合材料被烧蚀，而这些烧蚀的结果正像人体出汗一样，能把热量带走。

② 航空　碳纤维复合材料是高速飞机、直升机和大型客机的骨架材料和结构材料，可用作飞机机舱地板、减速板、直升机桨叶、机翼、刹车片等。1kg碳纤维复合材料可代替3kg传统的飞机结构材料铝合金。新型喷气客机波音777，每架需使用碳纤维复合材料5t，用在垂直和水平尾翼等部位。

③ 军事　主要用作导弹和潜水艇的结构材料，采用碳/碳复合材料作导弹的鼻锥时，可提高导弹的命中率。将碳纤维织物用作军事装备的防雷达伪装罩，可减少军事装备被雷达发现的可能。

④ 交通运输　在汽车中，约有20%～60%的部件可用碳纤维增强塑料制造，如车身、车轮、车门、卡车大梁、传动轴、减速器、发动机翼片和小船桅杆等。

⑤ 机电　可用于制作有特殊要求的轴承材料、耐磨损的部件、分离气体的高速离心机的转子，超高压和百万伏输电架空线，人力飞行器、静电消除器等。

⑥ 医疗和体育器材　主要用于制作医疗器材、人造关节、网球拍、高尔夫球棒、钓鱼竿、跳高撑竿及登山探险装置等。

⑦ 纺织机械　用30%的碳纤维与尼龙-66复合材料制造自动针织横机上的滑块，其重量仅为金属件的1/4，能使滑动块的往复速度达到1.7m/s的新水平；制成的剑杆织机的剑杆头和剑杆带适应品种多、范围广，可使引纬速度突破1000m/min大关；制成的轴承、凸轮、齿轮、活塞等零部件，其耐磨度和强度会显著提高，使用寿命将会成倍增加；制成的梭子、片梭等不仅重量轻，而且耐磨、使用寿命大大延长等。

⑧ 土木建筑　超高层建筑物，可用芳纶、碳纤维代替钢筋，外墙掺入混凝土中的沥青基碳纤维，不仅强度高、重量轻，而且防水、抗震能力强，使高耸云霄的超级摩天大楼基础部面积大为缩小；对桥墩、地下停车场、立柱、烟囱、桥梁等可用碳纤维等材料加固或修补，加固修补后不仅可延长使用寿命，而且还具有振动阻尼特性，防震能力可提高10多倍。对高架轨道，可采用感应率较低的碳纤维增强树脂复合材料，使钢筋发生的涡流损失大为减少。

4.3.2　子弹打不透、烈火烧不着的芳纶

自20世纪80年代以来，在美国警官中开始推广使用防弹衣，这种防弹衣就是用芳纶制成的，重量只有1.5kg，承受和分散子弹、弹片能量的强度比钢板高数倍，可以抵抗轻机枪的连射，对于手枪和猎枪子弹，更不在话下，可谓刀枪不入。

芳纶是芳香族聚酰胺纤维的简称，是以含苯环的二氨基化合物与含苯环的二羟基化合物为原料制成的，与锦纶一样，都是由二氨基化合物和二羧基化合物经缩聚而制成的高分子化合物，缩聚后其高分子链都有酰胺基，都属于聚酰胺纤维，但与锦纶不同，锦纶的分子中不含苯环，而芳纶分子中则有苯环，故称为芳香族聚酰胺纤维。芳纶因所用原料不同也有不少品种，如芳纶6T、芳纶1414、芳纶14、芳纶1313等。其中，以芳纶1313、芳纶1414最为成熟，产量大、用途最广。

（1）芳纶1313　芳纶1313又称聚间苯二甲酰间苯二胺纤维，是由间苯二甲酰氯和间苯二胺缩聚所得的全芳族聚酰胺纤维。

芳纶1313的突出优点是具有良好的耐热性能，能在高温下长时间使用，如在180℃下放置3000h，其强度也不会受损失；在260℃下持续使用1000h以后，还可保持其强度的65%；当温度提高到400℃以上，纤维也不熔融，而是发生变形、炭化与发脆，但炭化层还能起到绝缘与保护作用。极限氧指数27～28，在火焰中难燃，并具有自熄性。在热蒸汽中保持400h以上，其强度可保持原强度的50%。它还具有良好的抗辐射性能和耐腐蚀性能。能耐大多数酸的作用，只有长时间地和盐酸、硝酸、硫酸接触，强度才有所降低。对碱的稳定性也较好，但不能与氢氧化钠等强碱长期接触，同时，对漂白剂、还原剂、苯酚、蚁酸和丙酮之类的有机溶剂等也有良好的稳定性。芳纶1313的主要缺点是耐光性和染色性较差，如在日光下曝晒80周后，强度将下降50%。

由于芳纶1313具有突出的性能，因此应用的领域很广，主要有以下几方面：

① 航空航天，由于它耐冲击强度好，可用于飞机轮船帘子线、航空及宇航用的减速器、宇航服、飞行服、降落伞、飞机用的阻燃装饰织物；

② 军事装备，常用于防热辐射和防化学药品的防护服、防燃手套、消防服等；

③ 工业应用，可用于高温下使用的过滤材料（过滤气体和分离固体粒子）、传动带、输送带及电绝缘材料等，如用芳纶1313短纤维制成纸张作为绝缘材料的电动机与相同功率的采用云母作为绝缘材料的电动机相比，每台可节约铜28%、钢材15%、硅钢片10%。还可用于制作绝缘服、防火帘、民航客机或高级轿车用的阻燃装饰织物等。

（2）芳纶1414　芳纶1414又称聚对苯二甲酰对苯二胺纤维，起初称为"B"纤维，后改名为凯夫拉（Kevlar），是美国杜邦公司专为增强轮胎和其他橡胶制品而开发的高强芳香族聚酰胺纤维。它有四种型号：

① 芳纶Ⅱ-1型为普通型，强度为1.77～1.94N/tex，伸长率3.5%～6%，初始模量42.3N/tex；

② 芳纶Ⅱ-2型为高伸长型，强度≥1.59N/tex，伸长率≥6%；

③ 芳纶Ⅱ-3型为中强高模型，强度1.77～1.94N/tex，伸长率2.5%～3.5%，初始模量61.8～70.6N/tex；

④ 芳纶Ⅱ-4型为高强高模型，强度1.94～2.11N/tex，伸长率2.5%～3.5%，初始模量61.8～70.6N/tex。

芳纶1414所用的单体为对苯二甲酰氯和对苯二胺，一般采用低温溶液缩聚法聚合，溶剂可采用具有弱碱性的六甲基磷酰胺、二甲基乙酰胺或N-甲基吡咯烷酮，采用混合溶剂进行缩聚有助于聚合物分子量的提高，并采用干-湿法纺丝制成纤维。它与芳纶1313均由芳基单元和酰胺键构成，其区别仅在于酰胺基的空间排列不同。芳纶1313的酰胺基在芳基单元的间位，而芳纶1414全部是对芳基取向，故具有良好的弯曲性能和韧性，这一微小的差别对纤维的纺织工艺性能产生很大的影响，可在传统的纺织机械上加工。由于链型分子的刚性，芳纶1414具有较高的分解温度（约550℃），高得很多的断裂强度和显著提高的模量，因此，它兼具耐高温、高强度和高模量的特种合成纤维，其耐热性优于芳纶1313，玻璃化温度约340℃，在160℃时的热收缩率仅为0.2%。它的比强度和比模量比钢丝和玻璃纤维大得多，相对密度为1.44，只有钢丝的1/5。它不熔融，也不易燃烧，有自熄性，在氮气中从550℃起开始分解。并且像无机纤维一样，具有卓越的尺寸稳定性。尽管它的断裂伸长率低，但有良好的耐疲劳强度（其耐疲劳性是钢丝的10倍），与轮胎加固带中所用的其他高模量纤维相比，具有良好的弯曲性能和韧性，与橡胶有良好的黏着力，所以被认为是一种比较理想的帘子线用纤维。

芳纶1414性能优异、用途广泛，主要用于需要高强度、高模量、高湿环境中使用的各类织物制品及纤维增强材料，使用领域十分广阔。它特别适宜用作载重汽车和飞机的轮胎，用它制作的轮胎经久耐用，而且行驶安全。由于它的强度比其他纤维高得多，因此可制成复合增强材料、特种帆布和绳索等，加之密度小，适宜作飞机、宇航器的结构材料和火箭发动机壳体材料等。又由于它具有能透过微波的特性，可用于制作雷达等装置的外罩。此外，还可做光缆、海底电缆、高压水龙带、三角皮带、运输带中的增强材料、腰带、防弹制品如防弹背心、防弹坦克、防弹汽车等。在体育用品方面可用于制作网球拍、高尔夫球杆、钓鱼竿等。在建筑上可用作桥梁和高层建筑的修补材料。

（3）芳纶14　芳纶14又称聚对苯甲酰胺纤维，是芳香族聚酰胺纤维的又一

品种，这是一种专为航空工业及宇宙飞船等用途而研制成功的高性能纤维。它是由对氨基苯甲酸缩聚成聚合物，采用液晶纺丝，初生纤维经水洗、干燥后，在500～600℃的管式炉中进行拉伸和高温热处理，即得成品纤维。纤维强度1.4～2.0N/tex，稍低于芳纶1414，弹性模量却很高，达80～100N/tex。它具有不熔、耐燃、高强度、高模量、使用温度范围大、耐化学性和不导电等性能。

芳纶14与芳纶1414相比，强度略低而模量较高，是玻璃纤维的2倍。它的密度小，只有钢丝的1/5。在相同的强度下，其重量比玻璃纤维轻45%。它的突出特点是耐高温性能良好，在290℃下强度能保持稳定，在318℃时，其模量仅降低20%，强度下降35%，延伸度损失25%。在高温下不燃烧，仅稍许冒烟。它对酸、碱和有机溶剂的稳定性良好，还具有良好的抗弯曲强度。由于芳纶14的强度比芳纶1414低，因此它的应用范围要比芳纶1414小，具有一定的局限性。但由于生产工艺简单、投资少，特别是它的高模量特性，在一些特殊领域内仍有一定的市场。

芳纶14主要用作增强复合材料和光缆加强件等方面。如美国用它代替铝合金做飞机结构材料，加工成波音737的机翼，可使飞机机翼的重量减轻15%。还可用它来做飞机的机身、机舱的护墙板、雷达罩以及工业装置中的耐腐蚀容器等。在军事装备和体育运动方面也有所应用。

4.3.3 一发千钧的超高分子量聚乙烯纤维

超高分子量聚乙烯纤维又称超高强度模量聚乙烯纤维，是以超高分子量聚乙烯（UHMWPE）为原料经纺丝加工而制成的一种高性能纤维，是聚烯烃纤维的一种，是继芳香族聚酰胺（芳纶）纤维、碳纤维之后的一种高性能纤维。

（1）超高分子量聚乙烯纤维的结构与性能　超高分子量聚乙烯纤维的相对分子质量高达5×10^5～5×10^6，具有高强度、高模量、低密度的特性，其强度和模量可达2.65N/tex和93.548N/tex左右，密度仅为0.97g/cm³。它与普通聚乙烯纤维的区别在于分子结构上的不同。超高强高模量聚乙烯纤维是通过取向和链伸展来改善纤维的力学性能的。它具有很高的结晶取向度，其分子结构就像一束捆扎的竿子，偶尔有结构上的缠结。因此，它的强度与模量完全可以与芳纶相媲美，而且其比模量和耐冲击性均高于芳纶。

纤维的理论断裂强度相当于高分子链完全伸展时的极限强度。根据一般的纤维结构模型理论，普通聚乙烯纤维是由排列在纤维轴向的许多原纤组成，而各原纤又由聚集在结晶边界的部分折叠链与连接结晶间的相互缠绕的分子组成。在这种结构中，纤维的强力由相互缠绕的分子来维持，故柔性链高聚物纤维的高强化就在于如何减少折叠分子数量，增加相互缠绕的分子数量。

由于超高强高模量聚乙烯纤维的超高分子量、超高强、高模量和分子的特殊结构，使它具有许多特殊性能。

① 强度和模量　它的强度达到3N/tex以上，模量大于176N/tex，比模量为90N/tex，断裂伸长率为3.5%，自重断裂长度达到336km，芳纶为193km，碳纤维为171km，玻璃纤维为76km，并能浮于水面（密度为0.97g/cm³），强度和模量也接近于碳纤维，超过芳纶。

② 耐冲击性和能量吸收能力高　具有较高的耐冲击性和能量吸收能力，其耐冲击强度仅次于尼龙-6，能量吸收能力优于所有合成纤维，耐疲劳性优于芳纶和碳纤维，这是由聚乙烯中C—C键的柔软特征所决定的。

③ 电性能　聚乙烯属于非极性高聚物，在外电场的作用下，分子的极化系电子极化，介电常数为2.3左右，较其他纤维为低，因此适合在高频电波下使用。由于聚乙烯大分子中不存在偶极分子，所以大分子在外电场作用下仅发生变形极化和诱导极化，而且极化速度很快，分别为10^{-10}s和$10^{-13} \sim 10^{-15}$s，因此，克服大分子相互作用产生的弹性变形仅需很少的电能，具有良好的电波透射率（达85%以上），是较为理想的电子和电器工业材料。

④ 良好的加工性　聚乙烯由亚甲基单元组成，大分子中C—C链的自由内旋转，使其具有优良的柔韧性和较高的钩结强度及良好的抱合力，因而纺织加工性良好。它的钩结强度和打结强度优于其他纤维，因此在绳索和高强度缆绳中得到了广泛的应用。

⑤ 耐化学稳定性好　由于大分子的结晶度高、取向度大，故聚乙烯分子链的排列极为紧密。又因其分子结构中没有活性基团，所以具有良好的耐化学试剂、耐紫外线照射和耐光性，并具有低吸湿性，它的耐光性和耐化学药品腐蚀性比芳纶等纤维好。

⑥ 耐热性　它的耐热性较差，熔点比较低，为145 ~ 155℃，因此它的使用温度受到了限制。另外，在某些场合，存在蠕变严重、黏结力低等。

（2）超高分子量聚乙烯纤维的用途

① 防护用品　它的最大应用领域是防护用品，用它制成的防弹衣，具有轻柔的优点，且防弹效果优于芳纶；用它加工的防护织物还可用于防切割、防刺、防链齿等领域，如手套、击剑套服、头盔等；用这种织物加工的摩托车头盔，其重量减轻40%。

② 缆绳和渔网　由于该纤维的高强、高模、耐腐蚀及耐光老化性能，非常适宜用于缆绳和渔网，特别适用于海洋工程，解决了以往使用钢缆绳遇到的腐蚀和锦纶、涤纶由于降解老化而需要经常更换的问题。在深海（5000m）开采锰结核时，超高分子量聚乙烯纤维更显示出优越性，由于相对密度小于1，其自由悬

挂长度可无限长（海水中），解决了过去使用钢缆时，由于钢缆绳自重而导致的断裂。该纤维还可用作航天飞机着陆时的减速降落伞和飞机上悬吊重物的绳索。

③ 用于复合材料及制品　该纤维由于耐冲击性好、吸收能量大，是制备复合材料的优良增强纤维，在温度较低的条件下，其性能比芳纶还要好。用该纤维制作轻型复合装甲，具有优良的防破甲和防穿甲性能，适宜用于制作装甲车、防弹运钞车、军用头盔、胸甲、盾、雷达的防护外壳罩，以及飞机和船舶的复合装甲等。

④ 在民用方面的用途　可用于制作防护挡牌、大型储罐、扬声器等。在体育用品方面可用于制作船体增强板、船帆、风筝、弓弦、雪橇及滑水板等，其性能较传统材料为好。也有人利用该纤维耐极低温的性能而将其应用于超导、电力及医疗领域，也用于土木工程、建筑材料及生物工程材料等。

4.3.4　高强耐热的聚对亚苯基苯并双噁唑纤维

聚对亚苯基苯并双噁唑纤维（poly-*p*-phenylene benzobisoxazole fibre，PBO）是20世纪80年代美国为发展航天航空事业而开发的复合材料用增强材料，是含有杂环芳香族的聚酰胺家族中最有发展前途的一个成员，被誉为21世纪超级纤维，其商品名为柴隆（Zylon）。在目前所发现的有机纤维中，PBO纤维性能最好，其物理性能超过芳纶、碳纤维及超高分子量聚乙烯纤维，是一种高强、耐高温的高性能纤维，如它的强度和模量约是芳纶1414的2倍，耐热性也比芳纶1414约高100℃，耐燃性与PBI纤维相似。

（1）聚对亚苯基苯并双噁唑纤维的性能　PBO纤维最突出的优点是高强度、高模量及耐热性。其性能与几种常见的高性能纤维的性能比较见表4-10。

表4-10　PBO与其他高性能纤维的性能比较

纤维品种	断裂强度 /（N/tex）	模量 /GPa	断裂伸长率 /%	密度 /（g/cm³）	回潮率 /%	LOI	裂解温度 /℃
Zylon HM	3.7	280	2.5	1.56	0.6	68	650
Zylon AS	3.7	180	3.5	1.54	2	68	650
对位芳族聚酰胺	1.95	109	2.4	1.45	4.5	29	550
间位芳族聚酰胺	0.47	17	22	1.38	4.5	29	400
钢纤维	0.35	200	1.4	7.80	0	—	—
碳纤维	2.05	230	1.5	1.76	—	—	—
高模量聚酯	3.54	110	3.5	0.97	0	16.5	150
聚苯并咪唑（PBI）	0.28	5.6	30	1.40	1.5	41	550

注：表中Zylon HM为高模量型PBO丝；Zylon AS为标准型PBO丝。

在表中列出的几种高性能纤维中，PBO纤维的强度、模量及耐热性都是最好的，其极限氧指数（LOI）值是最高的，达到68%，这表明它只有在高浓度的氧气中才会燃烧，这在现有的有机纤维中是最高的，其难燃性是最好的。一根直径为1mm的PBO细丝可吊起450kg的重量，其强度是钢纤维的10倍以上。试验表明，在400℃的高温下，PBO纤维的模量与性能基本没有变化，因而它可在350℃以下的环境中长期作用。PBO纤维有很好的尺寸稳定性，这是由于它的耐热性好、吸湿性小，热和水分对其尺寸稳定性的影响极小，因而它适于在有张力的条件下使用；PBO纤维的化学稳定性极佳，几乎对所有的有机溶剂和碱都是稳定的，它长时间和这些药品接触，其强度也几乎没有变化。PBO纤维对强氧化剂的耐受性也很好，如在5%的次氯酸钠（一种漂白液）溶液中浸泡300h，其强度下降还不到10%，芳纶在几十小时之后就会完全被溶解。此外，PBO纤维的耐冲击性和耐摩擦性也很优异，并且质轻而柔软，是极其理想的纺织原料。它的不足之处是耐酸性较差，在与酸性物质接触时其强度随着时间的延长而下降。它的耐光性也较差，日光照射后将引起强度的下降，因此在室外使用时应予注意。

（2）聚对亚苯基苯并双噁唑纤维的用途　PBO纤维的优异性能决定了它的应用领域十分广阔，现将它的主要用途列于表4-11中。

表4-11　PBO纤维的各种用途

应用形状	应用实例
长丝	轮胎、胶带（运输带）、胶管等橡胶制品用补强材料，各种塑料和混凝土等的补强材料，弹道导弹和复合材料的增强组分，纤维光缆的受拉件和光缆的保护膜，电热线、耳机线等各种软线的增强纤维，绳索和缆绳等高拉力材料，高温过滤用耐热过滤材料，导弹和子弹的防护设备、防弹背心、防弹头盔和高性能航行服，网球、快艇、赛艇等体育器材，高级扩音器振动板，新型通信用材料，航天航空用材料等
短切纤维和浆粕	摩擦材料和密封垫片用补强纤维，各种树脂、塑料的增强材料等
纱线	消防服、炉前工作服、焊接工作服等处理熔融金属现场用的耐热工作服，防切伤的保护服、安全手套和安全鞋，赛车服、骑手服、各种运动服和活动性运动装备，飞行员服，防割破装备等
短纤维	铝材挤压加工等用的耐热缓冲垫毡，高温过滤用耐热过滤材料；热防护皮带等

4.3.5　不着火、不燃烧的聚苯并咪唑纤维

聚苯并咪唑纤维全称为聚-2,2′-间亚苯基-5,5-双苯并咪唑纤维（polybenzimidazole fiber），简称PBI和托基纶（Togylen）。它是一种典型的杂环高分子耐热纤维，大分子主链上含有苯并咪唑环的芳香族－杂环族聚酰胺纤维。它主要作为宇航密封舱耐热防火材料，由于该纤维吸湿率高达15%，因此自1983年后，又

开发了穿着舒适的高温防护服等民用产品。

（1）PBI纤维的性能　PBI纤维具有一系列特殊的性能，如阻燃性、尺寸热稳定性、高温下耐化学稳定性及穿着舒适性。采用传统的纺织加工方法，可将PBI纤维加工制成机织物、针织物、非织造布和复合材料的骨架材料等。PBI纤维细度1.7dtex，抗张强度2.4dN/tex，初始模量28.0dN/tex，断裂伸长28%，卷曲度（短纤维）28%，纤维密度1.43g/cm³，回潮率（65%RH，25℃）15%，沸水收缩率＜1.0%，205℃干热收缩率＜1.0%，极限氧指数（LOI）＞41%，表面电阻（65%RH，21℃）$1 \times 10^{10} \Omega \cdot cm$，纤维颜色金黄色，标准纤维长度38mm、51mm、76mm、102mm，热导率0.038W/（m·℃）。由此可见，PBI纤维具有良好的纺织加工性能和服用性能，杰出的阻燃性能，燃烧时不熔融、不收缩或很少收缩，当离开火焰时立即自熄。其分解温度为560℃，在304℃下受热50h，纤维强度仍能保持50%。纤维的染色性良好，其化学结构和形态结构类似于羊毛，可用分散染色和酸性染料进行染色。由于该纤维的玻璃化转变温度T_g很高，约在400℃以上，加之大分子上存在氢键，使其自身有较强的联结，因此染料扩散时所需要的聚合物链段的活动受到了严格的限制，故必须采用载体染色法。但目前较为普遍的是采用原液染色（纺丝液着色）法。纤维的热稳定性非常好，在176℃长时间使用时不影响其强度，一般使用温度范围在250～300℃，可在500℃下短时间使用，其分解温度为560℃。在304℃下加热50h后的强度保持率为50%。在恶劣的环境中纤维具有突出的化学稳定性。它对水解作用稳定，在149℃及441.9kPa的蒸气压下处理72h，纤维的强度几乎无损失，纤维浸泡于酸或碱的溶液中强度保持率也很高。但纤维的耐光性较差。

（2）PBI纤维的用途　PBI纤维主要用于要求纤维具有阻燃、耐高温和无烟、低毒的领域。

①　航空航天领域　PBI纤维可制成太空舱和空间站中的航空服、飞行服和宇航员在航天飞机发射和着陆期间所穿的救生衣，曾经用它制作阿波罗号和空间试验室中宇航员的航天服和内衣，哥伦比亚号航天飞机的宇航员们曾在发射和着陆期间穿用。还可用作宇宙飞船重返地球时及喷气飞机减速用的降落伞、减速器和热排出气的贮存器等。空间站所用的绳索、吊带、网具、睡袋及内饰纺织品。

②　抗燃领域　由于PBI纤维在高温下无毒无烟，可用于飞机和潜艇的内饰材料，如帘布、装饰品及盖布等。还可用来制作防护服（如消防服，高温炉前的工人、焊工、翻砂工的工作服以及赛车服、救生服等），耐高温手套及输送带等。用作燃煤锅炉中燃料气的过滤材料具有较长的使用寿命，在180℃条件下历经13个月，仍能保留70%的强度。

③　反渗透膜　由于PBI纤维具有良好的重复使用性能，可用于制造反渗透

膜，制成的平面膜和中空纤维用于反渗透，在微咸水和海水脱盐中显示了良好的性能，也有人曾试验用它分离淋浴或洗澡水中由人身上冲下来的各种组分，如尿素、盐分、肥皂、洗涤剂及乳酸等。需特别指出的是PBI纤维排除尿素的能力接近90%，而用其他的反渗透膜，则只能排除50%左右。

4.3.6 耐腐蚀的纤维之王——聚四氟乙烯纤维

聚四氟乙烯纤维（**PTFE**）是含氟纤维的一种，我国商品名为"氟纶"、美国为"特氟纶（Teflon）"，日本为"托夫纶（Toflen）"，是特种化学纤维中开发最早的一种。产品有单丝、复丝、短纤维和膜裂纤维等。

许多人对聚四氟乙烯纤维这一名词都很陌生，其实有相当多的人使用过它。人们在安装、修理水暖管件和阀门时，使用的"生料带"就是聚四氟乙烯纤维制品。炊具中的不粘锅之所以不粘是因为在锅的表面涂了一层薄薄的聚四氟乙烯膜。聚四氟乙烯纤维具有独特的综合性能，是迄今为止最耐腐蚀的纤维，具有摩擦因数低、不黏着、不吸水的特性，是目前化学纤维中难燃性最好、最耐腐蚀的纤维之王。

（1）**聚四氟乙烯纤维的性能** 聚四氟乙烯纤维的结构相当于聚乙烯分子中的所有氢原子被氟原子所取代，由于氟原子的体积比碳大，而且氟－碳键稳定，因此碳－碳主键被氟原子所包围，形成了稳定的"胄甲"，使纤维具有化学惰性和疏水性，能耐氢氟酸、王水、发烟硫酸、浓碱、过氧化氢等强腐蚀性试剂的作用，只有熔融的碱金属和高温、高压下的氟才能对其产生轻微的腐蚀作用。纤维的密度为2.2g/cm³，断裂强度1.15～1.59cN/tex，伸长率13%～15%，初始模量为14.21～17.66cN/tex，回潮率为0.01%。静摩擦系数0.2，动摩擦系数0.16，在合成纤维中它是摩擦系数最小的。既能在较高的温度下使用，也能在很低的温度下使用，温度使用范围为－160～280℃，回潮率为0.01%。它是现有各种化学纤维中耐气候性最优良的一个品种，在室外暴露15年后，其力学性能仍不会发生明显的变化。零强温度大约为310℃，至390℃开始解聚，加热至415℃时分解趋于明显，500℃时迅速而完全分解。它是有机纤维中最难燃的纤维之一，在空气中不燃烧，其极限氧指数高达95%。它还有良好的电绝缘性能和抗辐射性能，纤维的表面张力极小，不能被表面张力在0.02N/m以上的液体所润湿。纤维一般为茶褐色，高温处理后为银灰色，王水处理后变为白色。白色丝的电绝缘性好，电阻率为10¹⁷Ω·cm，褐色丝差一些。值得注意的是，聚四氟乙烯纤维本身并无任何毒性，可是在200℃以上的温度下使用时，可能有少量的有毒气体氟化氢（HF）释放出来，因此，当使用温度超过200℃时应采取必要的劳动保护措施，以防对人体造成损害。但是，该纤维也存在着染色性和导热性均差，耐磨性也不

好，热膨胀系数大，容易产生静电等缺点。

（2）**聚四氟乙烯纤维的用途**　聚四氟乙烯纤维由于具有以上的特殊性能，因此在尖端科学技术、国防工业以及国民经济各个部门有着广泛的应用领域。

① 航天航空领域　由该纤维制成的增强塑料，是制作飞机、其他飞行器和航天航空装置的结构材料，也可用于制作火箭发射台等的屏蔽物，其织物可用于制作宇宙航行服。

② 工业上的应用　由于它具有极佳的化学稳定性和极小的动、静摩擦系数，故适宜于制作各种耐腐蚀和耐高温的密封材料，可作高温下腐蚀性气体、液体、粉尘及酸、碱雾滴的过滤袋，在用于高温气体的过滤时，一般用针刺毡缝制而成，可在260℃下使用，如用于高温下过滤炭黑、二氧化钛、高岭土及氯气等可免受氯气、氯化氢、氟、氟化氢等的腐蚀，寿命比玻纤及腈纶等制品长得多。作腐蚀性物质的传送带，燃料电池隔膜、电缆绝缘包线，以及飞机和导弹用的无油轴承等，还可作泵和阀的填料。

③ 医疗和其他方面的应用　纯净的白色纤维（氟丝）在医疗上也有它独特的用途，可用于制作各种人工血管、人工气管、心脏瓣膜、修补内脏以及非吸收性组织的医用缝合线。还可用作绝缘材料、塑料的增强纤维，以及食品和原子能工业的防护服等。

4.3.7　耐热、耐腐蚀的新秀——聚苯硫醚纤维

聚苯硫醚（PPS）纤维又名聚对苯硫醚纤维、聚亚苯基硫醚纤维。由硫原子和对位被取代的苯环交替排列组成，是聚合物分子主链中含有对亚苯基硫醚链的阻燃性纤维品种之一。由荷兰首次研制成功，商品名赖通（Ryton），直至1983年才批量投入生产。

聚苯硫醚是一种结晶性的聚合物，未经拉伸的纤维具有较大的无定形区（结晶度约为5%），在125℃时发生结晶放热，玻璃化温度为93℃，熔点281℃。拉伸纤维在拉伸过程中产生了部分结晶（增加至30%），如在130～230℃温度下，对拉伸纤维进行热处理，可使结晶度增加到60%～80%。因此，拉伸后的纤维没有明显的玻璃化转变或结晶放热现象，其熔点为285℃。随着拉伸热定形后结晶度的提高，纤维的密度也相应增大，由拉伸前的1.33g/cm³到拉伸后的1.34g/cm³，经热处理后则可达1.38g/cm³。

（1）**聚苯硫醚纤维的性能**　聚苯硫醚纤维是一种新型的高性能纤维，具有以下一些优良的性能。

① 优良的纺织加工性　该纤维与大多数纺织纤维相仿，具有优良的纺织加工性能，并可采用传统的针刺技术加工成非织造布。沸水收缩率的大小与配制纤维

所用的工艺条件有关，可低（0～5%）也可高（15%～25%）。吸湿率较低，主要是纤维表面的吸湿性差，熔点达285℃，高于目前工业化生产的其他熔纺纤维。目前也可纺制成线密度为38.89～44.44tex的单丝。PPS纤维的主要物理性能见表4-12。

表4-12　PPS纤维的主要物理性能

性能	指标	性能		指标
纤维密度/（g/cm³）	1.33	初始模量/（cN/tex）		270～370
单纤维线密度/tex	0.27	沸水收缩率/%	低收缩	0～5
拉伸断裂强度/（cN/tex）	27～32		高收缩	15～25
断裂伸长率/%	25～35	吸湿率/%		0.6

② 耐化学稳定性好　聚苯硫醚纤维特别引人注目的是它能在极其恶劣的条件下仍能保持其原有的性能，具有突出的化学稳定性，仅次于聚四氟乙烯纤维。在高湿下，放置在不同的无机试剂中一周后能保持原有的抗拉强度。在一些苛刻的条件下，纤维的抗拉强度基本上不受影响，只有强氧化剂（如浓硝酸、浓硫酸和铬酸）才能使纤维发生剧烈的降解。它还具有很好的耐有机试剂的性质，除了93℃的甲苯对它的强度略有影响外，在四氯化碳、氯仿等有机溶剂中，即使在沸点下放置一周后其强度仍不会发生变化，温度为93℃的甲酸、醋酸对它的强度也没有影响。由聚苯硫醚纤维制成的非织造布过滤织物在93℃的50%硫酸中具有良好的耐蚀性，强度保持率无显著影响。在93℃、10%氢氧化钠溶液中放置两周后，其强度也没有明显变化。

③ 热稳定性优良　它具有出色的耐高温性。由聚苯硫醚纤维加工成的制品很难燃烧，把它置于火焰中虽能燃烧，但一旦移去火焰，燃烧会立即停止，燃烧时呈黄橙色火焰，并生成微量的黑烟灰，燃烧物不脱落，形成残留焦炭表现出较低的延燃性和烟密度。聚苯硫醚纤维的极限氧指数可达34%～35%，在正常的大气条件下不会燃烧，它的自燃着火温度为590℃。置于氮气之中，在500℃以下时基本无失重，但超过500℃时失重开始加剧，失重至起始重量的40%时，重量基本保持不变，直至达到1000℃的高温。在空气中，当温度达到700℃时将发生完全降解。该纤维的耐热性还表现在：它在200℃时的强度保持率为60%，250℃时约为40%。在250℃以下时，其断裂伸长基本保持不变。若将其复丝置于200℃的高温炉中，54天后断裂强度基本上保持不变，断裂伸长降至初始断裂伸长的50%；在260℃下经48h后，仍能保持纤维初始强度的60%，断裂伸长降至初始断裂伸长的50%。将聚苯硫醚纤维非织造过滤织物置于232℃的高温炉中5周后，强度保持率可保持在50%以上。

（2）聚苯硫醚纤维的用途　聚苯硫醚纤维的主要用途是作工业上燃煤锅炉袋滤室的过滤织物。烟道气的温度高达150～200℃，致使工业燃煤锅炉的飞尘很多，加之高含硫煤所形成的酸性烟道气对过滤织物产生腐蚀，为消除沉积物进行的周期性清洗也会造成织物的磨损。聚苯硫醚纤维织物可长期暴露在酸性环境之中，可在高温环境中使用，是能耐磨损的少数几种纤维之一，过滤效率较高。用于工业燃煤锅炉织物的聚苯硫醚过滤织物，在湿态酸性环境中，在接触温度为232℃和温度190℃以下，其使用寿命可达3年左右。由于该纤维具有较高的熔点，在苛刻的化学和热环境中的优异稳定性，可采用针刺成毡带的形式用于造纸工业的烘干机，是较为理想的耐热和耐腐蚀材料，同时也可用于制作电子工业的特种用纸。这种纤维的针刺非织造布或机织物可用于热的腐蚀性试剂过滤，其单丝或复丝织物还可用作除雾材料。另外，还可用作干燥机用帆布、缝纫线、各种防护布、耐热衣料（如消防服、炼钢炉前工作服等）、电绝缘材料、电解隔膜、摩擦片（刹车用）、复合材料，也可与碳纤维交织来增强PPS树脂，可保持其单向强度。

第 5 章

纺织纤维常用的鉴别方法

5.1 物理鉴别法

所谓物理鉴别方法，就是指利用纺织纤维的形态特征、物理性能和化学性能来鉴别纤维，包括感官鉴别法、密度法、熔点法、色谱法、红外吸收光谱法、双折射率法、黑光灯法、光学投影显微镜法、扫描电子显微镜法。

5.1.1 感官法鉴别纺织纤维

感官鉴别是通过人的感觉器官——眼、手、耳、鼻对纺织纤维进行直观的判定。各种纺织纤维都有一定的外观形态：光泽、长短、粗细、曲直、软硬、弹性、强度等特征。从纤维到纱线和织物，经过一系列的纺织染整加工过程，会赋予纱线或织物一定的组织结构、内在性能和外观风格。因此，采用感官法鉴别纤维时的依据包括：各种纺织纤维的外观形态、纱线的组织结构、织物的风格特征等。

使用感官鉴别纺织纤维时，需要一定数量的试样。对于散纤维试样应多一些为好，以提高鉴别的准确度。鉴别纱线时，应从织物中抽出一些纱线，如果是机织物应在经、纬向分别取样分析；如果是针织物，而且是几种纱线交替或合并织入，也应分别取样分析。将纱线分解成为纤维状态，依据纺织纤维的感官特征，分析判断其应属于哪一种纤维。

（1）鉴别步骤

① 眼观　这是鉴别纺织纤维的第一步。运用眼睛的视觉效应，观看纤维的形态特征，如纤维的长短、粗细、有无转曲、光泽等。

② 手感　手感是利用皮肤的感触来鉴别纤维的方法之一，人的手部皮肤布满了大量的神经末梢，要比其他部位的敏感性强，因此，手感是运用手的触觉效应来感觉纤维的软硬、弹性、光滑粗糙、细致洁净、冷暖等。用手还可感知纤维及纱线的强度和伸长度。

③ 耳闻　听觉是运用耳朵的听觉效应，根据纤维、纱线或织物产生的某种声响来鉴别纤维，如蚕丝和丝绸具有丝鸣声，各类纤维的织物在撕裂时会发出不同的声响等。

④ 鼻嗅　鼻子也常用来鉴别某些纤维或织物，如腈纶虽常被人称作合成羊毛，但腈纶和羊毛（或其他特种动物毛绒）及其织物在气味上有一定的差别，鼻嗅不失为利用嗅觉效应来鉴别某些纤维的一种方法。

（2）纤维的鉴别

① 棉纤维　棉纤维短而细，长度一般在25～30mm，长度整齐度较差；有

天然转曲，无光泽，有棉结杂质；手感柔软，弹性较差；湿态强度大于干态强度，断裂伸长率较小；有温暖感。

② 麻纤维　纤维粗而长，常因存在胶质而呈小束状（非单纤维状）；麻纤维比棉纤维长，但比毛纤维短，纤维之间长度差异大于棉纤维；纤维较平直，几乎无转曲，弹性较差；强度大，比棉纤维高，湿水后还会增大，断裂伸长率较小；弹性和光泽较差，有凉爽感。

③ 毛纤维

a．羊毛：毛纤维比棉纤维粗而长，纤维本身有良好的波状卷曲，毛纤维的长度，细毛为60～180mm，半细毛为70～180mm，粗毛为60～400mm。由于羊毛通常含有绒毛（最细）、两型毛（粗细居中）、粗毛及死毛（最粗），因此纯毛纺织产品，特别是在中低档产品中，纤维表现为粗细不一。

毛纤维长度较棉、麻长，有明显的天然转曲，且光泽柔和；手感柔软、温暖、蓬松，极富弹性；强度较小，断裂伸长率较大。

b．山羊绒：纤维极细软，长度较羊毛短，白羊绒长度为34～58mm，青羊绒为33～41mm，紫羊绒为30～41mm。手感轻、暖、软、滑，光泽柔和，卷曲率低于羊毛，但强度、弹性和伸长度均优于羊毛。

c．牦牛绒：绒毛细短，长度为26～60mm，手感柔软、蓬松、温暖，保暖性与羊绒相当，优于绵羊毛。颜色多为黑色、褐色、黄色、灰色，纯白色极少，光泽暗淡，在特种动物毛中是最差的。强力比羊绒高，卷曲率高于山羊绒，含有植物性杂质。

d．马海毛：纤维长而硬，长度一般在120～150mm，表面平滑，对光的反射较强，具有蚕丝般的光泽。纤维卷曲形状呈大弯曲波形，很少小弯曲。断裂强度高于羊毛，而伸长度低于羊毛。

e．驼绒：纤维细而均匀，卷曲较多，但不如羊毛有规则。平均长度为28mm，优质驼绒平均长度在42mm以上。手感柔软、蓬松、温暖，富有光泽，颜色有乳白、浅黄、黄褐及棕褐色等，品质优良的驼绒呈浅色。其断裂强度略低于马海毛，而伸长度略优于马海毛。

f．兔毛：纤维长、松、白、净。长度一般在35～100mm之间，纤维松散不结块，比较干净，含水、含杂少，色泽洁白光亮。手感柔软、蓬松、温暖、表面光滑，卷曲少，强度较小。

g．羊驼毛：纤维细长，细度相当于羊毛品质支数的50～70支，毛丛长度一般为200～300mm，少数为100～400mm。颜色由浅至深分为白、浅褐黄、灰、浅棕、棕、深棕、黑及杂色8种。霍加耶种羊驼毛纤维多卷曲，有银色光泽；而苏力种羊驼毛纤维顺直，卷曲少，有强烈的丝光光泽。

④ 丝纤维 它包括长丝和短丝，短丝又有绢丝和䌷丝之分。䌷丝的质量比绢丝差，纤维相对较短而含杂较高。丝纤维纤细、光滑、平直、手感柔软、富有弹性，光泽明亮柔和。有凉爽感，强度较好，伸长度适中。化纤长丝与蚕丝很近似，但从强度和弹性加以比较，就可鉴别。

⑤ 黏胶纤维 手感柔软、滑爽、弹性较差。有长丝和短纤维两类。短纤维长度整齐，其光泽根据是有光丝还是无光丝而有很大的差别，有光丝光泽明亮，稍有刺目感，消光后的无光丝光泽较柔和。纤维外观有平直光滑的，也有卷曲蓬松的。强度较低，特别是湿水后强力下降较多，其伸长度适中。

⑥ Tencel 纤维（天丝） 再生纤维素纤维的一种。其外观形态与黏胶纤维相似，手感柔软、光滑、富有弹性。纤维等长，具有丝一般的光泽，干、湿强力均较高，干强远超过其他一般纤维素纤维，湿强约为干强的85%。伸长度适中，水膨胀度较低。

⑦ Modal 纤维 再生纤维素纤维的一种。外观形态与黏胶纤维相似，纤维细而等长，手感柔软、顺滑，具有真丝一般的光泽（分亮光型和暗光型两种）、棉的柔软、麻的滑爽。纤维干强较高（在纤维素纤维中是最高的），湿强约为干强的55% ~ 60%，伸长度适中。

⑧ 大豆蛋白纤维 再生植物蛋白纤维的一种。纤维纤细，相对密度小，手感柔软、滑糯、蓬松、保暖性强。纤维明亮柔和，光泽亮丽，具有蚕丝般的光泽，类似麻纤维的吸湿快干特点。

⑨ 蛹蛋白丝 由蛹蛋白液与黏胶溶液共混纺丝获得的皮芯结构的蛋白纤维，蚕蛹蛋白主要聚集在纤维表面。它集真丝和黏胶纤维的优良性能于一身，手感柔软、滑爽，强度低于黏胶丝，伸长度与黏胶相当，光泽柔和，相对密度大于蚕丝而小于黏胶纤维。

⑩ 聚乳酸纤维 一种生物可降解合成纤维。手感柔软、光滑、蓬松，良好的肌肤触感。具有蚕丝般的光泽，柔和而明亮。有一般合成纤维的特征，相对密度较大，强力略高于锦纶，伸长度较好。

⑪ 合成纤维 合成纤维品种较多，纤维的粗细和长短根据用途的不同而略有变化，它们的共同特点是强力较高、弹性较好、手感光滑，但不够柔软，采用感官法有时很难准确地加以鉴别，通常可采用熔点法来加以鉴别。采用感官法只能进行初步鉴别，现对纺织上常见的几种合成纤维的特点介绍如下。

a. 涤纶：纤维强力高，弹性好，吸湿性极差。手感爽挺，有金属光泽，拉伸时伸长小。

b. 锦纶：纤维强力较其他合成纤维高，弹性较好。手感较涤纶软塌，光滑接近于蚕丝，有凉爽感，色泽鲜艳。

c. 腈纶：较为蓬松、温暖，手感与羊毛类似，光滑而干爽，人造毛感强。用手揉搓时会产生"丝鸣"的响声。

d. 维纶：形态与棉纤维类似，但不如棉纤维柔软。弹性差，有凉爽感。

e. 丙纶：相对密度很小，完全不吸湿，强力较好，手感生硬、光滑，有蜡状感，浅色光泽较差。

f. 氯纶：手感温暖，摩擦易产生静电，弹性和色泽较差。

g. 氨纶：最显著的特征是弹性和伸长度在合成纤维中是最大的，其伸长率可达到400% ～ 700%。

（3）织物的鉴别　通过手感目测织物的柔软性、弹性、光泽及折皱等情况来区分是由何种纤维织造而成的。对纯纺织物比较容易鉴别，对混纺织物的鉴别难度较大，特别是不同纤维品种、不同混纺比例的鉴别就更困难，必要时可从织物中抽取经、纬纱进行纤维的鉴别，如鉴别仍有困难，则就要借助于其他的方法（如溶解法等）来鉴别。

① 棉织物及棉型化纤织物

a. 棉织物：光泽柔和暗淡，手感柔软但不光滑，有些发涩，外观不够细致洁净，粗糙者有棉结杂质。用手触摸柔软而有身骨，弹性不佳，垂感较差，用手攥紧布料并迅速放开后有明显皱痕且不易恢复。经过丝光处理的棉织物表面更平整细腻，毛羽减少，光泽晶莹，布身柔软，整体风格接近于丝绸。经树脂整理的棉织物富有弹性，不易起皱。经拉绒磨毛整理的棉织物，布面覆盖有一层薄薄的绒毛，但其基本性能没有太大的变化。

b. 涤/棉织物：光泽明亮，比纯棉布好，白中泛有蓝光，淡雅柔和。布面细致洁净、平滑、平整，几乎没有棉结杂质。手感挺括滑爽并富有弹性，抗皱褶性优于纯棉布，用手紧攥后有折痕，但不明显，且在短时间内能够恢复。

c. 黏纤布：布面光滑、细致洁净，光泽柔和，色泽鲜艳。手感柔软、悬垂性好，有飘逸感。织物弹性较差，轻攥布料便会出现明显折痕，且不易恢复。

d. 棉/维织物：因其染色性能较差，色泽有不匀感。手感较粗糙不够柔软，轻攥布料皱痕较黏纤布少，但皱痕较为明显，恢复到平整状态较慢。

e. 纯维纶织物：外观与棉制品十分相似，手感稍硬，抗皱性差，光泽比棉织物亮。

② 毛织物及毛型化纤织物　该类织物包括全毛织物、含毛混纺呢绒、交织呢绒、混纺呢绒和化纤仿毛织物，统称为呢绒。按照商业习惯，通常把毛织物（呢绒）分为精纺毛织物、粗纺毛织物、长毛绒和驼绒四大类。各类织物特征明显，极易通过感觉器官进行鉴别判断。

a. 纯毛精纺呢绒：又称精梳呢绒，俗称"薄料子"。大多质地较薄，呢面光

洁平整，纹路清晰、精细匀密，光泽自然柔和，富有油润感，膘光足，颜色纯正。手感柔软、温暖、身骨挺括、滑糯，富有弹性，抗皱褶性强，不板、不烂、不粗、不硬，不易折皱，用手紧攥松开后，呢面能马上恢复且几乎不留痕迹，即使有轻微折痕也可在短时间内消失。

b. 纯毛粗纺呢绒：又称粗梳呢绒，俗称"厚料子"。大多质地厚重，且表面密布绒毛，呢面丰满。质地紧密，呢面和绒面类织物不露底纹，纹面类织物纹路清晰。色光柔和，膘光足，手感柔软、温暖、滑糯厚实，无板结感，挺括而有弹性。用手紧攥后折痕少，且能很快恢复平整。

c. 长毛绒织物：又名海虎绒、海勃龙，俗称"人造毛皮"。系起毛织物，常用较粗长的分级毛纺成较粗毛纱和棉纱共同织制而成。正面有平整竖立的绒毛，丰满厚实，手感柔软，有绒毛感和温暖感。

d. 驼绒织物：采用粗梳毛纱和棉纱在针织机上织制而成。织物表面绒毛浓密、平坦、蓬松，手感柔软、丰满、细腻，富有弹性，有温暖感。

e. 羊毛/羊绒混纺呢绒：织物外观比纯毛织物更为细腻、光洁、滑顺，质地轻盈，手感柔润、滑糯、丰满、温暖，光泽更为柔和、滋润，弹性比纯毛织物稍差，触摸时无接触刺激感，风格细腻。

f. 羊毛/牦牛绒织物：手感柔软、滑糯、温暖，风格粗犷，绒面丰满，色泽暗淡而单调，多为驼色、黄灰色、深红色等颜色。

g. 羊毛/兔毛织物：一般以粗纺毛织物和针织物为主，具有细软、蓬松、柔滑等特点，有华丽的光泽。纯兔毛织物品种极少，其混纺产品常因其较粗而光洁的刚毛（粗毛）露在织物的表面而容易被识别。

h. 羊毛/马海毛织物：主要是粗纺呢绒和针织物，织物表面较为光亮、粗硬，有长直的马海毛纤维，针织物有时用纯纺马海毛织制。有些织物以异形腈纶仿马海毛，但较马海毛细软，挺拔感和弹性不足，光泽欠柔和。

i. 毛/涤混纺呢绒：多为精纺呢绒产品，织物挺括、平整、光滑、细腻。织纹清晰，手感光滑、挺爽，身骨略为板硬而缺乏柔软，稍有粗糙感，不丰糯，呆板而不活络，并随涤纶含量的增加而更为明显。光泽比较明亮，有闪色感，但缺乏柔和的油润感。织物的弹性较纯毛呢绒要好，但毛型感不如纯毛和毛/腈呢绒。用手紧攥呢料后松开，能迅速恢复而毫无痕迹。

j. 毛/腈混纺呢绒：织物表面平坦不凸出，呢面丰满，质地轻柔，毛型感强，折皱少，恢复快，光泽不如纯毛呢绒柔和。手感柔润，有温暖感，弹性较好，抗皱性不如毛/涤或涤/毛呢绒，悬垂性也不够好。

k. 毛/锦混纺呢绒：光泽不丰润，有蜡状感，毛型感较差。手感硬挺不活络，弹性和抗皱性均欠佳，不及纯毛呢绒。用手紧攥后松开，有较明显的折痕，虽能恢复但较缓慢。

l. 毛/黏混纺呢绒：指以毛型黏胶短纤维和羊毛混纺织制而成。与纯毛织物相比，呢面光泽较暗淡，色泽也不如纯毛织物鲜亮匀净，缺乏羊毛的油润感，膘光不足。毛型感较差，弹性也差，易产生折痕，且不易恢复。手感柔软，精纺类手感较疲软，有类似棉布的软塌感；粗纺类有松散感，不够坚实挺括，故毛/黏混纺多见于粗纺呢绒。混纺原料中含黏胶纤维较多者，弹性及抗皱性较差，用手紧攥织物松开后会留下明显的折痕。

m. 毛/棉混纺织物：织物的外观和光泽均较差，手感硬挺而不丰满，弹性较差，用手紧攥织物松开后有较为明显的折皱痕迹，而且恢复缓慢。

n. 黏胶纤维仿毛呢绒：织物光泽暗淡，缺少羊毛的油润感，毛型感差。手感疲软，身骨不挺括，有板结感，呢面不够匀净，易起毛，弹性较差，极易出现皱褶，而且不易消失。织物失水后发硬、变厚，纱线的强度明显下降。织物的悬垂性优良。

o. 涤纶仿毛呢绒：多为精纺类织物。光泽不柔和，犹如金属光泽，缺乏膘光，闪色感强。手感挺括发涩，刚性较好，悬垂性好，用手紧攥呢料后松开，几乎无折痕，但织物生硬，缺乏柔和感，温暖感和丰满感不及纯毛呢绒，揉搓时较滑爽，声音响而生硬，无纯毛呢绒的柔糯感。

p. 腈纶仿毛呢绒：质地轻盈、蓬松，手感温暖、柔软，用食指和拇指搓捏织物时有涩滞感，缺少羊毛的滋润感，色泽鲜艳但不够柔和。弹性不及涤纶仿毛织物，挺括感和悬垂感不强，有一种特殊的腈纶气味。

③ 丝织物（丝绸）及丝型化纤维物　丝织物大多采用长丝织制而成，如桑蚕丝、柞蚕丝、黏胶丝（人造丝）、涤纶丝、锦纶丝等，也有少量短纤维产品，如绢丝、绸丝等。丝绸的品种繁多，约2000种，由于织物的规格、组织等不同，其产品可分为纱、罗、绫、绢、纺、绡、绉、锦、缎、绨、葛、呢、绒、绸14大类。真丝绸的共同特点是光泽柔和、明亮，手感柔软、细腻，弹性好，手摸有拉手感，用手紧攥并迅速放开后，有少量而且较少的皱痕。湿态的强度、弹性、硬度等与干态时无大的差异。

a. 桑蚕丝绸：绸面光滑、细腻，光泽明亮、自然、柔和，色泽纯正、鲜艳，手感轻柔、舒适、平滑、细腻，富有弹性。用手紧攥织物后松开，有折皱，但不很明显，以手托起能自然悬垂。干燥时用手摸绸面，有凉爽感和轻微的拉手感；摩擦绸面时，会发出清脆悦耳的丝鸣声，撕裂时声音清亮。

b. 柞蚕丝绸：织物略显粗糙，手感不及桑蚕丝绸柔软，略带生硬感，表面有细小皱纹。不够平滑、细腻。光泽和鲜艳度不如桑蚕丝绸好，因天然色素难以去除，故柞蚕丝绸不如桑蚕丝绸色泽纯净，特别是浅色织物，颜色略发黄，织物

喷洒清水晾干后有水渍。

c. 绢丝织物：泛指由各种绢丝织制的织物，如桑蚕绢丝织物、柞蚕绢丝织物和木薯蚕绢丝织物等。产品具有良好的吸湿性和透气性，手感柔糯、丰满、凉爽，质地坚韧、牢固，光泽不如桑蚕丝绸。柞蚕绢丝和木薯蚕绢丝织物易泛黄、起毛，用清水喷洒晾干后易出现水渍。

d. 绸丝织物：指由绢纺落绵纺制的绸丝纱为原料织制的织物，又名绵绸。织物表面粗糙，有疙瘩。手感厚实，质地坚韧，富有弹性，有温暖感。光泽较差，表面有毛羽，并有特殊的不匀效果。

e. 黏胶纤维长丝织物：黏胶丝织物品种较多，如黏胶丝双绉、黏胶丝乔其纱、黏胶丝羽纱、黏胶丝花绸、黏胶丝软缎、黏胶丝采芝绫、黏胶丝塔夫绸等。由于织物组织和规格的不同，其织物的形态特征也有所差异。它们的共同特点是光泽明亮、刺目，不及真丝绸柔和自然。手感柔软、滑爽油润，身骨不及真丝绸轻盈、挺括、飘逸。上浆后硬挺、滑爽，质地悬垂，下垂感强。轻握织物时，容易产生折皱，且折痕十分明显，很难消失。

f. 涤纶丝织物：织物光泽明亮、耀眼，色泽均匀，有闪色感，但不柔和。手感挺括、光滑、但有生硬感，不及桑蚕丝绸柔软、膨润，表面有较强的阴凉感。弹性好，抗皱性优于真丝绸。用手紧攥织物后松开能马上平复，无明显折痕，揉搓时声音涩硬。

g. 锦纶丝织物：织物表面有蜡状感，光泽暗淡，色彩不够鲜艳。手感硬挺，缺乏光滑和柔软性，质地轻飘，悬垂感不强，抗皱性较好。织物坚牢，不易撕裂。

④ 麻织物及麻型化纤织物

a. 苎麻织物：布身细致洁净、紧密，布面光泽好，手感硬挺滑爽、纱支匀净，表面有绒毛，强力大，刚度强，凉爽感强，极易折皱，且不易消退。遇水能膨润。织物撕裂时声音干脆。

b. 亚麻织物：织物吸湿、散湿快，不易吸附尘埃，表面有特殊的光泽，光泽柔和。手感较松软，有凉爽感，极易折皱，且不易消退。强力大，刚度强，遇水能膨胀。

c. 麻/棉混纺织物：织物的外观不如纯棉织物，而柔软度和光洁度均比纯麻织物好，抗皱性比纯麻织物稍好些，其余与纯麻织物相似，具有麻织物的风格。

d. 麻/毛混纺织物：弹性不如纯毛织物但比纯麻织物好，风格粗犷，手触时有扎手感。

e. 麻/涤混纺织物：俗称"麻的确凉"。麻与涤的比例有多种，既有正比例（麻超过50%），也有倒比例（涤纶超过50%）。它集中了麻、涤两种纤维的优点，克服了各自的缺点，织物较光洁、平整，抗皱性大为改善，光泽较好。弹性较好，手感挺爽，有凉爽感。

f. 仿麻织物：仿麻织物品种较少，常见的有棉仿麻织物和涤纶仿麻织物等，织物表面呈现无规则的粗节或细节，由花式纱线或组织结构所形成，具有独特的风格，立体感强，但自然感不强，较为机械，缺乏天然麻织物的柔和光泽。棉纤维仿麻织物光泽较差，手感不够刚硬。涤纶仿麻织物挺括清爽，手感挺滑，强度高、弹性好，光泽均匀，但手感和光泽略显生硬。用手紧攥并迅速松开后无皱痕。

5.1.2 密度法鉴别纺织纤维

密度法就是根据各种纤维具有不同密度的特点来鉴别纤维的品种。测定纤维密度的方法很多，其中常用的是密度梯度法，用此方法来测定纤维的密度较其他方法精确、稳定、重现性好。首先，配制密度梯度液，配制的方法是将两种不同密度而又能互相混合的轻液与重液混合，一般采用二甲苯为轻液，四氯化碳为重液，利用扩散作用，使混合液在密度梯度管中形成一种具有从上到下连续变化的密度梯度液。用标准密度小球来标定各个高度的密度值。然后，将待测纤维进行脱油、烘干、脱泡预处理，做成小球，投入密度梯度管中，平衡一段时间后，利用悬浮原理，根据纤维小球悬浮的高度测得的纤维密度值，鉴定出纤维的种类。密度梯度液会随温度的变化而变化，所以进行测试时一定要保持密度梯度液的温度不变。

几种常用纺织纤维在标准状态（温度为20℃，相对湿度为65%）时的密度见表5-1。

5.1.3 熔点法鉴别纺织纤维

熔点法是根据某些纤维的熔融特性，在附有加热装置和测温装置的显微镜（或偏光显微镜）下，观察纤维熔融（消光）时的温度来确定纤维的熔点，或用熔点仪自动测定纤维熔点，从而进行纤维的鉴别。

大多数合成纤维不像纯晶体那样有确切的熔点，即使是同一种纤维，因纤维制造厂或型号不同也会有出入。但是，一般而言，同一种纤维的熔点还是基本固定在一个比较狭小的范围内，可据此来确定纤维的种类。受纤维内部结构的影响，纤维的熔点并不是一个固定值，有时是一个范围相当大的温度区间，且某些纤维的熔点较为接近，不易确定，因此熔点法常作为初步鉴定后的证实手段使用。几种常见的纺织纤维的熔点温度见表5-2。

表5-1　几种常用纺织纤维在标准状态时的密度　　　　　单位：g/cm³

纤维	密度	纤维	密度	纤维	密度
棉	1.54	天丝（Tencel）	1.56	氨纶	1.00 ~ 1.30
苎麻	1.54 ~ 1.55	莫代尔（Modal）纤维	1.45 ~ 1.52	聚四氟乙烯纤维	2.2
亚麻	1.46	醋酯纤维	1.32	聚苯并咪唑纤维（PBI）	1.43
黄麻	1.21	三醋酯纤维	1.30	陶瓷纤维	2.7 ~ 4.2
洋麻	1.27	铜氨纤维	1.53	聚亚苯基苯并双噁唑纤维（PBO）	1.54 ~ 1.56
苘麻	1.62	大豆蛋白纤维	1.28	芳纶1414	1.44
大麻	1.40 ~ 1.49	蜘蛛丝纤维	1.13 ~ 1.29	芳纶1313	1.38
剑麻	1.25	聚乳酸纤维	1.25	超高分子量聚乙烯纤维	0.96 ~ 0.97
蕉麻	1.45	涤纶	1.38 ~ 1.39	碳纤维	1.7 ~ 1.9
羊毛	1.30 ~ 1.32	聚酰胺纤维4	1.25	玻璃纤维	2.55
山羊绒	1.30 ~ 1.31	聚酰胺纤维6	1.14 ~ 1.15	凯美尔纤维	1.34
山羊毛	1.20	聚酰胺纤维11	1.10	碳氟纤维	2.1
牦牛绒	1.32	聚酰胺纤维66	1.14 ~ 1.15	高密度聚乙烯纤维	0.95
驼绒	1.31 ~ 1.32	腈纶	1.14 ~ 1.17	低密度聚乙烯纤维	0.92
兔毛	0.96	腈氯纶	1.23 ~ 1.28	酚醛纤维	1.62 ~ 1.75
兔绒	1.10	维纶	1.26 ~ 1.30	聚碳酸酯纤维	1.28
马海毛	1.32	维氯纶	1.23 ~ 1.28	不锈钢纤维	7.8
桑蚕丝	1.33 ~ 1.45	丙纶	0.91	海藻酸钙纤维	1.78
柞蚕丝	1.58 ~ 1.65	改性丙纶	1.23 ~ 1.28	聚苯硫醚纤维（PPS）	1.33
黏胶纤维	1.50	氯纶	1.39 ~ 1.40		
富强纤维	1.49 ~ 1.52	偏氯纶	1.68 ~ 1.75		

表5-2　几种常见纺织纤维的熔点温度

纤维种类	熔点/℃	纤维种类	熔点/℃
二醋酯纤维	255 ~ 260	Kevlar29纤维（PPTA）	500 ~ 600
三醋酯纤维	290 ~ 300	Nomex纤维（PMIA）	450
涤纶（PET）	255 ~ 265	聚酰胺/聚酯共聚纤维	215 ~ 220
尼龙-6（PA6）	215 ~ 220	聚萘二甲酸乙二酯纤维（PEN）	269
尼龙-11（PA11）	185 ~ 220	聚对苯二甲酸丁二酯纤维（PBI）	226
尼龙-12（PA12）	178 ~ 180	聚对苯二甲酸丙二酯纤维（PTT）	228
尼龙-66（PA66）	250 ~ 260	聚甲酸酯纤维	223 ~ 228

续表

纤维种类	熔点/℃	纤维种类	熔点/℃
尼龙-610（PA610）	215～277	硅酸铝纤维	1000～1400
腈纶（PAN）	不明显（软化点190～240）	氧化铝纤维	1600
改性腈纶	不明显（软化点150）	纳克斯特尔-400纤维	1800
维纶（PVF）	不明显（软化点220～230）	聚苯硫醚纤维（PPS）	281～285
氨纶（PU）	200～230	聚己内酯纤维	60
乙纶（PE）	125～141	腈氯纶	188
丙纶（PP）	163～175	维氯纶	200～231
氯纶（PVC）	200～210	碳氟纤维	327
偏氯纶（PVDC）	165～190	玻璃纤维	E型：1121～1182，S型：1493
聚三氟氯乙烯纤维	210～222	Fibrilon纤维	160
聚四氟乙烯纤维（PTFE）	327	聚乳酸纤维（PLA）	130～175
聚氟乙烯纤维	320～330		

5.1.4　红外光谱法鉴别纺织纤维

红外光谱法是根据纤维分子的各种化学基团，不论其存在于哪一种化合物中都有自己的特定的红外吸收带的位置，如同每个人都有自己的指纹一样。纤维鉴别就是利用这种红外光谱具有的"指纹特点"原理，将测得的未知纤维的红外光谱图与已知纤维的红外光谱图比较，根据其主要基团的特征吸收谱带的图形，从而得出准确的鉴别结论。

红外光谱法是鉴别纤维很有效的方法之一，相对于其他的鉴别方法，红外光谱法更准确可靠。这是由于它的测试结果主要由纤维的化学组成而定。常见纺织纤维的主要吸收谱带及特征频率见表5-3。

棉的特征谱带在1060cm^{-1}处两侧有五个连续的小吸收峰。黏胶纤维基本与棉相似，在1429cm^{-1}处较棉弱，890cm^{-1}处附近较棉强。羊毛在3350cm^{-1}、1640 cm^{-1}及1510cm^{-1}处有酰胺基引起的吸收峰。蚕丝基本与羊毛相似，在1222cm^{-1}处有一个单一的不对称峰。涤纶的特征谱带是1700cm^{-1}和1230cm^{-1}。腈纶的特征谱带是2240cm^{-1}处，有一个很尖的吸收峰，在纺织纤维中它是唯一的；在1450cm^{-1}处还有一个强吸收峰；在1740cm^{-1}和1620cm^{-1}处还有特征峰。锦纶的特征谱带在3290cm^{-1}、1620cm^{-1}及1530cm^{-1}处。丙纶的特征谱带是1170cm^{-1}、1000cm^{-1}、

表5-3 常见纺织纤维红外光谱的主要吸收谱带及其特征频率

编号	纤维种类	制样方法	主要吸收谱带及其特征频率/cm⁻¹
1	纤维素纤维	K	3450 ~ 3200, 1640, 1160, 1064 ~ 980, 893, 671 ~ 667, 610
2	动物纤维	K	3450 ~ 3300, 1658, 1534, 1163, 1124, 926
3	丝	K	3450 ~ 3300, 1650, 1520, 1220, 1163 ~ 1149, 1064, 993, 970, 550
4	黏胶纤维	K	3450 ~ 3250, 1650, 1430 ~ 1370, 1060 ~ 970, 890
5	醋酯纤维	F	1745, 1376, 1237, 1075 ~ 1042, 900, 602
6	聚酯纤维	F（热压成膜）	3040, 2358, 2208, 2079, 1957, 1724, 1242, 1124, 1090, 870, 725
7	聚丙烯腈纤维	K	2242, 1449, 1250, 1075
8	尼龙-6	F（甲酸成膜）	3300, 3050, 1639, 1540, 1475, 1263, 1200, 687
9	尼龙-66	F（甲酸成膜）	3300, 1634, 1527, 1473, 1276, 1198, 933, 689
10	尼龙-610	F（热压成膜）	3300, 1634, 1527, 1475, 1239, 1190, 936, 689
11	尼龙-1010	F（热压成膜）	3300, 1635, 1535, 1467, 1237, 1190, 941, 722, 686
12	聚乙烯醇缩甲醛纤维	K	3300, 1449, 1242, 1149, 1099, 1020, 848
13	聚氯乙烯纤维	F（二氯甲烷成膜）	1333, 1250, 1099, 971 ~ 962, 690, 614 ~ 606
14	聚偏氯乙烯纤维	F（热压成膜）	1408, 1075 ~ 1064, 1042, 885, 752, 599
15	聚氨基甲酸乙酯纤维	F（DMF成膜）	3300, 1730, 1590, 1538, 1410, 1300, 1220, 769, 510
16	聚乙烯纤维	F（热压成膜）	2925, 2868, 1471, 1460, 730, 719
17	聚丙烯纤维	F（热压成膜）	1451, 1475, 1357, 1166, 997, 972
18	聚四氟乙烯纤维	K	1250, 1149, 637, 625, 555
19	芳纶1313	K	3072, 1642, 1602, 1528, 1482, 1239, 856, 818, 779, 718, 684
20	芳纶1414	K	3057, 1647, 1602, 1545, 1516, 1399, 1308, 1111, 893, 865, 824, 786, 726, 664
21	聚芳砜纤维	K	1587, 1242, 1316, 1147, 1104, 876, 835, 783, 722
22	聚砜酰胺纤维	K	1658, 1589, 1522, 1494, 1313, 1245, 1147, 1104, 783, 722
23	酚醛纤维	K	3340 ~ 3200, 1613 ~ 1587, 1235, 826, 758
24	聚碳酸酯纤维	F（热压成膜）	1770, 1230, 1190, 1163, 833

编号	纤维种类	制样方法	主要吸收谱带及其特征频率/cm^{-1}
25	维氯纶	K	3300，1430，1329，1241，1177，1143，1092，1020，690，614
26	腈氯纶	K	2324，1255，690，624
27	玻璃纤维	K	1413，1043，704，451
28	聚乙烯-醋酸乙烯共聚纤维	K	1737，1460，1369，1241，1020，730，719，608
29	碳素纤维	K	无吸收
30	不锈钢金属纤维	K	无吸收

注：1. 羊毛在1800～1000cm^{-1}之间皆为宽谱带。

2. 生丝在1710～1370cm^{-1}之间皆为宽谱带。

3. 纤维的吸收频率，按使用红外光谱仪的不同，差异约为±20cm^{-1}。

4. 改性纤维的红外光谱，除对原纤维的吸收外，同时叠加了改性物质的吸收谱带。

5. 制样方法一栏中的K是溴化钾压片法，F是薄膜法。

975cm^{-1}及843cm^{-1}，其中，2950cm^{-1}和2920cm^{-1}两个谱带强度相近。氯纶的特征谱带是680cm^{-1}和620cm^{-1}。维纶的特征谱带是850cm^{-1}。根据特征谱带的数据，可以准确得出纤维鉴别的结论。

5.1.5　双折射法鉴别纺织纤维

利用偏振光显微镜可以分别测得平面偏振光方向的平行于纤维长轴的折射率和垂直于纤维长轴方向的折射率，把这两种折射率相减，即可得到双折射率。由于纺织纤维具有双折射性质，其折射率也不同，因此，可以利用纺织纤维的双折射率来鉴别纺织纤维，见表5-4。

5.1.6　黑光灯法鉴别纺织纤维

黑光灯法是荧光法的俗称，在纺织厂生产过程中，常用来检测车间在制品中是否混入其他不该混入的纤维，做到及早发现，以免造成产品质量事故，预防由此而造成的损失。专业纤维检验机构在检验纤维原料时，也可采用此方法来检查有无不同的纤维或纱线混入。黑光灯的检测原理就是利用紫外线灯产生的紫外线照射到纤维上，使纤维产生不同的荧光，以此来鉴别纤维的种类。黑光灯只能透过紫外线而不能透过可见光，它所透过紫外线的波长在300～400nm（3000～4000Å）。几种常见纺织纤维的荧光色泽见表5-5。

表5-4　几种纺织纤维的折射率 [（20±2）℃，RH65%±2%]

纤维名称	平行折射率 $n_{/\!/}$	垂直折射率 $n_{\perp}$	双折射率 $\Delta n = n_{/\!/} - n_{\perp}$
棉	1.576	1.526	0.050
麻	1.568 ~ 1.588	1.526	0.042 ~ 0.062
桑蚕丝	1.591	1.538	0.053
柞蚕丝	1.572	1.528	0.044
羊毛	1.549	1.541	0.008
黏胶纤维	1.540	1.510	0.030
富强纤维	1.551	1.510	0.041
铜氨纤维	1.552	1.521	0.031
醋酯纤维	1.478	1.473	0.005
聚酯纤维	1.725	1.537	0.188
聚酰胺纤维	1.573	1.521	0.052
聚丙烯腈纤维（腈纶）	1.510 ~ 1.516	1.510 ~ 1.516	0.000
改性聚丙烯腈纤维（改性腈纶）	1.535	1.532	0.003
聚乙烯醇缩甲醛纤维（维纶）	1.547	1.522	0.025
聚乙烯纤维（乙纶）	1.570	1.522	0.048
聚丙烯纤维（丙纶）	1.523	1.491	0.032
聚氯乙烯纤维（氯纶）	1.548	1.527	0.021
酚醛纤维	1.643	1.630	0.013
玻璃纤维	1.547	1.547	0.000
木棉纤维	1.528	1.528	0.000

表5-5　几种常见纺织纤维的荧光色泽

纤维名称	荧光色泽	纤维名称	荧光色泽
棉	黄色带绿黄色	涤纶	深紫白色
羊毛	浅青白色	锦纶	浅青白色
蚕丝	浅青色	腈纶	浅紫色-浅青白色
黏胶纤维	带浅黄的青色	维纶	浅青黄色
醋酯纤维	深紫蓝色或青色	丙纶	深青白色
铜氨纤维	浅肉色或带青紫色	—	—

5.1.7 光学投影显微镜法鉴别纺织纤维

采用光学投影显微镜法观察、鉴别纺织纤维是一种最直观的方法，它可以根据纤维的纵向形态和横截面形态特征综合鉴别纤维。在显微镜中观察纤维的纵向形态可区分其所属大类，然后观察横截面切片，确定具体纤维名称。由于各种天然纤维与化学纤维的形态特征明显而独特，因此，用生物显微镜放大 500～600 倍进行观察，容易鉴别，准确率高。各种主要纺织纤维在光学投影显微镜下的形态特征见表5-6。又由于合成纤维大多纵向平滑，呈圆柱状，横截面为圆形，因此不可单凭显微镜观察得出结果，应适当与其他方法相结合进行鉴别，特别是近年来异形化纤的品种增多，在显微镜下容易与某些天然纤维混淆。由此可见，各种化纤的异形丝如果只运用光学显微镜是无法判断其纤维品种的，必须同时运用其他准确率较高的方法为依据进行鉴别。

表5-6 主要纺织纤维在光学显微镜下的形态特征

纤维种类	纵向形态特征	横截面形态特征
棉	扁平带状，有天然转曲	腰圆形，有中腔
丝光棉	顺直粗细有差异	接近圆形
彩色棉	扁平带状，有天然转曲，颜色深浅不一致	不规则的腰圆形带有中腔
苎麻	有竹节，带有束状条纹，粗细有差异	腰圆形或椭圆形，有中腔和裂纹
亚麻	长带状，无转曲，有横节，竖纹，粗细较均匀	不规则三角形，中腔较小，胞壁有裂纹
大麻	有竹节，带有束状条纹，粗细有差异	扁平长形，有中腔
黄麻	长带状，无转曲，有横节，竖纹	不规则多边形，中腔较大
竹原纤维	有外突形竹节，有束状条纹，粗细有差异	扁平长形，有中腔，胞壁均匀
羊毛	细长柱状，有自然卷曲，表面有鳞片	圆形或近似圆形，有些有毛髓
山羊绒	鳞片边缘光滑，且紧贴毛干，环状覆盖，间距较大	圆形或近似圆形
牦牛绒	有鳞片，纤维顺直，鳞片边缘光滑	接近圆形
驼绒	有鳞片，纤维顺直，粗细差异大，鳞片边缘光滑	接近圆形或椭圆形
马海毛	表面鳞片平且紧贴毛干，很少重叠，卷曲少，鳞片边缘光滑	大多为圆形，且圆整度高
兔毛	表面有鳞片，鳞片边缘明显，卷曲少，有断开的髓腔，如同电影胶片一样	哑铃形，髓腔有单列和多列

纤维种类	纵向形态特征	横截面形态特征
羊驼毛	有鳞片，纤维顺直，粗细差异大，鳞片边缘光滑，有通体髓腔	接近圆形或椭圆形
桑蚕丝	平直光滑	不规则三角形
柞蚕丝	平直光滑	不规则三角形，比桑蚕丝扁平，有大小不等的毛细孔
黏胶纤维	有平直沟槽	锯齿形，皮芯结构
富强纤维	平直光滑	圆形或较少齿形，几乎全芯层
天丝（Tencel）	表面光滑，较细，粗细一致纤维顺直	多为圆形
莫代尔（Modal）纤维	粗细一致，纤维顺直，表面带有斑点	圆形
大豆蛋白纤维	有不规则裂纹，纤维顺直，粗细一致	哑铃形
牛奶蛋白纤维	有较浅的条纹，纤维顺直，粗细一致	圆形或腰圆形
铜氨纤维	表面光滑，较细，粗细一致，纤维顺直	圆形
醋酯纤维	有1～2根沟槽	不规则带形或腰子形
维纶	有较浅且均匀的条纹，纤维顺直，粗细一致	多为一致
涤纶	平直光滑	圆形
锦纶	平直光滑	圆形
腈纶	平滑或1～2根沟槽	圆形或哑铃形
改性腈纶	长形条纹	不规则哑铃形、蚕形、土豆形等
乙纶	表面平滑，有的带有疤痕	圆形或接近圆形
丙纶	平直光滑	圆形
氨纶	较粗且粗细一致，纤维光滑	不规则的形状，有圆形、土豆形
氯纶	平滑或1～2根沟槽	近似圆形
偏氯纶	表面平滑	圆形
芳纶	纤维光滑顺直，粗细一致，较细	圆形
聚四氟乙烯纤维	表面光滑	圆形或近似圆形
聚砜酰胺纤维	表面似树枝状	似土豆状
碳纤维	黑而匀的长杆状	不规则的炭末状
甲壳素纤维	表面有不规则微孔	近似圆形
玻璃纤维	表面平滑、透明	透明圆球形
酚醛纤维	表面有纵向条纹，类似中腔	马蹄形
不锈钢纤维	边线不直，黑色长杆状	大小不一的长方圆形

5.1.8 扫描电子显微镜法鉴别纺织纤维

对于纺织品中含有两种及两种以上的纤维又无法用化学方法分离纤维的，一般可根据不同纤维的外观形态的差异来观察纤维的图像并进行分辨。传统的光学显微镜由于条件所限，图像的分辨率较低，测试的准确性受到限制。于是，人们开始使用扫描电子显微镜法来区分性质相近而化学方法又无法分离的纤维，例如，棉和麻类纤维或羊毛和特种动物毛纤维，在物理和化学性质上非常接近，无法用机械或化学的方法分析出其混纺织物的组成。扫描电子显微镜放大倍数可达10万倍以上，且不受样品颜色深浅的影响，可对纤维的细节进行精确的观察、测量及判断。其特点如下。

① 分辨率高，放大倍数调节范围宽，能观察到试样表面几纳米的细节形貌。

② 图像视野大，景深长，成像有立体感，可以直接观察样品表面凹凸不平的细微结构。

③ 试样制作简单，非导电样品只需镀一层导电层即可观察。

但是，由于扫描电子显微镜价格昂贵，样品又需要进行镀金膜处理，测试速度较慢，在日常定性检验中未能广泛采用。

现将常见纺织纤维采用扫描电子显微镜拍摄的纵、横向截面形态照片列于表5-7中。

表5-7 常见纺织纤维的纵横向截面形态

名称	纤维纵向与横截面形态	名称	纤维纵向与横截面形态
棉纤维		亚麻纤维	
黄色彩棉纤维		苎麻纤维	
绿色彩棉纤维		大麻纤维	
黏胶纤维		竹原纤维	

续表

名称	纤维纵向与横截面形态	名称	纤维纵向与横截面形态
醋酯纤维		铜氨纤维	
Tencel（天丝）		Modal（莫代尔）纤维	
羊毛纤维		大豆蛋白纤维	
牛奶蛋白纤维		兔毛纤维	
马海毛纤维		驼绒纤维	
牦牛绒纤维		山羊绒纤维	
柞蚕丝		桑蚕丝	
涤纶纤维		芳纶纤维	
腈纶纤维		锦纶纤维	
维纶纤维		丙纶纤维	

续表

名称	纤维纵向与横截面形态	名称	纤维纵向与横截面形态
氯纶纤维		氨纶纤维	

5.2 化学鉴别法

　　所谓化学鉴别方法，就是指利用纺织纤维化学性能方面的不同，采用化学的方法来鉴别纤维，如燃烧法、热分析法、热分解法、试剂显示法、点滴法、溶解法、系统鉴别法等。

5.2.1　燃烧法鉴别纺织纤维

　　燃烧法是鉴别纺织纤维的常用方法之一。它是利用纤维的化学组成不同，其燃烧性能也不同来区分纤维的种类。此方法简单易行，不需要任何仪器设备，随时随地就可顺利地进行，但需要有一定的经验。燃烧法适用于纯纺产品，不适用于混纺产品，或者经过防火、防燃及其他整理的纤维和纺织品。

　　燃烧法的测定方法是将一小束待鉴别的纤维，用镊子夹住，缓慢地移进酒精灯火焰，仔细观察纤维接近火焰、在火焰中及离开火焰后的燃烧状态，燃烧时发出的气味，以及在燃烧后的灰烬特征，对照纤维燃烧特征表，粗略地鉴别其类别。几种常见纤维的燃烧特征见表5-8。

表5-8　常见纤维的燃烧特征

纤维名称	燃烧性	燃烧状态			燃烧时气味	残渣形态
		接近火焰	在火焰中	离开火焰		
棉	非常易燃	软化、不熔不缩	迅速燃烧，不熔融	继续燃烧	烧纸味	少量灰白色的烟
木棉纤维	非常易燃	不软化、不熔不缩	迅速燃烧，不熔融	继续燃烧	烧纸味	少量灰白色的烟
麻	非常易燃	软化、不熔不缩	迅速燃烧，不熔融	继续燃烧	烧纸味	少量灰白色的烟
竹原纤维	易燃	软化、不熔不缩	迅速燃烧，不熔融	继续燃烧	烧纸味	少量灰白色的烟
羊毛	收缩	熔并卷曲，软化收缩	徐徐冒烟，微熔卷缩，燃烧	燃烧缓慢，有时自熄	烧毛发味	松脆黑灰

续表

纤维名称	燃烧性	燃烧状态			燃烧时气味	残渣形态
		接近火焰	在火焰中	离开火焰		
蚕丝	可燃	熔并卷曲，软化收缩	卷曲，部分略熔，燃烧缓慢	略带闪光，缓慢燃烧，有时自熄	烧毛发味	松脆黑灰
黏胶纤维	易燃	软化，不熔不缩	立即燃烧，不熔融	继续迅速燃烧	烧纸味	浅灰或灰白色灰烬
醋酯纤维	可燃	软化，不熔不缩	快速熔融燃烧，并产生火花	边熔边燃	醋酸味	有光泽，硬而脆不规则黑色灰烬，手指碾压即碎
三醋酯纤维	可燃	软化，不熔不缩	快速熔融燃烧，并产生火花	边熔边燃	醋酸味	有光泽，硬而脆不规则黑色灰烬，手指碾压即碎
铜氨纤维	易燃	软化，不熔不缩	即刻燃烧，不熔融	继续迅速燃烧	烧纸味	少量灰白色灰烬
天丝（Tencel）	易燃	软化，不熔不缩	即刻燃烧，不熔融	继续迅速燃烧	烧纸味	少量浅灰或灰白色灰烬
莫代尔（Modal）纤维	易燃	软化，不熔不缩	即刻燃烧，不熔融	继续迅速燃烧	烧纸味	少量浅灰或灰白色灰烬
大豆蛋白纤维	可燃	软化，不熔不缩	即刻燃烧，不熔融	继续迅速燃烧	烧毛味	松而脆硬块手指可压碎
涤纶	可燃	软化，熔融卷缩	熔融，缓慢燃烧，有黄色火焰，边缘呈蓝色，顶部冒黑烟	继续燃烧，有时停止燃烧而自熄	略带芳香味或甜味	硬而黑的圆球状，手指不易压碎
锦纶	可燃	软化，收缩	卷缩、熔融，燃烧缓慢，产生小气泡，火焰很小，呈蓝色	停止燃烧而自熄	氨基味或芹菜味	浅褐色透明圆球状灰烬，坚硬而不易压碎
腈纶	易燃	软化，收缩，微熔发焦	边燃烧，边软化熔融，速度快，火焰呈白色，明亮有力，有时略冒黑烟	继续燃烧，速度缓慢	辛辣味	不规则脆性黑褐色块状或球状灰烬，手指易压碎
维纶	可燃	软化，迅速收缩，颜色由白变黄到褐色	迅速收缩，缓慢燃烧，火焰很小，无烟。当纤维大量熔融时，深黄色火焰，有小气泡	继续燃烧，缓慢停燃，有时会熄灭	刺鼻的电石气味	松而脆的不规则黑灰色硬块灰烬，手指可压碎
丙纶	可燃	软化，卷缩，缓慢熔融成蜡状物	熔融，燃烧缓慢，冒黑色浓烟，有泪珠状熔融物滴落	继续燃烧，有时会熄灭	类似烧石蜡的气味	不定形的硬块灰烬，略透明，似蜡状色，不易压碎

续表

纤维名称	燃烧性	燃烧状态			燃烧时气味	残渣形态
		接近火焰	在火焰中	离开火焰		
乙纶	可燃	软化、收缩	熔融，燃烧缓慢，冒黑色浓烟，有泪珠状熔融物滴落	继续燃烧，有时会熄灭	类似烧石蜡的气味	鲜艳的黄褐色不定形的硬块状灰烬，不易压碎
氯纶	难燃	软化、收缩	熔融，燃烧，燃烧困难，冒黑烟	立即熄灭，不能燃烧	氯气味	不定形的黑褐色硬球块，不易压碎
氨纶	难燃	膨胀成圆形，而后收缩熔融	熔融，燃烧，速度缓慢，火焰呈黄色或蓝色	边熔融边燃烧，缓慢地自然熄灭	刺激的石蜡味	白色橡胶块状
聚四氟乙烯纤维	难燃	软化、熔融、不收缩	熔融，能燃烧	立即熄灭	有刺激性HF味	—
聚偏氯乙烯纤维	难燃	软化、熔融、不收缩	熔融，燃烧，冒烟，燃烧速度缓慢	立即熄灭	有刺鼻辛辣药味	灰烬呈黑色不规则硬球状，不易压碎
聚烯烃纤维	可燃	熔融收缩	熔融，燃烧，燃烧缓慢	继续燃烧，有时会自熄	有类似烧石蜡气味	灰烬呈灰白色不定形蜡片状，不易压碎
聚苯乙烯纤维	可燃	熔融收缩	熔融，收缩，燃烧，但燃烧速度缓慢	继续燃烧，冒浓黑烟	略带芳香味	灰烬呈黑色而硬的小球状，不易压碎
芳砜纶（聚砜酰胺纤维）	难燃	不熔不缩	卷曲燃烧，燃烧速度缓慢	自熄	带有浆料味	灰烬呈不规则硬而脆的粒状，可压碎
酚醛纤维	不燃	不熔不缩	像烧铁丝一样发红	不燃烧	稍有刺激性焦味	灰烬呈黑色絮状，可压碎
碳纤维	不燃	不熔不缩	像烧铁丝一样发红	不燃烧	略有辛辣味	呈原来纤维束状
石棉纤维	不燃	不熔不缩	在火焰中发光，不燃烧	不燃烧，不变形	无味	无灰烬，纤维颜色略变深
玻璃纤维	不燃	不熔不缩	变软，发红光	不燃烧，变硬	无味	变形，呈硬球状，不能压碎
不锈钢纤维	不燃	不熔不缩	像烧铁丝一样发红	不燃烧	无味	变形，呈硬球状，不能压碎

5.2.2　热分解法鉴别纺织纤维

热分解法鉴别纺织纤维是最重要的初步鉴别纤维的方法之一，通常可以和燃烧法配合直接得出结论，以便进行专项鉴别。

热分解法的测定方法是将试样放入热分解试管中，不要直接暴露在火焰上加

热，用试管夹夹住试管的上端，在试管口放一条浸湿的石蕊试纸或pH试纸。而后，仔细观察试管内发生的现象和试纸的变化，见表5-9。在此，需要特别注意的是：在试验时，千万不要将试管口对着人。

表5-9　热分解法鉴别纺织纤维

石蕊试纸	红色	基本无变化	蓝色
pH试纸	0.5 ~ 0.4	5.0 ~ 5.5	8.0 ~ 9.5
纤维种类	氯纶	乙纶	尼龙 -6
	涤纶	丙纶	尼龙 -66
	氨纶	维纶	腈纶

5.2.3　溶解法鉴别纺织纤维

溶解法是根据纺织纤维的化学组成不同、在各种化学溶剂中的溶解性能各异而进行鉴别的，它适合于各种纯纺织物和混纺织物，具有简单、快速、可靠、准确的特点，而且结果的判定不受纤维后处理（染色、防缩、防皱、阻燃等各种整理）的影响。根据感官判断、燃烧鉴别或显微镜观察等方法初步鉴别后，再采用溶解法加以证实，即可准确鉴别出构成织物的纤维原料。在常温情况下，几种常见纺织纤维在相应化学溶剂中的溶解情况见表5-10。

在运用溶解法鉴别时，对于纯纺织物，要把一定浓度的溶剂注入盛有要鉴别的纤维的试管，然后进行观察和仔细区分溶解情况（溶解、部分溶解、微溶或不溶），并仔细记录其溶解时的温度（常温溶解、加热溶解或煮沸溶解）。对于混纺织物，则需要先把织物分解为纤维，然后放在有凹面的载玻片上，将纤维展开，滴入试剂后，放在显微镜下观察，从中观察各种纤维的溶解情况，以确定纤维的种类。在此必须注意，纤维的溶解性不仅与溶剂的种类有关，而且还与溶剂的浓度、温度及作用时间、条件等因素有关。因此在具体鉴别时，应严格控制试验条件，按规定操作，其结果才能可靠无误。

5.2.4　试剂显色法鉴别纺织纤维

试剂显色法是根据各种纤维对某种化学药品的着色性能不同，来迅速鉴别纤维品种的方法。此法常用于未染色的纤维或纯纺纱线和织物。鉴别纺织纤维用的着色剂分为专用着色剂和通用着色剂两种。前者用以鉴别某一类特定纤维，后者是由各种染料混合而成，可对各种纤维染成各种不同的颜色，然后根据所染颜色的不同鉴别纤维。其中，通用着色剂有碘－碘化钾和HI纤维鉴别着色剂两种。

表5-10 在常温情况下，几种常见纤维在相应化学溶剂中的溶解情况

纤维	化学溶剂							
	20%盐酸	37%盐酸	70%硫酸	冰醋酸	间甲酚	次氯酸钠	二甲基甲酰胺	二甲苯
棉	不溶	不溶	溶	不溶	不溶	不溶	不溶	不溶
麻	不溶	不溶	溶	不溶	不溶	不溶	不溶	不溶
羊毛	不溶	不溶	不溶	不溶	不溶	溶	不溶	不溶
蚕丝	不溶	溶	溶	不溶	不溶	不溶	不溶	不溶
醋酯纤维	不溶	溶	溶	溶	溶	不溶	溶	不溶
三醋酯纤维	不溶	微溶	溶	溶	溶	不溶	溶	不溶
大豆蛋白纤维	不溶	不溶	不溶	不溶	不溶	不溶	不溶	不溶
黏胶纤维	不溶	溶	溶	不溶	不溶	不溶	不溶	不溶
莫代尔（Modal）纤维	—	溶	溶	—	—	—	—	—
天丝（Tencel）	—	溶	溶	—	—	—	—	—
涤纶	不溶	不溶	不溶	不溶	溶（加热）	不溶	不溶	不溶
锦纶	溶	溶	溶	溶	溶	不溶	不溶	不溶
腈纶	不溶	不溶	微溶	不溶	不溶	不溶	溶（加热）	不溶
维纶	溶	溶	溶	溶（加热）	溶	不溶	不溶	不溶
丙纶	不溶	不溶	不溶	不溶	不溶	不溶	不溶	溶
氯纶	不溶	不溶	不溶	不溶	不溶	不溶	不溶	不溶
氨纶	不溶	不溶	大部分溶	不溶	溶	不溶	溶（加热）	不溶

（1）锡拉着色剂的使用方法 首先将纤维浸水，使其湿润，再把纤维浸入染液冷浴中，充分搅拌，并放置1min，然后用水冲净，干燥。

（2）HI纤维鉴别着色剂使用方法 HI纤维鉴别着色剂是由中国纺织大学（现东华大学）和上海印染公司共同研制的一种着色剂。具体鉴别时，可将试样放入微沸的着色溶液中，沸染1min，时间从放入试样到染液微沸开始计算。染完后倒去染液，冷水清洗，晾干。对羊毛、丝及锦纶可采用沸染3s的方法，以扩大色相差异。染好后与标准对照，根据色相确定纤维类别。

（3）杜邦4号着色剂使用方法 首先，配制成1%的水溶液，按照纤维质量的10倍，用试管取配制的水溶液，加热使之沸腾。然后，将浸透的纤维放入沸腾溶液中，沸煮1min，取出纤维，用水冲净，干燥。

（4）碘-碘化钾溶液使用方法 碘-碘化钾溶液是将碘20g溶解于100mL的碘化钾饱和溶液中，把纤维浸入溶液中0.5～1min，取出后水洗干净，根据纤维着色的不同来判别纤维品种。几种常见纺织纤维的着色反应见表5-11。

新型纺织纤维

表5-11　几种常见纺织纤维的着色反应

纤维种类	锡拉着色剂	HI纤维鉴别着色剂	杜邦4号	碘-碘化钾溶液
棉	浅紫	灰	深绿	不染色
麻	群青	青莲	深绿	不染色
蚕丝	栗	深紫	紫	淡黄
羊毛	亮金黄	红莲	紫	淡黄
黏胶纤维	亮蓝	绿	深蓝	黑蓝青
铜氨纤维	亮蓝	—	—	黑蓝青
醋酯纤维	—	橘红	橙	黄褐
维纶	亮褐	玫红	茶	蓝灰
锦纶	浅黄	酱红	红	黑褐
腈纶	浅暗红	桃红	黄褐	褐
涤纶	亮绿黄	红玉	黄褐	不染色
氯纶	浅粉红	—	—	不染色
丙纶	—	鹅黄	不上色	不染色
氨纶	—	姜黄	不上色	—

5.3 纤维的系统鉴别法

　　纤维的系统鉴别法是一种综合性的纤维鉴别方法。它是利用前面介绍的物理、化学的鉴别方法，根据各种纺织纤维的形态特征、燃烧状态、熔融情况、呈色反应及溶解性能等特征，进行系统分析、综合鉴定。此法是一种快速、准确、简便有效的方法。

　　纤维系统鉴别法的试验程序是先鉴别纤维的大类，然后再逐一鉴别纤维的小类，最后鉴别纤维的具体品种。

　　① 将待鉴别的未知纤维稍加整理，先用拉伸两倍的试验方法，将纤维拉伸，如拉伸至两倍时不断裂并可继续拉伸，说明该纤维是弹性纤维；如在拉伸两倍时纤维已经断裂，则说明该纤维不属于弹性纤维，然后可采用燃烧法将纤维初步判断为纤维素纤维、蛋白质纤维或是合成纤维。

　　② 利用显微镜观察法，根据纤维的各自不同的形态进一步鉴别蛋白质纤维（桑蚕丝、柞蚕丝、绵羊毛、山羊绒、牦牛绒、马海毛、兔毛、驼绒及羊驼毛等）和纤维素纤维（棉、苎麻、亚麻、大麻、黏胶纤维、Tencel、Modal纤维、铜氨纤维、醋酯纤维等），并确定纤维的品种。

③ 合成纤维的鉴别一般采用溶解法。此法是根据不同化学试剂对不同纤维在不同温度下的溶解特性来进行鉴别的。对聚乙烯、聚丙烯纤维还可以利用熔点法来进行验证。

5.3.1　纺织纤维的系统鉴别法

纺织纤维的系统鉴别法如图5-1所示。

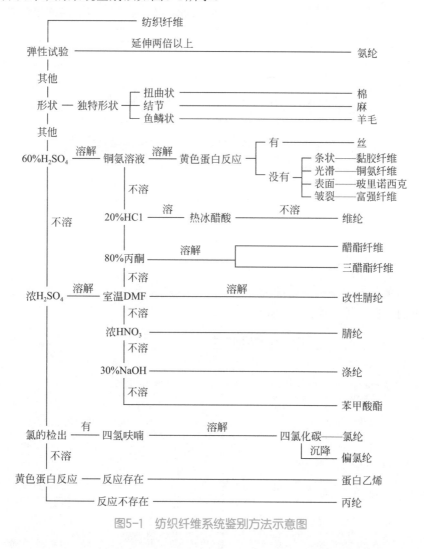

图5-1　纺织纤维系统鉴别方法示意图

5.3.2　天然纤维的系统鉴别法

天然纤维素纤维的系统鉴别法如图5-2所示。

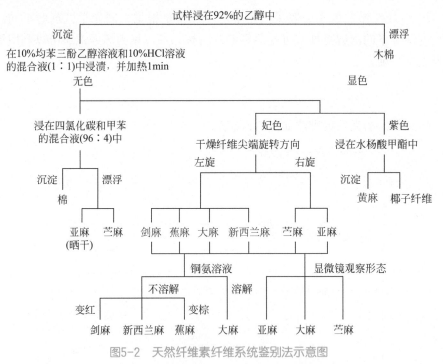

图5-2　天然纤维素纤维系统鉴别法示意图

5.3.3　蛋白质纤维的系统鉴别法

在已确定是天然蛋白质纤维时，可进一步利用蛋白质纤维的系统鉴别法来鉴别纤维的具体品种，如图5-3所示。

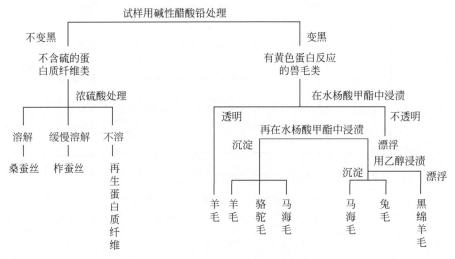

图5-3　蛋白质纤维系统鉴别法示意图

5.3.4　再生纤维素纤维的系统鉴别法

再生纤维素纤维的系统鉴别法如图5-4所示。

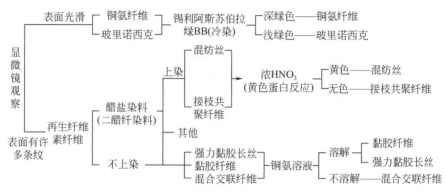

图5-4　再生纤维素纤维系统鉴别法示意图

5.4 各种鉴别方法的比较

　　纺织纤维品种繁多，鉴别的方法也有多种。在鉴别纤维时，应根据具体条件选用合适的鉴别方法，其选用的原则是由简到繁、范围由小到大，必要时可同时采用几种方法来作最后的判断，只有这样，才能准确无误地将纤维鉴别出来。以上介绍的各种鉴别方法各具特点，准确性也不相同，而且各自的适用范围也不尽相同，只有根据这些鉴别方法的特点，将它们很好地配合使用，才能得出准确的结论。现将纺织纤维各种鉴别方法的优缺点比较列于表5-12中。

表5-12　各种鉴别方法的比较

鉴别方法		适用纤维	优缺点
物理鉴别方法	手感目测法	所有常用纤维	1.操作简单 2.需要具备熟练的技术 3.适用于天然纤维和再生纤维 4.合成纤维之间相互区别有时比较困难
	密度法	所有常用纤维	1.操作比较简单，但预处理比较麻烦 2.中空纤维测定较困难
	熔点测定法	合成纤维	1.操作比较困难 2.最终熔化点不易看清 3.需要有熟练技术
	红外光谱法	所有常用纤维	1.操作比较麻烦 2.需要熟练的技术 3.仪器价格昂贵

续表

鉴别方法		适用纤维	优缺点
物理鉴别方法	双折射率法	所有常用纤维	1.操作比较麻烦 2.准确性较高 3.需要熟练的技术
	黑光灯法	所有常用纤维	1.操作比较麻烦 2.需要熟练的技术 3.正确辨认各种颜色比较困难 4.不能适用所有纤维
	光学投影显微镜观察法	所有常用纤维	1.在截面观察时,制作切片较为麻烦 2.鉴别天然纤维容易 3.合成纤维之间相互区别有时比较困难 4.异形纤维鉴别比较困难 5.染色较深者不易辨别
	扫描电子显微镜法	所有常用纤维	1.操作比较复杂,在截面观察时,制作切片较为麻烦 2.放大倍数较大,拍摄照片清晰 3.鉴别天然纤维容易 4.合成纤维之间相互区别有时比较困难 5.染色较深者不易辨别 6.仪器价格比较昂贵
化学鉴别方法	燃烧鉴别法	所有常用纤维	1.操作简单 2.需要熟练的技术 3.混纺纱线鉴别时可能分辨不清 4.可作其他鉴别法的预备试验
	溶解法	所有常用纤维	1.操作简单 2.在纤维类别不明确时,鉴别较困难(特别是合成纤维) 3.鉴别要认真细心地进行
	试剂显色法	所有常用纤维	1.试剂调整比较麻烦 2.已着色的试样不能用原样作鉴别 3.操作简单,但需有一定的经验
	试剂染色显色法	所有常用纤维	1.操作简单,但必须遵守染色条件 2.已着色的试样不能用原样作鉴别 3.经树脂等加工的试样,如加工剂清除不干净,鉴别容易出差错 4.合成纤维之间相互区别有时比较困难
	热可塑性、石蕊反应、含氯含氮试验法	所有常用纤维	1.可在鉴别之前,作大致分类用 2.仅用本方法,不能得出正确的结论
	热分解法	合成纤维	1.操作简单、方便 2.需要熟练的技术和经验 3.测试时,操作人员需戴安全眼镜或有机玻璃面罩

第 **6** 章

纺织纤维的未来展望

未来，纺织纤维将会扮演越来越重要的角色。除了继续满足人们的衣着需求之外，纺织纤维将在产业用纺织品、家用纺织品等终端产品中发挥更加重要的作用，即从满足人类的根本性需求，到美化人类生活，再到多元化支撑社会发展的新阶段。新的时期，纺织纤维的使命也将发生新的变化，首先是保障原料供给，其次是保护生态环境、节约资源能源，最后是满足社会的新需求，同时纺织纤维的发展将更加关注纺织品的生命周期。

面对世界人口的持续增长，天然纤维资源难以支撑社会发展对纺织纤维的质量与数量需求。这也就决定了纺织纤维新的发展方向，即增加供给、改善性能、赋予功能。总体来看，纺织纤维有着如下几个发展趋势：一是提高天然纤维培育种植技术水平，优化天然纤维品质和品种；二是对目前不太常用或者不太适纺的纤维进行升级利用；三是将比较稀缺的纤维资源高端化，使其物尽其用；四是利用高新技术手段制造超仿真纤维。

具体来说，超仿真纤维、生物质纤维、高性能纤维、差别化纤维将成为未来纺织纤维发展的重点领域。

6.1 超仿真纤维从模仿天然纤维到超越天然纤维

在超仿真纤维领域，仿棉涤纶和仿毛纤维是发展重点，通过分子结构改性、共混、异形、超细、复合等技术，提高纤维综合性能，超越天然纤维的可纺性、可染性、舒适性和阻燃性。

根据服装面料、产业用纺织品和家用纺织品的发展需求，超仿真纤维的发展方向可归纳为十个字："健康、舒适、环保、功能、安全"。天然纤维具有健康、舒适、环保性能，但缺少功能性和安全性，新开发的化纤仿真纤维，能从外观和健康、舒适性方面达到天然纤维的水平，又能实现功能性、安全性和环保性，能做到貌似天然、胜似天然。

6.1.1 传统的超仿真纤维

超仿真纤维开发经历以下几个阶段：外观上仿天然纤维，改变纤度与截面形状；性能上仿天然纤维，改善纤维可染性和吸湿、排湿性，并从外观和手感上接近天然纤维织物；功能上仿天然纤维，仿天然纤维织物不仅具有良好的手感及服用性能，而且在吸水透气、吸湿排湿、抗静电性、热稳定性、力学性能等方面超越天然纤维织物。常见的超仿真纤维如下。

（1）细旦、超细旦涤纶差别化纤维　精纺仿毛织物，超高密织物，防水防油性、高性能清洁布等。

（2）**差别化锦纶**　制作仿安哥拉、仿羊海毛等粗纺织物，部分仿真丝织物。

（3）**海岛型超细复合纤维**　由海和岛两个热力学不相容的组分复合而成，目前岛组分选用PET或PA，海组分选用COPET、PE、PA、PS以及可溶性PET等。目前生产海岛超细纤维主要是PET/COPET、PA/COPET和PA/PET等。PET/COPET生产长丝，主要用于制作仿鹿皮纺织面料，而PA/COPET或PET为短纤维主要制作合成革基布。

（4）**吸湿排汗纤维**　具有较高比表面积，表面有众多的微孔沟槽，截面具有特殊的异形状，利用毛细管效应，纤维具有芯吸作用，迅速将皮肤表面的湿气或汗水通过扩散、传递到纤维外层而蒸发，适宜做运动服。

6.1.2　超仿真仿棉纤维

棉纤维具有优异的吸湿性、柔软性、保暖性等，光泽度也很好，其织物服用性能优良，但在导湿性、脱湿性、防污、防水、防霉等方面尚存在问题。面对棉花资源有供不应求的状况，而涤纶产能相对富余的局面，根据现代消费者对服装要求方便、舒适、健康、时尚等特点的需求，结合目前涤纶及其面料差别化、功能化的技术特征，行业提出了开发与推广超仿真仿棉纤维（简称"超仿棉"）纤维与制品。

"超仿棉"产品通俗地讲有以下特点：看起来像棉（视觉）、摸起来像棉（触觉）、穿起来像棉（亲和性）超棉（舒适性），用起来比棉方便（洗可穿性），兼有棉与涤纶的优良特性，达到仿棉似棉、仿棉胜棉的效果。从理论上讲，"超仿棉"产品有以下特点：首先要保证有棉花优异的柔软性、保暖性等，还要有涤纶良好的力学性能、耐热性、色牢度，甚至具备抗静电、抗起毛起球、抗菌、阻燃、远红外、抗紫外等功能。随着仿、超棉技术水平的提高，产品的附加值将相应提高，甚至成倍增长。

与以前单一差别化技术或单一功能性产品的开发相比，"超仿棉"产品的研发有明显的不同，首先是对象与目标不同，不仅在纤维表面形态和面料风格上追求接近棉织物（形似），更重要的是面料制品在性能及功能上要仿棉、超棉（神似），尤其要具有优良的动态热湿舒适性能。其次是研发技术路径不同，仿棉、超棉技术更加重视多种差别化、功能性技术的整合发挥，强调聚合、纺丝、织造、染整技术的相互融合。预计到2015年，我国超仿真仿棉纤维产量将达到800万吨左右。

6.2 生物质纤维让纤维资源不再短缺

预计到2040年，世界纺织纤维的需求总量将突破1亿吨。而受耕地资源、石

油资源的限制，棉花和化纤的产量不能无限增长，因此必须有相应的替代资源出现以满足生产发展和消费增长的需要。因此，能够替代石油的可再生、可降解的新型纺织纤维的重要性日益显现。我国生物质纤维资源储量丰富，如农作物秸秆、树木类资源量约有30亿吨，海洋贝壳类、海藻类约有20亿吨，动植物蛋白类纤维资源量约有300亿吨，具有广阔的开发应用前景。以生物质工程技术为核心的生物质纤维的开发，成为引领纺织纤维发展的新潮流。

生物质（Biomass）主要指粮食以外的秸秆等木质纤维类废弃物及以其为原料生产的环境友好化工产品和绿色能源。所谓生物质纤维（Bio-fiber），是指利用生物体或生物提取物制成的纤维，即来源于利用大气、水、土地等通过光合作用而产生的可再生生物质的一类纤维。根据原料来源和生产过程，生物质纤维可分为三大类：生物质原生纤维，即用自然界的天然动植物纤维经物理方法处理加工成的纤维；生物质再生纤维，即以天然动植物为原料制备的化学纤维；生物质合成纤维，即来源于生物质的合成纤维。

生物质纤维的发展重点是新型溶剂法、离子液体法、熔融法等纤维素纤维产业化关键技术和装备；聚乳酸纤维、生物质多元醇生物法合成技术等生物合成材料类纤维产业化技术；壳聚糖原料纯化和纺丝工艺优化。

生物质纤维取材对象和范围不断扩大。从传统的木材扩展到竹藤、秸秆、草本植物和藻类植物；从天然纤维材料扩展到蛋白质材料以及生物、矿物材料；从可再生材料的利用扩展到可再生能源的利用。近年来生物质纤维在主要原料定位上的发展趋势是：由以玉米淀粉、大豆油脂等农产品为主要原料来源向着非食物性木质纤维素等植物残体和农林废弃有机物质为主要原料来源的方向发展。例如，壳聚糖纤维是利用虾蟹壳中的提取物制成的纤维，具有常规生物质纤维和化学纤维所没有的性质，发展前景无限广阔。

6.2.1　生物质原生纤维

生物质原生纤维可以从以下物质中提取：

① 种子或种壳，例如棉花和木棉；

② 对应植物茎秆部分的外皮或内皮，例如亚麻、黄麻、洋麻、工业用大麻纤维、苎麻以及香蕉纤维，这些纤维通常都具有较高的拉伸强度；

③ 植物的茎秆，例如小麦、水稻、大麦的麦秆，以及树、竹子和草的茎秆；

④ 叶子，例如剑麻、凤梨和龙舌兰；

⑤ 植物的果实，例如椰子或椰壳纤维等。

生物质原生纤维的发展方向包括：一是重点进行棉花、麻类等植物纤维的良种培育；二是进一步突破麻纤维机械脱胶和生物脱胶技术、开发生物酶及配套装备，提高脱胶效率和技术稳定性，从而改善麻纤维制品的服用舒适性和时尚性。

从棉纤维来说，有两大发展方向，一是如何利用生物工程的方法，进一步提高棉花单产，进一步提高棉花品质；二是发现新的植物纤维，补充棉纤维资源的不足，例如各种细化以后的高品质的麻纤维补充棉花资源短缺。

6.2.2 生物质再生纤维

生物质再生纤维目前主要分为四种类型，第一类是再生纤维素纤维，纤维素是自然界最大量的生物质资源；第二类是再生蛋白质纤维，目前应用比较多的是大豆蛋白纤维，下一步重要的发展方向就是蛋白质模仿蚕丝的方式，会在未来再生蛋白纤维的发展中占很重要的地位；第三类是再生多糖类纤维；第四类是其他再生纤维，比如海藻纤维具有很好的功能性，而且生物降解性也很好。

目前，国内外已经利用可再生资源开发了多种纤维，其中技术最成熟、用量最大的是再生纤维素纤维，包括黏胶纤维、高湿模量黏胶纤维、Lyocell纤维、醋酯纤维、铜氨纤维等。

再生纤维素纤维资源是指在自然界中可以不断再生、永续利用，可用于生产纤维的植物资源。它对环境无害或危害极小，而且资源分布广泛，获取容易，适宜持久地开发利用。再生纤维素纤维资源种类繁多，主要有棉短绒、木材、竹子、麻秆、秸秆、棉秆、芦苇、稻草等。据统计，目前世界上每年木材的循环量达到1.5亿吨，可用于再生纤维素加工的材料达到1500万吨以上；竹材循环量达到4000万吨，可用于再生纤维素纤维加工的约500万吨；棉纤维产量达到2500万吨左右，可用于再生纤维素加工的棉短绒等为100万吨左右；麻类纤维材料产量达到300万吨以上，难以直接纺织利用的麻类以及麻秆等都可用作再生纤维资源。

6.2.3 生物质合成纤维

传统合成纤维的成纤聚合物单体一般采用化学方法合成。以植物/农作物为原料，运用生物技术制备成纤聚合物的单体，是生物质纤维的主要研究方向之一。以PLA纤维为例，其成纤聚合物的单体L-乳酸就是以玉米、山芋等为原料，采用发酵法生产的。

未来，合成纤维原料向生物资源的转移的趋势将愈加明显。美国能源部和美国农业部赞助的"2020年植物/农作物可再生性资源技术发展计划"，提出了2020年从可再生的植物衍生物中获得10％的基本化学原材料。一向以功能性纤维见长的日本化纤制造商正逐渐聚焦在个人健康、卫生与舒适性的纤维与纺织品方面的发展，而且原料多数取自于天然的植物。日本计算机厂商富士通从植物原料蓖麻研发出新的生物聚合体，本田汽车公司也研发出以植物为基材的汽车内饰

用织物。法国罗地亚公司采用植物原料蓖麻，制成了尼龙-610纤维。

目前，已经产业化生物质合成纤维主要包括PTT纤维、PLA纤维、PHA系列纤维、PBS系列纤维等。这些生物质合成纤维在未来仍有较大发展空间。例如，PHA纤维是一类由各种微生物（如土壤细菌、蓝藻、转基因植物等）产生的生物相容可降解的全生物高分子。这类可熔融纺丝生产PHA纤维，工艺路线环保，污染少。目前纤维加工的难点在于PHA脆性较大、力学性能差和可加工温度范围窄。如果能突破纺丝加工的关键技术，在成本控制、染色性能等方面有较大改善，PHA纤维将是未来最可能与目前的聚酯纤维相竞争的纤维品种。

6.3 高性能纤维发展潜力巨大

高性能纤维是指对外界的物理和化学作用具有特殊耐受能力的一种纤维材料，被称为第三代合成纤维。高性能纤维对外部的力、热、光、电等物理作用和酸、碱、氧化剂等化学作用具有特殊耐受能力，主要包括具有高强度、高模量、耐高温、阻燃、抗电子束辐射、抗射线辐射、耐酸、耐碱、耐腐蚀等性能的纤维。

高性能纤维是体现一个国家综合实力与技术创新的标志之一。高性能纤维在国防军事和工业领域应用十分广泛，尤其是在有特殊要求的工业和技术领域，例如宇宙开发、海洋开发、情报信息、能源交通、土木建筑、军事装备、化工和机械等诸多方面，高性能纤维起着不可缺少的作用。

6.3.1 高性能纤维的发展类型

有机高性能纤维是由有机聚合物制成的高性能纤维或利用天然聚合物经化学处理而制成的高性能纤维，按其大分子刚柔性可分为刚性链聚合物纤维和柔性链聚合物纤维。其中，刚性链聚合物纤维由芳香族大分子构成，大分子柔软度较差，包括芳纶、聚四氟乙烯纤维等；而柔性链聚合物纤维大分子不包含芳香环，柔性度较好，包括超高分子量聚乙烯纤维、超高分子量聚乙烯醇纤维、超高分子量聚丙烯腈纤维等。

有机高性能纤维中的高模量高强度纤维将保持每年以两位数的速率增长。有机高性能纤维可分为四大类近40种，分别为高强高模纤维、耐热纤维、抗燃纤维及耐腐蚀纤维。目前，已经商品化的高性能有机纤维当属高强高模纤维增长最快，耐热纤维次之，主要品种以5%～10%的年增长率发展，抗燃纤维和耐强腐蚀性纤维相对增长缓慢。

无机高性能纤维一般以矿物质或金属为原料制成。它同样具有不同的分子构像或结构，如无定形纤维、多晶纤维和单晶纤维等。主要品种有碳纤维、玻璃纤维、石英玻璃纤维、硼纤维、陶瓷纤维、金属纤维等，此外尚有石棉纤维、矿渣棉、高硅氧纤维、氧化铝纤维、碳化硅纤维等其他无机纤维。

碳纤维、芳纶、超高分子量聚乙烯纤维被称为当今世界的三大高性能纤维，备受世界关注，是各国的重点发展对象。它们的共同点是不仅都具有高强度高模量的力学性能，更是具备耐腐蚀和阻燃耐热等特殊性能，在国防军事、航天航空和工业能源等领域起着至关重要的作用。这三大高性能纤维由于某些性能上的差异，将继续被应用在各个不同领域，发挥着各自无可取代的作用。

6.3.2 高性能纤维的发展趋势

高性能纤维及其复合材料具有技术门槛高、资本密集高、综合集成度高、系统管理要求高等特点，既是发展现代国防、航空航天所迫切需要的重要战略材料，也是诸多产业领域产品更新换代、产业升级，实现节能、环保和可持续发展的急需材料，其高强度、高模量、耐高温、耐腐蚀等优异特性是其他材料所难以取代的。当前世界高性能纤维正进入蓬勃发展的新阶段，我国也开始进入高速增长时期。

随着各种高性能纤维性能的不断提高、产品规格的系列化、新品种开发以及新用途的拓展，以耐强腐蚀、耐高温、阻燃和高强高模四大类品种为典型代表的高性能纤维的生产国已由原来仅限于少数发达国家扩展到十多个国家和地区，成为代表化纤行业发展水平的重要标志。尽管世界能源和原材料价格不断上涨，但由于高性能纤维及其复合材料在现代国防、尖端科技和节能环保等领域和诸多产业产品更新和产业升级中的重要地位，市场前景十分广阔。

我国的高性能纤维产业发展起步较晚，国内市场发展潜力巨大，正在步入黄金发展期。在我国的新材料产业中，目前大约10%的领域处于国际领先水平，60% ~ 70%处于追赶状态，还有20% ~ 30%与国外同行存在相当的差距。

我国自主研发的高性能纤维品种日趋齐全，耐强腐蚀、耐高温、阻燃和高强高模这四大类代表性品种已实现产业化，碳纤维、芳纶、高强高模聚乙烯、聚苯硫醚纤维等项目的产业化技术已经实现突破。我国高性能纤维产业实现了初具规模、初上水平，并可部分替代进口，满足航空、航天等领域的急需。我国高性能纤维产业化能力明显提升，芳纶1313、超高分子量聚乙烯纤维、连续玄武岩纤维等产品性能达到世界先进水平；碳纤维、聚苯硫醚等产业化生产及应用实现更大突破，产品性能接近国际水平；芳纶1414、聚酰亚胺、聚四氟乙烯等纤维完成中试技术的开发和生产，并争取实现产业化生产。到2015年，国内高性能纤维总产能将达9万吨左右，达到国际先进水平。

未来，我国高性能纤维将在主要品种的大规模产业化、型号规格的完善和系

列化、产品性能的稳定化、原料－纤维－制品产业链的一体化、新品种的开发等关键技术方面进一步突破和提升，通过高性能纤维原材料制备、纤维成形加工、纤维及其复合材料的新产品开发应用等研发和产业化关键技术的突破，实现高性能纤维基本品种和产品规格的全面产业化并具有自主知识产权。

高性能纤维具有已有的和潜在的市场，除在军事领域外，它还在航空航天、船舶、海洋工程、电子信息、桥梁建筑、交通运输、体育娱乐、建筑等方面有广阔的应用前景。其产业化上可带动原材料，下可带动复合材料及其产品的产业链的发展，可产生巨大的经济效益。

碳纤维目前的主要消费市场在航空航天、风力发电、运动器材等领域，可用来替代铜、钢铁等金属，同时用于国防军事、机械和建材交通等领域，是军民两用的关键新材料，在国民经济中有着重要的战略地位。碳纤维增强的复合材料更是具备出类拔萃的综合性能，可以预测，人类在材料应用上正从钢铁时代进入到一个复合材料广泛应用的时代。未来几年碳纤维将出现快速扩张态势，预计到2015年，国内碳纤维总需求量将达到13500吨/年。

据统计，2011年世界芳纶年需求量约8万吨。其应用范围主要为：防弹衣、头盔等约占7%～8%,航空航天材料、体育用材料约占40%，轮胎骨架材料、传送带材料等约占20%，高强绳索等约占13%。而在我国则更多地应用在橡胶增强、复合材料等领域，总占比超过了70%。未来，我国芳纶的消费结构将会随着成本和价格压力的释放得到调整和市场扩容。目前轻量汽车子午胎用帘子布和刹车片的需求正在兴起，预计今后对位芳纶（Kevlar）纤维年需求量将以超过10%的速度增长。国内间位芳纶主要用于高温除尘，将随环保要求和安全意识的提高迎来快速增长，而在防护领域则会随着人们安全防护意识的提高逐渐加快发展速度；在绝缘、复合等领域的应用则还处于起步阶段，有望成为另一个重要的市场增长点。

6.4 差别化纤维扩展纤维种类与功能

差别化纤维是指有别于普通常规性能的化学纤维，即通过采用化学或物理等手段后，其结构、形态等特性发生改变，从而具有了某种或多种特殊功能的化学纤维，改善了织物的外观、手感、舒适性和染色性能等指标，成为纤维材料的发展方向之一。

6.4.1 差别化纤维的发展类型

纤维差别化的主要目的是为进一步完善和拓展化学纤维材料的性能与品种，

提高相应纤维制品的相关性能和开发新品。其主要作用有：提高适应性、应变性，适用于不同领域、品种、用途的产品；克服常规合成纤维在吸湿排汗、静电、染色、阻燃性能方面存在的某些缺陷；改善纤维性能，天然化、自然化、仿真化、差异化、特殊化、个性化；增加产品附加值，增加产品花色品种，开发新产品；开发新功能、高功能，获得高感官、超自然效果；提高可纺性、可织性、阻燃性等加工性能。从形态结构来划分，差别化纤维主要有异形纤维、中空纤维、复合纤维和细旦纤维等；从物理化学性能上划分，差别化纤维有抗静电纤维、高收缩纤维、阻燃纤维和抗起毛起球纤维等。目前差别化纤维品种较多，除上述提到的还有易染、有色、高吸湿、防水、抗菌、远红外、防紫外、发光、异形、仿丝、仿毛及仿麻等纤维。

发达国家的化纤企业注重化纤产品的开发，每年生产品种可达100种以上，且每个品种的生产都不超过总产量的5%。日本、韩国等国家所研发的高性能差别化纤维，已达到超仿真化纤第四代水平，而我国大部分差别化纤维仍停留在第二代水平上，在差别化纤维的开发上与发达国家存在很大差距。未来一段时间，我国化纤纤维差异化发展的主要方向为高性能差别化、超细旦化、功能化、复合化。

6.4.2 差别化纤维的发展趋势

目前我国差别化纤维比例已超过43%，而在水平上也有较大的提升，特别是在细旦、异形、有色、抗菌、吸湿透汗、舒适亲肤、纳米改性、阳离子、远红外、导电、抗污、保健等已取得良好应用；同时，产业用纺织品需求市场快速发展，又拉动了高强、阻燃、导电、医用、环保等优质功能化纤维升级发展。

总体来看，纤维差别化有着三个主要发展方向，即原料差别化、形态差别化与功能差别化。

在原料差别化方面，传统的合成纤维多以石油为原料加工而成，未来将向生物质材料方向发展，例如聚乳酸纤维可以玉米、甜菜等为原料。传统黏胶纤维以棉、木材等为原料进行加工而成，而目前开始寻求新的原料资源，如竹子、海藻等。

在形态差别化方面，纤维的微观形态与宏观形态都将出现新的变化，微观形态主要改变纤维的内部结构，如皮芯结构；而基于形态控制技术的宏观形态差别化可以仿毛、麻、丝等天然纤维，并可赋予更多的风格，例如卷曲、中空、异形截面等。

在功能差别化方面，通过物理或化学方法，改变纤维形态，或增加功能性基团，使得纤维功能丰富化，功能性纤维是差别化纤维的重要组成部分，国外在开发差别化纤维方面一个重要趋势就是要使其具有某种功能，如抗菌、抗静电、阻燃等，以迎合消费者对功能性纺织品的追求。而集多种功能于一身的复合功能纤

维更是一个新的发展方向，如阻燃纤维，除具有阻燃功能外，还兼有抗静电、抗起球、抗菌和防霉等功能。

（1）差别化涤纶　目前，差别化涤纶产品主要是功能化涤纶，如细旦多孔、异形、异收缩、抗菌、导电等纤维。此外，为适应信息产业、生命科学、环保产业等领域的发展，亟须研究和开发出相应的纤维材料。涤纶行业也积极向这些领域拓展，开发如外科缝线、人工血管、人工肺以及可降解聚酯纤维等功能性产品。

差别化涤纶产品的发展方向是：加快多功能复合差别化纤维和PTT、PEN等新型聚酯及非纤领域合成新材料技术一体化研发；加快超细纤维、微细旦纤维、新一代海岛短纤及制品开发；加快高吸水、高吸湿透湿纤维、抗起毛起球等高仿棉纤维开发；加快高阻燃、抗熔滴、高导湿、抗静电、导电、抗菌防臭、防辐射等单一功能或多功能复合纤维开发；加快各类医疗用纤维、建筑用增强纤维、高强高模低缩等纤维开发；加快再生涤纶纤维品种开发，提升再生纤维性能。

（2）差别化锦纶　差别化锦纶产品研究包括阻燃、抗菌杀毒、抗静电、抗紫外、远红外、防电磁辐射、异形中空、复合超细等纤维的开发。其中，就阻燃纤维而言，尼龙-6和尼龙-66的共聚阻燃剂主要有红磷和二羧酸乙基甲基磷酸酯等。锦纶共混改性的阻燃剂有含磷化合物、氯代聚乙烯等，如日本宇部公司开发的阻燃锦纶纤维，以有机磷化合物作阻燃剂。

差别化锦纶产品的发展方向是：加快细旦、超细旦、吸湿排汗、抗菌、防臭等品种开发；加快锦纶性能、改性切片及非服用锦纶纤维产品开发，扩大应用领域；重视开发锦纶地毯丝、非纤用尼龙及制品等。

（3）差别化腈纶　国外腈纶企业早在20世纪70～80年代就开发了百余种差别化产品，90年代后随着常规品种向发展中国家转移，更是大力开发高附加值的具有特异功能的差别化纤维。目前已经形成大批量生产的主要有高缩、有色、抗菌、抗静电、抗起球、阻燃、异形、细旦、高吸水、远红外、复合腈纶等。

差别化腈纶产品的发展方向是：以多功能、高仿真和高性能为目标，加快发展高收缩、高吸水、抗菌、阻燃、耐高温及复合等纤维。

（4）差别化再生纤维素纤维　黏胶纤维经过近百年的发展正呈现出产品差别化与功能化、应用领域多元化，生产工艺低污染、低耗能的趋势。差别化与功能化纤维发挥了重要作用，异形截面、变形纤维、超细旦、复合、着色等差别化黏胶纤维的使用使下游产品风格更加多样化，而远红外、负氧离子、抗菌、阻燃等改性黏胶纤维的开发与应用使纤维的功能得到延伸。

差别化黏胶纤维的发展方向是：加快新型溶剂法纤维素纤维的产业化进程；加快高白、阻燃、高强高湿模量等新型黏胶产品开发和应用开发力度；加快发展竹浆纤维、麻浆纤维等新型纤维。

参 考 文 献

［1］ 邱训国，严松俊．桑皮纤维开发及综合利用［J］．辽宁丝绸，2002（4）：10-13．

［2］ 王红，邢声远．菠萝纤维的开发与应用［J］．纺织导报，2010（3）：52-54．

［3］ 邵松生．菠萝叶纤维纺织研究的现状［J］．纺织信息周刊，2006（36）．

［4］ 王红，翁扬，邢声远．香蕉纤维的制备及产品开发［J］．纺织导报，2010（6）：105-106．

［5］ 梁冬等．香蕉茎纤维的现状与开发应用前景［J］．化纤与纺织技术，2007（3）：28-31．

［6］ 邢声远，刘征，周湘祁．竹原纤维的性能及其产品开发［J］．纺织导报，2004（4）：43-48．

［7］ 邢声远，刘征，周湘祁．纯天然竹纤维纺织产品［C］//第三届功能性纺织品及纳米技术应用研讨会议论文集．北京：纺织行业生产力促进中心，2003．

［8］ 邢声远．会呼吸的纯天然竹纤维纺织品［J］．北京纺织，2003（5）：7-9．

［9］ 邢声远．关于羊毛拉细改性变细问题的探讨［J］．毛纺科技，2003（3）：8-9．

［10］ 陈前维等．拉细羊毛的结构形态与性能［J］．毛纺科技，2009（5）：45-49．

［11］ 岳素娟．羽绒/PTFE膜复合保暖材料的研究与开发［D］．天津：天津工业大学，2003．

［12］ 金阳，李薇雅．羽绒纤维结构与性能的研究［J］．毛纺科技，2000（2）：14-18．

［13］ 张岩昊．大豆蛋白纤维及其产品开发［J］．棉纺织技术，2000，9．

［14］ 赵博等．牛奶再生蛋白纤维性能及产品开发［J］．针织工业，2004,2．

［15］ 刘忠．蛹蛋白丝的性能与应用［J］．针织工业，2003,3．

［16］ 奚柏君．再生蛋白纤维理化性能研究［J］．毛纺科技，2003,5．

［17］ 奚柏君．再生蛋白纤维及纺织品的研制［J］．纺织学报，2003,3．

［18］ 陈远能，范雪荣，高卫东．新型纺织原料［M］．北京：中国纺织出版社，1999．

［19］ 郁铭芳，孙晋良，邢声远，季国标．纺织新境界——纺织新原料与纺织品应用领域新发展［J］．北京：清华大学出版社，2002．

［20］ 邢声远，吴宏仁．化工产品手册——纺织纤维［M］．第4版．北京：化学工业出版社，2005．

［21］ 邢声远，江锡夏，文永奋，邹渝胜．纺织新材料及其识别［M］．第2版．北京：中国纺织出版社，2010．

［22］ 邢声远，王锐．纤维辞典［M］．北京：化学工业出版社，2007．

［23］ 王建坤．新型服用纺织纤维及其产品开发［M］．北京：中国纺织出版社，2006．

［24］ 邢声远．21世纪大型纤维［J］．北京纺织，2006（6）：59-60．

［25］ 孙晋良，吕伟元．纤维新材料［M］．上海：上海大学出版社，2007．

［26］ 邢声远，孔丽萍．纺织纤维鉴别方法［M］．北京：中国纺织出版社，2004．